普通高等教育"十四五"系列教材

微机原理与应用

苏幸烺　鲁思兆　毕贵红　单节杉　蔡子龙　编著

中国水利水电出版社
www.waterpub.com.cn
·北京·

内 容 提 要

　　在新工科背景下,以培养学生微机系统的开发、创新能力为目的,编者在参考了国内外大量文献的基础上,吸取各家之长,并结合多年教学和实践经验,在以"教学以学生为主体"的教学理念指导下编写了本书。本书主要介绍微机系统的基本组成、工作原理、接口技术及应用方法。

　　本书编写中优化了知识体系,充实了应用实例,引入了 Proteus 仿真实验,可以让学生学做结合,实践和理论相互促进,激发学习兴趣。

　　全书共 9 章,内容安排上注重实用性、系统性、实践性和先进性。第 1～2 章主要内容为微机系统的组成原理和体系结构,从总体上对学习微机所需的基本知识进行了全面的介绍。第 3 章主要内容为指令系统和汇编语言设计,主要介绍常用指令和汇编的过程,简化了指令和汇编语言的学习过程。第 4～7 章主要内容为微机的硬件接口及应用,存储器的原理及设计,I/O 接口的应用和 8255A 芯片,模数、数模转换原理及其芯片应用和中断控制器 8259A 及其应用,通过 Proteus 仿真实现实例设计。第 8 章介绍了总线技术。第 9 章对如何设计微机控制系统进行了介绍。

　　本书可作为高等院校电气类、自动化类、电子信息类等专业本科生的教材,同时也可供有关工程技术人员参考。

图书在版编目(ＣＩＰ)数据

微机原理与应用 / 苏幸焜等编著. -- 北京 : 中国
水利水电出版社,2022.1
　　普通高等教育"十四五"系列教材
　　ISBN 978-7-5226-0398-8

　　Ⅰ. ①微… Ⅱ. ①苏… Ⅲ. ①微型计算机－高等学校
－教材 Ⅳ. ①TP36

中国版本图书馆CIP数据核字(2021)第280913号

书　　　名	普通高等教育"十四五"系列教材 **微机原理与应用** WEIJI YUANLI YU YINGYONG	
作　　　者	苏幸焜　鲁思兆　毕贵红　单节杉　蔡子龙　编著	
出版发行	中国水利水电出版社 (北京市海淀区玉渊潭南路1号D座　100038) 网址:www. waterpub. com. cn E - mail:sales@waterpub. com. cn 电话:(010)68367658(营销中心)	
经　　　售	北京科水图书销售中心(零售) 电话:(010)88383994、63202643、68545874 全国各地新华书店和相关出版物销售网点	
排　　　版	中国水利水电出版社微机排版中心	
印　　　刷	清淞永业(天津)印刷有限公司	
规　　　格	184mm×260mm　16开本　16印张　389千字	
版　　　次	2022年1月第1版　2022年1月第1次印刷	
印　　　数	0001—2000册	
定　　　价	**46.00元**	

前　言

在高等院校中，很多工科类专业都开设了"微机原理与应用"课程。作为电气工程及其自动化、通信工程、电子信息工程、自动化等专业的核心课程，该课程的主要任务是从系统应用和设计的角度出发，掌握微机的原理及其基本组成、接口技术及应用方法。目前该课程相关教材很多，各具特色。当下，从新工科的发展方向、学生在新工科要求的学习的实际情况都对教材提出了新的要求：教材必须以学生为主体，并应能够启发学生自主学习的兴趣。教材知识层次不分明、重点不突出将会对学生自主学习过程带来一定的困难。本书正是为了适应当前新工科教育而编写的。

作者在参考了国内外大量文献的基础上，吸取各家之长，并结合多年教学和应用的经验，在"教学以学生为主体"的主要指导思路下编著而成。全书以微机原理的基本知识为主，重点突出、通俗易懂、化难为易，并有大量的实例和习题，不但适合应用于教学，也适合自学。

本书内容安排注重实用性、系统性、实践性和先进性，全书共9章。第1~2章主要内容为微机系统的组成原理和体系结构，从总体上对学习微机所需的基本知识进行了全面的介绍。第3章主要内容为指令系统和汇编语言设计，主要介绍常用指令和汇编的过程，这部分简化了指令的学习，用最简单的方法来实现编程的学习。第4~7章主要内容为微机的硬件接口及应用，存储器的原理及设计，I/O接口的应用和8255A芯片，模数、数模转换原理及其芯片应用和中断控制器8259A及其应用，并引入Proteus仿真实例。第8章介绍了总线技术。第9章对如何设计微机控制系统进行了介绍。

本书具有以下特色：

（1）系统化。加强微机系统层次联系，主体知识的总体把握。简化过繁过冗的细节知识。

（2）模块化。教材第2、3章中用最简方式为学生搭建微机学习的基本原理，让学生能快速建立本课程的整体思路。

（3）精简化。利用精简指令的思路，对汇编命令进行了精简，简化了编程的学习过程和学习难度。

（4）案例化。基于模块化的基础，在后续章节中，加强新技术的学习及工程案例的引导，并采用完整案例贯穿章节，引导学生深入学习，满足高阶性和学生自主学习的要求。

（5）具体化。采用Proteus进行仿真，将学习问题具体化、形象化、系统化。从而让学生整体把握该课程在实际中的设计和应用。

本书的编写采用集体讨论、分工编写、交叉修改的方式进行。苏幸烺编写第1～4章；鲁思兆、毕贵红和帅春燕共同编写第5、6章；鲁思兆编写第7章；帅春燕编写第8章；胡正兴（西安精密研究所）编写第9章，并提供实例。蔡子龙和单节杉对本书进行了校订。史真惠、李璐、王开正、白志红、李娅参与本书的资料收集和整理工作。

本书的编写工作得到昆明理工大学电气工程及其自动化专业（全国双一流本科专业建设点）学科建设平台的大力支持，得到了微机原理课程教学团队全体教师的大力支持；同时感谢广州风标教育股份有限公司和西安精密研究所的大力支持。在此，全体编者向所有对本书编写、出版等工作给予支持的单位和领导表示真诚的感谢！

在编写过程中，学习汲取了国内部分有关教材的内容。由于编者水平有限，加之时间仓促，书中错误和不当之处在所难免，敬请读者批评指正。

编者

2021 年 12 月

目　录

第1章

绪　论

现代计算机是微电子学高速发展与计算数学日臻完善的产物。计算机计数制的相关规则是计算机的软件基础。本章首先将对计算机的计数制进行介绍，其次对计算机的基本结构、工作原理、性能指标和软件相关基本知识进行阐述。并进一步探究微型计算机的基本结构，并简述地址、I/O接口、总线等基本概念，最后对计算机及微型计算机的历史和发展进行探讨。

1.1　计算机的计数制

1.1.1　常用计数制

1. 计数制

计数制是指用一组固定的数字符号和统一的规则表示数的方法。一般，进制数可以表示为

$$\sum_{i=-m}^{n} X_{-m}\,r^{-m} + \cdots + X_{-2}\,r^{-2} + X_{-1}\,r^{-1} + X_0\,r^0 + X_1\,r^1 + \cdots + X_n\,r^n$$

式中：r 为数制的基数；r^i 为数制的权，i 为整数。

基数的含义为：基数为 r 的数制称为 r 进制数；由 r 个不同的数字符号表示；确定了算术运算时的进位或借位规则，即加法时逢 r 进一、减法时借一当 r。

权的含义为：表示数字在不同的位置权重不同。每个数字所表示的数值等于它本身乘以该数位对应的权；权是基数的幂。

以十进制为例，十进制数具有下列属性：①$r=10$，用 $0\sim9$ 共 10 个不同的阿拉伯数字表示；②i 位置上的权为 10^i。

2. 计算机常用计数制

计算机是由逻辑电路组成，逻辑电路通常只有两个状态——开关的接通与断开，这两种状态正好可以用"1"和"0"表示。为了存储和计算方便，采用二进制数字系统，只包含 0、1 两个数。为了方便和习惯，经常也使用十六进制、十进制或八进制来表示二进制数。

（1）十进制数（Decimal Number）。十进制数的基数为 10，十进制数制中，包含 0、1、2、3、4、5、6、7、8 和 9 十个符号数字。

任何一个十进制数 X 可表示为

$$(X)_{10} = X_n X_{n-1} \cdots X_1 X_0 X_{-1} \cdots X_{-m} = \sum_{i=-m}^{n} X_i \times 10^i$$

十进制数的每位数字都有相应的权与之对应，小数点左边的各位数字的权依次为 10^0、

10^1、10^2、…小数点右边各位数字的权依次为 10^{-1}、10^{-2}、…一个十进制数的值等于它的各位数字与对应的权值的乘积之和，如 267.85D 可表示为

$$267.85D = 2 \times 10^2 + 6 \times 10^1 + 7 \times 10^0 + 8 \times 10^{-1} + 5 \times 10^{-2}$$

267.85D 可省略后缀 D 直接记为 267.85。

（2）二进制数（Binary Number）。二进制数的基数为 2，包含 0、1 两个符号数字。任何一个二进制数 X 可表示为

$$(X)_2 = X_n X_{n-1} \cdots X_1 X_0 X_{-1} \cdots X_{-m} = \sum_{i=-m}^{n} X_i \times 2^i$$

二进制数的每位都有相应的权与之对应，一个二进制数的十进制值等于它的各位数字与对应数值的乘积之和。例如 1101.011B 可表示为

$$1101.0118B = 1 \times 2^3 + 1 \times 2^2 + 0 \times 2^1 + 1 \times 2^0 + 0 \times 2^{-1} + 1 \times 2^{-2} + 1 \times 2^{-3} = 13.375$$

（3）八进制数（Octal Number）。八进制数的基数是 8，八进制数制中包含 0、1、2、3、4、5、6 和 7 八个符号数字。任何一个八进制数 X 可表示为

$$(X)_8 = X_n X_{n-1} \cdots X_1 X_0 X_{-1} \cdots X_{-m} = \sum_{i=-m}^{n} X_i \times 8^i$$

一个八进制数的十进制值等于它的各位数字与对应权值的乘积之和。例如：

$$721.56Q = 7 \times 8^2 + 2 \times 8^1 + 1 \times 8^0 + 5 \times 8^{-1} + 6 \times 8^{-2} = 465.7188$$

（4）十六进制数（Hexadecimal Number）。十六进制数的基数为 16，十六进制包含 0、1、2、3、4、5、6、7、8、9、A、B、C、D、E 和 F 十六个符号数字。任何一个十六进制数 X 可表示为

$$(X)_{16} = X_n X_{n-1} \cdots X_1 X_0 X_{-1} \cdots X_{-m} = \sum_{i=-m}^{n} X_i \times 16^i$$

一个十六进制数的十进制值等于它的各位数字与对应的权值的乘积之和。例如：

$$6C2.A1H = 6 \times 16^2 + C \times 16^1 + 2 \times 16^0 + A \times 16^{-1} + 1 \times 16^{-2} = 1730.6289$$

3. 数制之间的转换

（1）其他数制转换为十进制数。任何基数的数制转换为十进制数时，该数每位上的数字与其对应的权值的乘积之和，便是其数制对应的十进制数。

【例】

1）$1110.101B = 1 \times 2^3 + 1 \times 2^2 + 1 \times 2^1 + 0 \times 2^0 + 1 \times 2^{-1} + 0 \times 2^{-2} + 1 \times 2^{-3} = 14.625$

2）$325.7Q = 3 \times 8^2 + 2 \times 8^1 + 5 \times 8^0 + 7 \times 8^{-1} = 213.875$

3）$58.CAH = 5 \times 16^1 + 8 \times 16^0 + C \times 16^{-1} + A \times 16^{-2} = 88.789$

（2）十进制数转换为其他数制。将十进制数转换成其他进制时，要分两部分计算。转换十进制整数部分时要用基数去除，转换小数部分时，要用基数去乘。

转换十进制整数部分的算法为：①用其他数制的基数除十进制数；②保存余数（最先得到的余数为最低有效位）；③重复①和②，直到商为 0。

转换十进制小数部分的算法为：①用其他数制的基数乘十进制数；②保存结果的整数部分（最先得到的整数结果为最高位小数）；③重复步骤①和②，直到小数部分为 0。

因为八进制以 2^3 为基数，所以二进制与八进制的转换比较简单，以小数点为界 3 位

二进制码组成 1 位八进制码，或反之 1 位八进制码转换成 3 位二进制码。同理，十六进制以 2^4 为基数，以小数点为界 4 位二进制码组成 1 位十六进制码，或反之 1 位十六进制码转换成 4 位二进制码。

【例】 将 18.625 分别转换为二进制、八进制和十六进制数。

转换为二进制：

整数部分：

商	余数	
$18/2=9$ ··	0	$X_0=0$
$9/2=4$ ···	1	$X_1=1$
$4/2=2$ ···	0	$X_2=0$
$2/2=1$ ···	0	$X_3=0$
$1/2=0$ ···	1	$X_4=1$

小数部分：

积	整数	
$0.625\times2=1.25$ ·····································	1	$X_{-1}=1$
$0.25\times2=0.5$ ···	0	$X_{-2}=0$
$0.5\times2=1$ ···	1	$X_{-3}=1$

转换结果为： $18.625=X_4X_3X_2X_1X_0X_{-1}X_{-2}X_{-3}=10010.101\text{B}$

转换为八进制： $\underline{10}\,\underline{010}.\underline{101}\text{B}=24.5\text{Q}$

转换为十六进制： $\underline{1}\,\underline{0010}.\underline{101}\text{B}=12.\text{AH}$

1.1.2 计算机数据格式

1. 原码、反码、补码

计算机中的数用二进制表示，数的符号也用二进制表示。一般用最高有效位来表示数的符号，0 表示正数，1 表示负数。将一个数与符号用数值化表示，这样的数称为机器数。机器数的字长由计算机字长决定，也就是决定了机器数的表示范围。8 位字长可以表示 256 个数，对无符号数，取数范围为 0~225（0~FFH）；对有符号数，取数范围为 −128~+127（80H~7FH）。16 位字长的微机，无符号数的取数范围为 0~65535（0~FFFFH），有符号数的取数范围为 −32768~+32767（8000H~7FFFH）。

机器数可以用原码、反码和补码表示，常用的是补码表示法。

（1）原码。左边的第一位表示符号（0 为正，1 为负），其余位表示数值。

真值变成原码的转换方法：取真值的绝对值的二进制表示；左边第一位添加符号。

（2）反码。反码的表示方法：如果是正数，反码与原码一样；如果是负数，反码是符号位不变，原码其余各位取反。

（3）补码。补码表示方法：如果是正数，补码与原码一样；如果是负数，在反码的基础上 +1。

采用补码来表示数，在计算机中的加、减法运算中，不必判断数的正负，只要符号位参加运算就能自动得到正确的结果。用补码表示的数进行符号扩展时，正数的符号扩展应在前面补 0，负数的符号扩展应在前面补 1。

补码运算中的规则：

$$[x+y]_\text{补}=x_\text{补}+y_\text{补}$$
$$[x-y]_\text{补}=x_\text{补}+[-y]_\text{补}$$

【例】 $x=28$，$y=-73$

$y_\text{补}=(-73)_\text{补}=10110111B$

$x_\text{补}+y_\text{补}=28_\text{补}+(-73)_\text{补}$

$\qquad =00011100B+10110111B$

$\qquad =11010011B=(-45)_\text{补}$

$[-y]_\text{补}=(73)_\text{补}=01001011B$

$[x_\text{补}-y_\text{补}]=x_\text{补}+[-y_\text{补}]=28_\text{补}+73_\text{补}$

$\qquad =00011100B+01001011B$

$\qquad =11010011B$

2. BCD 码

二进制编码的十进制（BCD）是将十进制数的每一位以二进制数编码方式表示，十进制的 0～9 分别用 BCD 数的 0000 到 1001 表示，而不是整个十进制数转换成二进制形式。BCD 码有压缩和非压缩两种形式。压缩 BCD 数据以每字节 2 个数字的形式存储，非压缩 BCD 数据以每字节 1 位数字的形式存储。BCD 兼顾计算机的存储特点和人们使用十进制的习惯，在实际中经常应用这种编码。

【例】 用 BCD 码表示下列十进制数（表 1.1）。

表 1.1　　　　　　　　　　　　　用 BCD 码表示十进制数

十进制	压缩 BCD	非压缩 BCD	二进制
32	00110010	0000 0011 0000 0010	10 0000
131	000100110001	0000 0001 0000 0011 0000 0001	1000 0011

3. ASCII 码

美国标准信息交换代码（American Standard Code for Information Interchange，ASCII）是基于拉丁字母的一套电脑编码系统，主要用于显示现代英语和其他西欧语言。它是现今最通用的单字节编码系统。

标准 ASCII 码也称为基础 ASCII 码，使用 7 位二进制数来表示所有的大写和小写字母，数字 0～9，标点符号，以及在美式英语中使用的特殊控制字符。其最高位（b7）用作奇偶校验位。其中：00H～29H 及 8FH（共 33 个）是控制字符或通信专用字符，如控制符 LF（换行）、CR（回车）、FF（换页）、DEL（删除）、BS（退格）、BEL（响铃）等；通信专用字符 SOH（文头）、EOT（文尾）、ACK（确认）等；ASCII 值 08H、09H、0AH 和 0DH 分别转换为退格、制表、换行和回车字符。它们并没有特定的图形显示，但会依不同的应用程序，而对文本显示有不同的影响。30H～39H 为 0～9 十个阿拉伯数字。20H 为空格。41H～5AH 为 26 个大写英文字母，61～7AH 为 26 个小写英文字母，其余为一些标点符号、运算符号等。

1.2　计　算　机　概　论

1.2.1　计算机基本结构及工作原理

1. 冯·诺依曼结构

目前计算机硬件体系结构基本上是基于冯·诺依曼（John von Neumann）结构，或是冯·诺依曼结构的延伸和发展。冯·诺依曼结构把计算机分成运算器、控制器、存储器、输入设备和输出设备等五个基本部分组成，如图1.1所示。

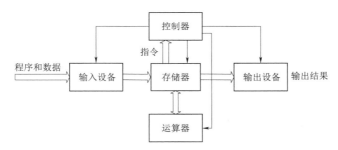

图1.1　计算机的基本结构

存储器（Memory）：以二进制形式存放原始数据、中间结果和程序。

运算器（Arithmetic Unit）：执行算术运算（＋、－、×、÷）、逻辑运算（与、或、非、异或）和移位等操作的部件，包含加法器或算术逻辑单元（Arithmetic Logic Unit，ALU）和累加器（Accumulator）。

控制器（Control Unit）：指挥和控制各部件协调工作，例如取指令、译码、形成控制命令，让计算机按程序设定的步骤自动操作。简言之，控制器就是协调指挥计算机各部件工作的元件，它的基本任务就是根据指令的需要综合有关的逻辑条件与时间条件产生相应的命令。

输入设备（Input Device）：输入原始数据和程序，转换成计算机能识别的信息，送入存储器去等待处理。早期的输入设备只有纸带读入机和电传。现在常用的输入设备有键盘、鼠标、扫描仪、光笔等。

输出设备（Output Device）：输出运算结果。输出设备常用于将存入在内存中的由计算机处理的结果转变为人们能接受的形式输出。打印机是常用的输出设备，后来又发明了显示器、磁带机和磁盘等。

2. 计算机工作过程

冯·诺依曼结构中，数据和指令以二进制代码形式不加区别地存放在存储器中，地址码也为二进制形式，计算机能自动区分指令和数据。

编写好的程序事先存入存储器。控制器根据存放在存储器中的指令序列即程序来工作，由程序计数器（Program Counter，PC）控制指令的执行顺序。控制器具有判断能力，能根据计算结果选择不同的动作流程。

使用计算机时，首先要将程序存储，即将指令序列存放到存储器（图1.2）。然后在计算机工作时，控制器从存储器逐条取出指令、分析指令并执行指令。

地址	内容
编号1	指令1
编号2	指令2
	指令3
	指令4
	⋮
	指令n
	⋮
	（数据）
	（数据）
	（数据）
	（数据）
	⋮

图 1.2　程序存储示意

执行指令时，控制器依次发出各种控制命令信号给其他部件，使运算器完成某种算术、逻辑运算或作寄存器与存储器之间的数据传送、输入和输出等。计算机的工作过程就是执行指令的过程。由图 1.1 中可见，计算机有两类信息在流动：一类是数据，用双线表示，包括原始数据、中间结果、最终结果及程序的指令信息；另一类是控制命令，用单线表示。不管是数据还是控制命令，它们都是用 0 和 1 表示的二进制信息。现以 $20 \times 12 + 80 \div 10$ 这一简单的算术运算为例，运行计算机的工作过程。

第一步：由输入设备将事先编制好的解题步骤（即程序）和原始数据（20、12、80 和 10）输入到存储器预先分配的空间（或单元）存放起来，并在存储器中预留出存放中间结果和最终结果的空间（或单元），以及最后的空闲单元。

第二步：启动计算机从第一条指令开始执行程序。操作为：①把数据 20 从存储器中取到运算器；②把数据 12 从存储器中取到运算器，进行 20×12 运算，并得到 240（乘法）；③将 240 送到存储器中暂时存放（存数）；④把 80 从存储器中取到运算器（取数）；⑤把 10 从存储器中取到运算器，并进行 $80 \div 10$ 运算，得到中间结果 8（除法）；⑥将中间结果 8 送到存储器中暂时存放（存数）；⑦将两个中间结果先后取入运算器进行 $240 + 8$ 运算，得到最终结果 248（加法）；⑧将 248 存入存储器中保存（存数）。

第三步：将最终结果 248 直接由运算器（或存储器）经输出设备输出。

第四步：停止运行。

以上就是迄今为止，电子计算机所共同遵循的计算机结构原理和程序存储及程序控制的计算机工作原理。

3. 计算机的性能指标

计算机的主要技术指标如下：

（1）主频。主频是指微型计算机中 CPU 的时钟频率，微机运行的速度与主频有关。例如，80486 主频 $25 \sim 66\text{MHz}$，Pentium 主频 $60 \sim 200\text{MHz}$，Pentium Ⅳ 主频达到 2.4GHz 以上，酷睿 i9 - 9900KS 可高达 4.0GHz。

（2）字长。字长指微型计算机能够直接处理的二进制数的位数，字长越长运算精度越高，功能越强，目前微机字长以 32 位和 64 位为主。

（3）内存容量。内存容量指微机存储器能存储信息的字节数，内存容量越大，能存储信息越多，信息处理能力越强。目前微机内存容量一般配置为 $4 \sim 32\text{GB}$。

（4）存取周期。存取周期是指主存储器完成一次读写所需的时间，存取时间越短，存取速度越快，整机的运算速度越高。存取周期与主存储器指标有关。

（5）运算速度。运算速度指微机每秒所能执行的指令条数，单位用 MIPS（Million Instruction per Second），即百万条指令每秒。执行不同类型的指令所用时间不同，因此使用各种指令的平均执行时间及相应运行指令的比例计算，作为衡量运算速度的标准。

8088 是 0.75MIPS，高能奔腾的运算速度已超过了 1000MIPS。

1.2.2 计算机硬件和软件系统

1. 硬件系统

硬件系统是微型计算机系统硬设备的总称，是微机工作的物质基础，是实体部分。微型计算机硬件系统包括大规模集成电路的各个部件，如 CPU、ROM、RAM 和 I/O 接口电路等，并从计算机组成原理出发，根据其外部引脚特性和连接的原则、方法将它们围绕 CPU 核心构成实用系统。

2. 软件系统

软件系统是微型计算机为了方便用户使用和充分发挥微型计算机硬件效能所必备的各种程序的总称。这些程序或存放在内存储器中，或存放在外存储器中。

（1）程序设计语言。程序设计语言是指用来编写程序的语言，是人和计算机之间交换信息所用的一种工具，又称编程环境，程序设计语言可分为机器语言、汇编语言和高级语言三类。

1）机器语言。机器语言就是能够直接被计算机识别和执行的语言。计算机中传送的信息是一种用 0 和 1 表示的二进制代码，因此，机器语言程序就是用二进制代码编写的代码序列。用机器语言编写程序，优点是计算机认识，缺点是直观性差、烦琐、容易出错，对不同 CPU 的机器也没有通用性等。因而难于交流，在实际应用中很不方便，因此很少直接采用。

2）汇编语言。用英文或缩写字符来表示机器的指令，称这种用助记符（Mnemonic）表示的机器语言为汇编语言。汇编语言程序比较直观，易记忆，易检查，便于交流。但是，汇编语言程序（又称源程序）计算机是不认识的，必须要翻译成与之对应的机器语言程序（又称目标程序）后，计算机才能执行。

机器语言和汇编语言都是面向机器的，故又称为初级语言，使用它便于利用计算机的所有硬件特性，是一种能直接控制硬件、实时能力强的语言。

3）高级语言。高级语言又称为算法语言，用高级语言编写的程序通用性更强，如 BASIC、FORTRAN、Delphi、C/C++、Java 都是常用的高级语言。

在高级语言中，又可分为面向过程的语言和面向对象的语言。传统的面向过程式编程语言是以过程为中心、以算法为驱动的，而面向对象的编程语言则是以对象为中心、以消息为驱动的。用公式表示，过程式编程语言为：程序＝算法＋数据；面向对象编程语言为：程序＝对象＋消息。面向对象的语言中提供了类、继承等成分。

（2）系统软件。系统软件是人和硬件系统之间的桥梁。系统软件是由机器的设计者或销售商提供给用户的，是硬件系统首先应安装的软件。系统软件包括监控程序和操作系统。

1）监控程序。监控程序又被称为管理程序。其主要功能是对主机和外部设备的操作进行合理的安排，接收、分析各种命令，实现人机联系。

2）操作系统。操作系统是在管理程序基础上，进一步扩充许多控制程序所组成的大程序系统。操作系统是计算机系统的指挥调度中心，管理和调度各种软、硬件资源。操作系统常驻留在磁盘（Disk）中，又称 DOS（Disk Operating System）。

微计算机系统常用的操作系统有以下几种。

MS-DOS（Microsoft-Disk Operating System）：MS-DOS 是通用 16 位单用户磁盘操作系统，主要包括文件管理和外设管理，也是 PC 的主要操作系统之一。

Windows：Windows 1.0 宣告了 MS-DOS 操作系统的终结。Windows 3.0 是一种图形用户界面和具有先进动态内存管理方式的操作系统。Windows 95 是 80486 和 Pentium PC 机的基本操作系统。

Windows 95/98/2000 提供了支持 MS-DOS 应用程序的运行和绝对的兼容性。目前，Windows 10 是微软的最新操作系统，可用于 PC、智能手机、平板电脑，甚至是穿戴式设备。

UNIX/Linux：UNIX 是一个强大的多用户、多任务操作系统，支持多种处理器架构，目前已成长为一种主流的操作系统技术和基于这种技术的产品大家族。UNIX 具有技术成熟、可靠性高、网络和数据库功能强、可伸缩性好等特点。Linux 是一套免费使用和自由传播的类 UNIX 操作系统，它主要用于基于 Intel 80x86 系列 CPU 的计算机上。Linux 之所以受到广大计算机爱好者的喜爱，主要原因是它属于自由软件，用户可以根据自己的需要对它进行必要的修改，无偿使用，无约束地继续传播。另一个原因是它具有 UNIX 的全部功能，任何使用 UNIX 操作系统的人都可以从 Linux 中获益。

（3）应用软件。应用软件（Application Software）是用户可以使用的各种程序设计语言，以及用各种程序设计语言编制的应用程序的集合，分为应用软件包和用户程序。

应用软件包是利用计算机解决某类问题而设计的程序的集合，供多用户使用。如微软 Office、永中 Office、WPS 等，大家在学习语言中开发生成的小程序也是用户应用软件。

1.3　微型计算机系统

1.3.1　微型计算机概述

微型计算机简称微型机、微机，也称微电脑，是由大规模集成电路组成的、体积较小的电子计算机。

微机属于第四代电子计算机产品，即大规模及超大规模集成电路计算机，是集成电路技术不断发展、芯片集成度不断提高的产物。

我们知道，主机按体积、性能和价格分为巨型机、大型机、中型机、小型机和微型机五类，从其工作原理上来讲，微机与其他几类计算机并没有本质上的差别。所不同的是由于微机采用了集成度较高的器件，使得其在结构上具有独特的特点，即将组成计算机硬件系统的两大核心部分——运算器和控制器，集成在一片集成电路芯片上，构成了整个微机系统的核心，称为中央处理器（CPU）或者微处理器（MPU）。

在微处理器的基础上，可以进一步构成微机、微机系统。

微处理器是微机的主要核心部件，由运算器和控制器集成而成，构成微机的运算中心和控制中心。

微机由微处理器、存储器、I/O（输入/输出）接口、总线，以及 I/O 设备组成，是属于微机的硬件组成。微机基本结构如图 1.3 所示。

1. 微处理器

（1）微处理器的功能。微处理器是一个中央处理器（CPU），由算术逻辑部件（ALU）、累加器和通用寄存器组、程序计数器、时序和控制逻辑部件、内部总线等组成。其中，算术逻辑部件主要完成算术运算及逻辑运算。通用寄存器组用来存放参加运算的数据、中间结果或地址。程序计数器指向要执行的下一条指令，顺序执行指令时每取一个指令字节，程序计数器加 1。

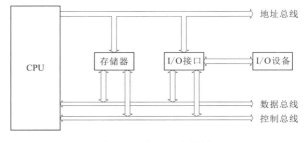

图 1.3　微机基本结构

微处理器不能构成独立工作的系统，也不能独立执行程序，必须配上存储器、外部输入/输出接口构成一台微机方能工作。

（2）微机 CPU 的结构分类。现有的微机 CPU 的结构主流有复杂指令集计算机（Complex Instruction Set Computers，CISC）和精简指令集计算机（Reduced Instruction Set Computers，RISC）两大类型。

CISC 结构主要优点是：指令丰富，功能强大；寻址方式灵活；以微程序控制器为核心，指令存储器与数据存储器共享同一个物理存储空间，性能强大。主要缺点是：指令使用率不均衡；不利于采用先进结构提高性能；结构复杂；增加了功耗和设计难度。

CISC 以 Intel、AMD 的 X86 CPU 为代表，是传统的微机指令系统。因为其功能强大，主要用于通用型电脑，如 PC 机。

RISC 结构主要优点是：具备结构简单、易于设计；指令精简，使用率均衡；程序执行效率高。主要缺点是：指令数较少，功能不及 CISC 强大；寻址方式不够灵活。

RISC 的设计目的是用最少的机器语言指令来完成所需的计算任务。主要应用可以在单个 CPU 周期完成的指令，以降低 CPU 的复杂度，同时将复杂性交给编译器。RISC 结构由于指令简单、采用硬布线控制逻辑、处理能力强、速度快，具有低成本、高性能和低耗电的特性。与采用 CISC 结构的计算机相比，RISC 计算机更适合于做专用机。世界上绝大部分 UNIX 工作站和服务器厂商均采用 RISC 芯片作 CPU 用，并且广泛应用于嵌入式系统。

2. 存储器

存储器用来存储程序和数据。存储器一般分为两大类，内部存储器（内存或主存）和外部存储器（外存）。内存存放当前正在使用或经常使用的程序和数据，CPU 可以直接访问；外存存放"海量"数据，相对来说使用不太频繁。CPU 使用时要先调入内存。此外，外存总是和外部设备相关的。

（1）内部存储器。内部存储器主要是半导体存储器，主存储器分为随机存取存储器（Random Access Memory，RAM）和只读存储器（Read Only Memory，ROM）。

RAM 可以随机读写，断电后存储内容消失。RAM 又分为动态 RAM（Dynamic

RAM）和静态 RAM（Static RAM）。DRAM 的特点是高密度，但存取速度慢。它用 MOS 电路和电容作为存储单元，由于电容放电要定时对其充电，称为刷新。SRAM 用双极型电路或 MOS 电路组成触发器作存储单元，不需要刷新。SRAM 的特点是高速度，但存储容量小。微机中的内存条是由 DRAM 组成的，DRAM 集成度的提高也很迅速，差不多每 3 年提高 4 倍。随着 CPU 芯片主频的不断提高，DRAM 的存取速度也不断发展，存取时间从 200ns、100ns、80ns 提高到 70ns、60ns。SRAM 的存取时间可小到 10ns。另有一种非易失性随机读写存储器（NVRAM），它在系统断电后不丢失数据。实际上，它把 SRAM 的实时读写功能与 EEPROM 的可靠非易失能力结合在一起。

ROM 只能读出已存储的内容，不能写入，已存储的内容由厂家或用户预先用设备写入，因此是非易失性的。ROM 又可分成可编程只读存储器（Programmable Read Only Memory，PROM）、可擦除可编程只读存储器（Erasable Programmable Read Only Memory，EPROM）和 EEPROM。PROM 是厂家根据用户需求将芯片内二极管烧断而存储其内容，一般是固化程序用。EPROM 或 EEPROM 用设备写入内容后，可由紫外光照或电擦除其内容，芯片可反复使用。

高速缓冲存储器 Cache 是存储空间较小、存取速度较高的一种存储器，它位于 CPU 和主存之间。CPU 对程序和数据的访问有局部性，Cache 中存放了处理机经常使用的程序和数据，使 CPU 可快速从 Cache 中读写所需的指令和数据，减少了访问主存的次数，提高了整个处理机的性能。

（2）外部存储器。外部存储器主要是磁记录存储器，典型的有软盘、硬盘。外部存储器需要有相应的硬件驱动器。

软盘是涂有磁性材料的塑料片。每片有双面，每面有 80 个磁道，每个磁道包含 18 个扇区，每个扇区有 512 个字节。因而高密度双面软盘存储容量为 80 磁道/面×2 面×18 扇区/磁道×512 字节/扇区＝1.44MB，目前已基本不用。

硬盘整体装在密封的容器中，直径大多数为 3.5 英寸、2.5 英寸（1 英寸＝2.54cm）。硬盘容量逐年提高。目前微机中配置 120GB 以上，转速为 7200r/min。硬盘接口是硬盘与主机系统的连接模块，接口的作用是将硬盘的数据缓存内的数据传输到主机内存或其他应用系统中。不同的接口类型有不同的最大接口带宽，影响硬盘传输数据的速率。典型的硬盘机接口有：

1）IDE（Integrated Drive Electronics）标准接口是把控制器和盘体集成在一起的硬盘驱动器，也称 ATA（Advanced Technology Attachment）接口。现在 PC 机使用的硬盘大多与 IDE 兼容，只需用一根电缆将它们与主板或接口卡相连。IDE 接口的优点是价格低廉、兼容性好，缺点是速度慢、内置使用、对接口电缆长度有限制。

2）SCSI（Small Computer System Interface）标准接口是小型计算机系统接口，比其他标准接口传输速率快，常用作高档电脑、工作站、服务器上的硬盘与其他储存装置的接口。SCSI 还广泛应用于光驱、扫描仪、打印机、光盘刻录机等设备上。SCSI 接口优点是适应面广，高性能，具有内置和外置两种；缺点是价格昂贵，安装复杂。

3）ESDI 标准接口是增强型小型设备接口。

4）IPI 标准接口是目前正在发展的智能外设接口，用在高性能、大容量的硬盘机中。

除了磁记录存储器外，光盘存储器也被广泛使用。光盘是利用激光技术存储信息的装置，光盘存储器由光盘片和光盘驱动器组成。光盘类型有只读光盘 CD - ROM，由厂家将数据写入后，用户只能读出；一次写入光盘是允许用户刻录自己内容的光盘，这种刻录模式要求数据连续写入而不被中断，直到整个数据全传送到光盘上为止；另外有可改写光盘，可像磁盘一样多次读写，允许用户删除光盘上原有记录信息，并允许用户在光盘的相同物理区域上记录新信息。光盘具有大容量（容量为 650MB）、标准化、重量轻、易保存、寿命长等特点。

（3）存储器组织结构和地址。存储器是用来存放数据和指令的单元，这些内容均用二进制表示，通常每个单元可存放 8 位（1 字节）二进制信息。

为了正确地存放或取得内存单元的信息，需要对每个存储单元编一个号码，这些号码就称为存储器的地址。地址为不带符号的整数，从 0 开始编号，每个单元的号码顺序加 1，加到最大值后又回 0。如果 CPU 有 16 根地址线 $A_0 \sim A_{15}$，则可表示的地址范围为 $2^{16} =$ 65536 个单元，地址的编号为 $0 \sim 65535$ 或 $0000 \sim FFFFH$。

在计算机中通常以字节（Byte）为单位。存储器的地址单元数目，也就是存储器的容量，使用以下更大的计量单位：2^{10} 字节 = 1024 字节 = 1KB（Kilobyte，千字节）；2^{20} 字节 = 1024KB = 1MB（Megabyte，兆字节）；2^{30} 字节 = 1024MB = 1GB（Gigabyte，吉字节）。随着存储器的存储单元数的急剧增加，更大的容量单位开始频繁出现。如 TB（2^{10} GB，Terbyte，太字节），PB（2^{10} TB，Petabyte，拍字节），EB（2^{10} PB，Exabyte，艾字节）等。

一个存储单元中存放的信息称为存储单元的内容。例如，在图 1.4 中，内存总容量为 2^{16} 字节 = 64MB。其中地址为 0000H～0003H 单元中存放的内容为 0105H、1210H（按字存放，占两个字节，高位在下，低位在上）；而 00B0H～00B3H 单元中存放的内容为 30H、31H、32H、33H（按字节），分别对应 ASCI 码的 0、1、2、3 字符。

地址	内容
0000H	05H
0001H	01H
0002H	10H
0003H	12H
⋮	
00B0H	30H
00B1H	31H
00B2H	32H
00B3H	33H
⋮	
FFFFH	0AH

图 1.4　地址和储存内容

3. I/O 接口

I/O 接口电路用于 CPU（或存储器）与外设之间的信息交换。由于外设种类繁多，这些设备与 CPU 之间的工作速度不同、信号电平不同、数据格式不同，因此要配备不同的 I/O 接口电路来辅助 CPU 工作，实现 CPU 与外设之间的速度匹配、信号电平匹配、信号格式匹配、时序控制、中断控制等。主要接口芯片有锁存器 74LS373、缓冲器 74LS245、可编程中断控制器 8259A、可编程计数/定时器 8254、可编程并行/串行接口 8255/8251A、高性能可编程 DMA 控制器 8237A、数/模和模/数转换芯片等。在现在的计算机系统中，这些芯片的功能被集成在大规模集成电路芯片中。

（1）I/O 接口的数据。I/O 接口的数据根据使用的功能不同可以分为以下三类。

1）数据信息：CPU 和外设交换的基本信息是数据。

2）状态信息：状态信息反映了外设当前所处的工作状态，是外设发送给 CPU 的，用来协调 CPU 和外设之间的操作。

3）控制信息：控制信息是 CPU 发送给外设的，以控制外设的工作。

（2）I/O 端口。每个 I/O 接口内部一般由 3 类寄存器组成，CPU 与外设进行数据传输时，各类信息从接口进入不同的寄存器，一般称这些寄存器为 I/O 端口。一般根据 I/O 接口的数据对应为以下三种。

1）数据端口：用于数据信息输入输出的端口。

2）状态端口：CPU 通过状态端口了解外设或接口部件本身状态。

3）控制端口：CPU 通过控制端口发出控制命令，以控制接口部件或外设的动作。

4. 总线

在计算机系统中，各个部件之间传送信息的公共通路称为总线，微机是以总线结构来连接各个功能部件的。各个部件向总线系统功能扩展时，只要符合总线标准，部件就可以加入系统中去。

总线传送的信息分为地址总线（Address Bus）、数据总线（Data Bus）和控制总线（Control Bus）三种。

（1）地址总线是 CPU 用来向存储器或 I/O 端口传送地址的，是三态单向总线。地址总线的位数决定了 CPU 可直接寻址的内存容量。8 位微型机的地址总线是 16 位，最大寻址范围为 64KB；16 位微型机的地址总线是 20 位，最大寻址范围为 1MB；32 位微型机的地址总线是 32 位，可寻址空间达 4GB。

（2）数据总线是 CPU 与存储器及外设交换数据的通路，是三态双向总线，为 8 位、16 位、32 位、64 位等。

（3）控制总线是用来传输控制信号的，传送方向就具体控制信号而定，如 CPU 向存储器或 I/O 接口电路输出读信号、写信号、地址有效信号，而 I/O 接口部件向 CPU 输入复位信号、中断请求信号和总线请求信号等。控制总线宽度是根据系统需要确定，一般为 8 位。

1.3.2 微处理器、微机、微机系统

微处理器、微机、微机系统的组成及相互关系如图 1.5 所示。

微处理器一般指中央微处理器（Central Processing Unit，CPU），它是计算机中最重

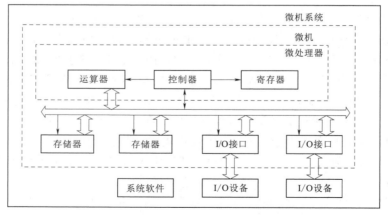

图 1.5 微处理器、微机、微机系统的组成和相互关系

要的一个部分，是计算机的大脑，由运算器、控制器以及相关寄存器组成。CPU 的发展非常迅速，个人电脑从 8088（XT）发展到现在的 Pentium Ⅳ 时代，只经过了不到 20 年的时间。

微机的特点是体积小、灵活性大、价格便宜、使用方便。微机是指以微处理器为基础，配以内存储器及输入输出（I/O）接口电路和相应的辅助电路而构成的裸机。把微机集成在一个芯片上即构成单片微机（Single Chip Microcomputer）。

微机系统由硬件和软件构成，硬件由微处理器、接口、I/O 设备通过总线连接而成。软件由系统软件和应用软件构成。硬件是基础，软件是灵魂，计算机的功能只有在硬件基础上通过软件才能发挥。

1.4　微机的发展概况

从 1946 年第一代电子计算机 ENIAC（Electronic Numerical Integrator and Calculator）在美国研制成功以后，计算机的发展已经历了从电子管计算机、晶体管计算机、集成电路计算机、大规模集成电路计算机几代了。

第一代电子计算机（1946—1958 年）使用了 18880 个电子管，重 30t，占地 $150m^2$，耗电 $150kW \cdot h$，耗资大约 100 万美元，每秒能完成 5000 次加法运算。第一代电子计算机以电子管为基本电子器件，使用机器语言和汇编语言，主要应用于国防和科学计算。

第二代晶体管计算机（1958—1964 年）在 1958 年推出，用晶体管代替了电子管，大大降低了计算机的成本和体积，运算速度成百倍地提高，达到每秒几万次至几十万次。软件上出现了操作系统和算法语言。

第三代计算机（1964—1971 年）普遍采用集成电路，体积缩小，运算速度每秒几十万次至几百万次。1965 年以中小规模集成电路为主体的计算机问世，使计算机的体积进一步缩小，配上各类操作系统，计算机性能极大地提高。

1970 年大规模集成电路（LSI）研制成功，计算机也发展到第四代，微机正是第四代计算机的典型代表。以大规模集成电路为主要器件，运算速度每秒几百万次至上亿次。而 1971 年，在美国硅谷第一台微机诞生了，从而开创了微机的新时代。

我国计算机发展从 1953 年开始研究，到 1958 年，中科院计算所研制成功我国第一台小型电子管通用计算机 103 机（八一型），标志着我国第一台电子计算机的诞生。

1965 年，中科院计算所研制成功第一台大型晶体管计算机 109 乙机，之后推出 109 丙机，该机在两弹试验中发挥了重要作用；1974 年，清华大学等单位联合设计、研制成功采用集成电路的 DJS-130 小型计算机，运算速度达每秒 100 万次。

1983 年，国防科技大学研制成功运算速度每秒上亿次的银河-Ⅰ巨型机，这是我国高速计算机研制的一个重要里程碑；1992 年，国防科技大学研究出银河-Ⅱ通用并行巨型机，峰值速度达每秒 4 亿次浮点运算（相当于每秒 10 亿次基本运算操作），为共享主存储器的四处理机向量机，其向量中央处理机是采用中小规模集成电路自行设计的，总体上达到 80 年代中后期国际先进水平。它主要用于中期天气预报。

1997 年，国防科技大学研制成功银河-Ⅲ百亿次并行巨型计算机系统，采用可扩展分布共享存储并行处理体系结构，由 130 多个处理结点组成，峰值性能为每秒 130 亿次浮点运算，系统综合技术达到 20 世纪 90 年代中期国际先进水平。

2001 年，中科院计算所研制成功我国第一款通用 CPU——"龙芯"芯片。2002 年，曙光信息产业股份有限公司（以下简称"曙光公司"）推出完全自主知识产权的"龙腾"服务器，龙腾服务器采用了"龙芯-1"CPU，采用了曙光公司和中科院计算所联合研发的服务器专用主板，采用曙光 Linux 操作系统，该服务器是国内第一台完全实现自有产权的产品，在国防、安全等部门将发挥重大作用。

2010 年 11 月，经过技术升级的中国"天河一号"曾登上榜首，但此后被日本超算赶超。但 2013 年 6 月，"天河二号"从美国超算"泰坦"手中夺得榜首位置，并在此后 3 年"六连冠"。

2016 年，在法兰克福世界超算大会上，"神威·太湖之光"超级计算机系统登顶榜单之首，并 2017 年的世界超算大会上，"神威·太湖之光"均以较大的运算速度优势轻松蝉联冠军，紧接其后的是我国的天河二号超级计算机。

微机与大型机、中型机、小型机在系统结构和工作原理上相比没有本质的区别，但由于它采用了 LSI 器件，集成度高，使其具有独特的优点：体积小，重量轻，可靠性高，结构配置灵活，价格低廉，从而发展迅猛。1965 年，摩尔（G. Moore）经统计发现，集成电路内芯片的晶体管数目，每隔 18～24 个月，其集成度就要翻一番，称为摩尔定律。微机自 1971 年问世以来，几乎每隔两三年就推出一代新的微处理器。很难定其发展阶段，但通常人们把其分为下面几代发展情况。

1. 第一代微处理器

4 位和 8 位微处理器，典型产品为 Intel 4004、Intel 8008。

Intel 4004 芯片采用 PMOS 工艺，集成度为 2300 只晶体管，时钟频率小于 1MHz，平均指令执行时间为 1～15μs，采用机器语言编程。这种微处理器为内嵌式处理器，又称灵巧型处理器，主要用在控制设备中，如现金计数器、交通灯控制等。

2. 第二代微处理器

8 位微处理器，典型产品为 Intel 8080、Motorola MC6800、Zilog Z80。

Intel 8080 微处理器采用 NMOS 工艺，集成度达 4500 只晶体管，时钟频率 2MHz，平均指令执行时间 1～2μs，寻址 64KB 内存空间。用它构成的微机在结构上已具有计算机的体系结构，有中断和 DMA 等功能，指令系统较为完善，软件上也配备了汇编语言、BASIC 和 FORTRAN 语言，使用单用户操作系统。

3. 第三代微处理器

16 位微处理器，典型产品为 Intel 8086、Zilog Z800、Motorola 68000、Intel 80286。

Intel 8086 微处理器采用 HMOS 工艺，集成度达 29000 万只晶体管，时钟频率有 5MHz、8MHz、10MHz，平均指令执行时间 0.5μs。具有丰富的指令系统，采用多级中断，多重寻址方式，有段寄存器结构，配有磁盘操作系统、数据库管理系统和多种高级语言，性能超过了 20 世纪 70 年代的中低档小型机水平。值得一提的是 Intel 8086 被用作 IBM PC 的 CPU，时钟频率为 5MHz，数据总线 16 位，地址总线 20 位，可寻址 1MB 内存空间，投放市场后迅速占领了市场，促进了个人计算机的应用与推广。

由于 Intel 8086 缺乏存储器管理，1982 年，英特尔公司启用 80286 CPU，研制了 IBM PC/AT 机。80286 与 8086 向上兼容，有 24 位地址总线，寻址能力达 16MB，时钟频率可达 25MHz。80286 在以下方面有显著的改进：80286 提出了实模式和保护模式两种存储器管理模式，使之突破了 8086 访问 1MB 存储空间的限制；引进了段描述符表的概念，可访问 1GB 的虚拟地址空间；IBM PC/AT 的运算速度比 IBM PC/XT 快 12 倍；支持虚拟存储器体系，满足了多用户和多任务的工作需要。80286 的封装是一种被称为 PGA 正方形包装，集成了 13.4 万只晶体管。

4. 第四代微处理器

32 位微处理器，典型产品为 1983 年 Zilog Z80000、1984 年 Motorola 68020、1985 年 Intel 80386、1989 年 Intel 80486。

32 位微处理器的数据总线和地址总线均为 32 位，寻址能力高达 4GB，采用段页式存储器管理机制，提供带有存储器保护的虚拟存储，可管理 64TB 的虚拟存储空间。它的运算模式除了具有实模式和保护模式外，还增加了一种"虚拟 86"的工作方式，可以通过同时模拟多个 8086 微处理器来提供多任务能力。采用 6 级流水线，即取指令、译码、内存管理、执行指令和总线访问并行操作，有快速局部总线。在 80386 中推出了数值协处理器 80387，加快了浮点操作速度，开发高速缓存解决内存速度瓶颈。同时 80386 有丰富的外围配件支持，如 DMA 控制器 82258、中断控制器 8259A、磁盘控制器 8272、Cache 控制器 82385、硬盘控制器 82062 等，80386 使 32 位 CPU 成为 PC 工业的标准。值得指出的是，80486 的整数处理部件采用了简化指令集合计算机技术（Reduced Instruction Set Computer，RISC），可以在一个时钟周期内执行一条指令，使 CPU 处理的速度极大提高。芯片内部其他方面保留复杂指令系统（Complex Instruction Set Computer，CISC），用以处理复杂的指令，以保证兼容性。它还采用了突发总线方式，大大提高了与内存的数据交换速度。

5. 第五代微处理器

典型产品为 Pentium 系列。

随着人们对图形图像、实时视频处理、语音识别、CAD/CAM、大规模财务分析、大流量客户机/服务器应用等的需求日益迫切，第五代微处理器应运而生。

Pentium 采用了全新的体系结构，运用超标量流水线设计。CPU 中有两条流水线并行工作，每个时钟周期执行两条整数指令；Pentium 片内有两片 8KB Cache 和数据 Cache，节省了 CPU 的存取时间；浮点运算单元重新设计，采用多级流水线和部分固化指令，提高了浮点运算速度；采用动态转移预测的全新概念，非顺序执行指令，进行分支指令预测和数据流分析，然后以优化顺序预测执行，从而将处理器停滞时间减到最小。在 Pentium Ⅱ 中采用了双重独立总线结构（二级高速缓存总线及处理器到主内存的系统总线分别独立）和内置多媒体扩展技术（Multimedia Extentions，MMX）。Pentium Ⅲ 中增加了能够增强音频、视频和 3D 图形效果的数据流单数据多指令扩展（Streaming SIMD Extensions，SSE）指令集。在 Pentium Ⅳ 使用了 12KB 大小的处理指令跟踪缓存（Execution Trace Cache）。在微处理指令集解码之后将会被这部分 8 通道的缓存寄存起来，并且这部分缓存同时也负责预测处理通道当中的数据。这样做的目的是减少了长数据通道带来的坏处。Pentium Ⅳ 有着很独特的 L2 缓存，CPU 与 L2 缓存之间有 256bit 的内部传输通道，同时每个时钟周期都能实现从 L2 缓存当中交换数据，也就是说这个数据带宽的峰值是现有 CPU 和 L2 缓存之间的数据带宽当中最高的。

在此阶段 CPU 的发展已使微机在整体性能、处理速度、3D 图形图像处理、多媒体信息处理及通信等诸多方面达到甚至超过了小型机。

此后微机飞速发展，芯片规格和型号层出不穷。目前比较常见的微机芯片有英特尔（集成电子公司）的 Core（酷睿）系列，因采用 Core 微架构而得名；美国超威半导体公司（AMD）的 Athlon（速龙）系列。

1.5　未来计算机的改进和发展方向

1. 改善计算机性能的新技术

（1）运算速度。超级电脑很可能在近几年问世，其每秒浮点运算次数可高达 1000 万亿次，大约是位于美国加州劳伦斯利佛摩国家实验室中的"蓝基因/L"电脑的 2 倍，这种千兆级超级电脑的超强运算能力很可能加速各种科学研究的方法，促成科学重大新发现。

千兆级电脑的运算能力相当于逾 1 万台桌上型电脑的总和，在普通个人电脑上得穷毕生时间才能完成的运算，在现今的超级电脑上花约 5 小时即可完成，若使用千兆级电脑则仅需 2 小时。

（2）散热。新的 Power 575 超级计算机配置 IBM 的 Power 6 微处理器，并通过一种创新的水冷系统进行冷却，使用安装在每个微处理器上方的水冷铜板将电子器件产生的热量带走。

未来计算机将采用水冷技术的超级计算机所需空调的数量能够减少 80%，可将一般数据中心的散热能耗降低 40%。科学家估计用水来冷却计算机系统的效率最多可比用空气进行冷却高出 4000 倍。这一绰号"水冷集群"的系统可支持拥有数百个节点的集群，而且能够在密集配置中实现极高的性能。

（3）体积大小。鳍式场效晶体管（Fin Field - Effect Transistor）是一种新的互补金属氧化物半导体（CMOS）晶体管，其长度小于 25nm，未来可以进一步缩小到 9nm。这大约是人类头发直径的万分之一。

这是半导体技术上的一大突破，未来的晶片设计师有望将超级电脑设计成只有指甲大小。

2. 计算机的未来发展的方向

（1）人工智能型计算机。人工智能的新一代计算机，具有推理、联想、判断、决策、学习等功能。日本在 1981 年宣布要在 10 年内研制"能听会说、能识字、会思考"的第五代计算机，投资千亿日元并组织了一大批科技精英进行会战。这一宏伟计划曾经引起世界瞩目，并让一些美国人恐慌了好一阵子，有人甚至惊呼这是"科技战场上的珍珠港事件"。现在回头看，日本原来的研究计划只能说是部分地实现了。到了今天还没有哪一台计算机被宣称是具有推理、联想、判断、决策、学习等功能。

但有一点可以肯定，在未来社会中，计算机、网络、通信技术将会三位一体化。新世纪的计算机将把人从重复、枯燥的信息处理中解脱出来，从而改变工作、生活和学习方式，给人类和社会拓展了更大的生存和发展空间。当历史的车轮驶入 21 世纪时，会面对各种各样的未来计算机。

（2）能识别自然语言的计算机。未来的计算机将在模式识别、语言处理、句式分析和语义分析的综合处理能力上获得重大突破。它可以识别孤立单词、连续单词、连续语言和特定或非特定对象的自然语言（包括口语）。今后，人类将越来越多地同机器对话。他们将向个人计算机"口授"信件，同洗衣机"讨论"保护衣物的程序，或者用语言"制服"不听话的家用电器。键盘和鼠标的时代将渐渐结束。

（3）高速超导计算机。高速超导计算机的耗电仅为半导体器件计算机的几千分之一，它执行一条指令只需十亿分之一秒，比半导体元件快几十倍。以目前的技术制造出的超导计算机的集成电路芯片只有 $3\sim5mm^2$ 大小。

（4）激光计算机。激光计算机是利用激光作为载体进行信息处理的计算机，又称光脑，其运算速度将比普通的电子计算机至少快 1000 倍。它依靠激光束进入由反射镜和透镜组成的阵列中来对信息进行处理。

与电子计算机相似之处是，激光计算机也靠一系列逻辑操作来处理和解决问题。光束在一般条件下的互不干扰的特性，使得激光计算机能够在极小的空间内开辟很多平行的信息通道，密度大得惊人。一块截面等于 5 分硬币大小的棱镜，其通过能力超过全球现有全部电缆的许多倍。

（5）分子计算机。分子计算机正在酝酿。美国惠普公司和加州大学，1999 年 7 月 16 日宣布，已成功地研制出分子计算机中的逻辑门电路，其线宽只有几个原子直径之和，分子计算机的运算速度是目前计算机的 1000 亿倍，最终将取代硅芯片计算机。

（6）量子计算机。量子力学证明，个体光子通常不相互作用，但是当它们与光学谐振腔内的原子聚在一起时，它们相互之间会产生强烈影响。光子的这种特性可用来发展量子力学效应的信息处理器件——光学量子逻辑门，进而制造量子计算机。量子计算机利用原子的多重自旋进行。量子计算机可以在量子位上计算，可以在 0 和 1 之间计算。在理论方面，量子计算机的性能能够超过任何可以想象的标准计算机。

（7）DNA 计算机。科学家研究发现，脱氧核糖核酸（DNA）有一种特性，能够携带生物体的大量基因物质。数学家、生物学家、化学家以及计算机专家从中得到启迪，正在合作研究制造未来的液体 DNA 电脑。这种 DNA 电脑的工作原理是以瞬间发生的化学反应为基础，通过和酶的相互作用，将发生过程进行分子编码，把二进制数翻译成遗传密码的片段，每一个片段就是著名的双螺旋的一个链，然后对问题以新的 DNA 编码形式加以解答。

和普通的电脑相比，DNA 电脑的优点首先是体积小，但存储的信息量却超过现在世界上所有的计算机。

（8）神经元计算机。人类神经网络的强大与神奇是人所共知的。将来，人们将制造能够完成类似人脑功能的计算机系统，即人造神经元网络。神经元计算机最有前途的应用领域是国防，它可以识别物体和目标，处理复杂的雷达信号，决定要击毁的目标。神经元计算机的联想式信息存储、对学习的自然适应性、数据处理中的平行重复现象等性能都将异常有效。

（9）生物计算机。生物计算机主要是以生物电子元件构建的计算机。它利用蛋白质有开关特性，用蛋白质分子作元件从而制成的生物芯片。其性能是由元件与元件之间电流启闭的开关速度来决定的。用蛋白质制成的计算机芯片，它的一个存储点只有一个分子大小，所以它的存储容量可以达到普通计算机的 10 亿倍。由蛋白质构成的集成电路，其大小只相当于硅片集成电路的十万分之一。而且运行速度更快，只有 10^{-11} s，大大超过人脑的思维速度。

习　　题

1. 将下列二进制数转成十进制数。

(1) 10101010B   (2) 11101001B

(3) 11001000B   (4) 00101011B

2. 将下列十六进制数转成十进制数。

(1) 15BH   (2) 0FFH

(3) 1AC3H   (4) 6EDCH

3. 将下列十进制数转成二进制和十六进制数。

(1) 55   (2) 76

(3) 256   (4) 110

4. 写出英文单词 Computer 和数字 85 的 ASCII 码。

5. 冯·诺依曼结构由哪几部分组成？说明其主要工作原理。

6. 计算机的硬件和软件对计算机的作用是什么？计算机的软件如何分类？

7. 写出存储器的分类，分析以 10 根、16 根、20 根地址线可表示地址的范围。

8. 写出总线的分类和其中流通信号的类型。

9. 总结微机 CPU 的结构分类。

10. 总结和展望计算机未来的发展方向。

第 2 章

16 位微处理器

　　微处理器（Microprocessor）是计算机的运算及控制部件，以及中央处理单元（CPU）。目前英特尔公司开发的、应用最广泛的是 80x86 系列微处理器。我们以 8086 微处理器的结构和存储器、工作模式、总线操作、中断系统，深入学习 16 位微处理器。

　　Intel 8086 是 16 位微处理器，有 40 个引脚。时钟频率有 3 种，8086 型微处理器为 5MHz，8086－2 型为 8MHz，8086－1 型为 10MHz。8086 CPU 有 16 根数据线和 20 根地址线，直接寻址空间为 1MB。

　　8086 CPU 有一组强有力的指令系统，内部有硬件乘除指令、串操作处理指令，可对多种数据类型进行处理。8086 CPU 与 8 位 CPU 8080 向上兼容，处理能力比 8080 高 10 倍以上，面相同任务程序代码长度可缩短 20%。8086 CPU 可与 8087 协处理器及 8089 输入/输出处理器构成多机系统，以提高数据处理及输入/输出能力。

　　8088 CPU 内部结构与 8086 基本相同，但对外数据总线只有 8 条，称为准 16 位微处理器。

2.1　16 位微处理器结构及工作过程

2.1.1　8086 CPU 的内部结构

　　如图 2.1 所示，8086 CPU 由总线接口部件（Bus Interface Unit，BIU）和指令执行部件（Execution Unit，EU）组成，它们既相互独立，又相互配合进行工作。

　　1. 总线接口部件

　　BIU 是 8086 CPU 与外部（存储器和 I/O 端口）的接口，提供了 16 位双向数据总线和 20 位地址总线，完成所有外部总线操作。

　　BIU 具有下列功能：地址形成、取指令、指令排队、读/写操作数和总线控制。由 16 位段地址寄存器、16 位指令指针寄存器、20 位物理地址加法器、6 字节指令队列、总线控制逻辑（发出总线控制信号）等组成。

　　（1）16 位段地址寄存器。8086 CPU 可直接寻址 1MB 的存储器空间，直接寻址需要 20 位地址码，而所有内部寄存器都是 16 位的，只能直接寻址 64KB，因此采用分段技术来解决。将 1MB 的存储空间分成若干逻辑段，每段最长 64KB，这些逻辑段在整个存储空间中可浮动。

　　8086 CPU 内部设置了 4 个 16 位段寄存器，分别是代码段寄存器 CS、数据段寄存器 DS、堆栈段寄存器 SS、附加段寄存器 ES，由它们给出相应逻辑段的首地址，称为"段基址"。段基址与段内偏移地址组合形成 20 位物理地址，段内偏移地址可以存放在寄存器

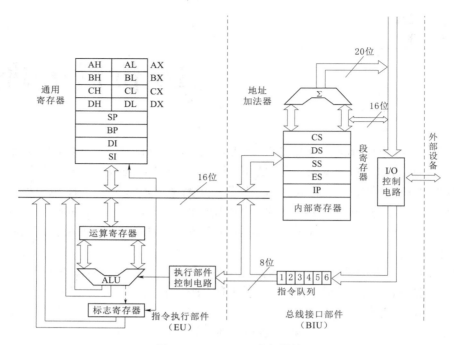

图 2.1　8086 CPU 内部结构

中，也可以存放在存储器中。

（2）16 位指令指针寄存器。8086/8088 CPU 中设置了一个 16 位指令指针寄存器 IP，用来存放将要执行的下一条指令在现行代码段中的偏移地址。

程序运行中，它由 BIU 自动将其修改，使 IP 始终指向下一条将要执行的指令的地址，因此它是用来控制指令序列的执行流程的，是一个重要的寄存器。8086 程序不能直接访问 IP，但可以通过某些指令修改 IP 的内容。例如，当遇到中断指令或调用子程序指令时，8086 自动调整 IP 的内容，将 IP 中下一条将要执行的指令地址偏移量入栈保护，待中断程序执行完毕或子程序返回时，可将保护的内容从堆栈中弹出到 IP，使主程序继续运行。在跳转指令时，则将新的跳转目标地址送入 IP，改变它的内容，实现了程序的转移。

（3）20 位物理地址加法器。8086 采用 20 位地址寻址 1MB 的内存空间，但 8086 内部所有的寄存器都是 16 位的，8086 CPU 采用段地址、段内偏移地址两级存储器寻址方式，由一个 20 位地址加法器来根据 16 位段地址和 16 位段内偏移地址计算出 20 位物理地址。

20 位物理地址的获得方法是：将 CPU 中的 16 位的段寄存器内容左移 4 位（×16，或写成×10H）得到该段的 20 位物理地址，与 16 位的逻辑地址（又称偏移地址，即所寻址单元相对段首的偏移量）在地址加法器内相加，得到所寻址单元的 20 位物理地址。根据寻址方式的不同，偏移地址可以来自指令指针寄存器 IP 或其他寄存器。

【例】　假设 CS=0200H，IP=1234H，则该指令单元的 20 位物理地址为

$$0200H×10H+1234H=02000H+1234H=03234H$$

（4）6 字节指令队列：预放 6 字节的指令代码。

（5）总线控制逻辑：发出总线控制信号。

总线接口部件的工作过程如下：

首先由代码段寄存器 CS 中 16 位段基地址，在最低位后面补 4 个 0，加上指令指针寄存器 IP 中 16 位偏移地址，在地址加法器内形成 20 位物理地址，20 位地址直接送往地址总线，然后通过总线控制逻辑发出存储器读信号 RD，启动存储器，按给定的地址从存储器中取出指令，送到指令队列中等待执行。

BIU 的指令队列可存储 6 字节指令代码，它是先进先出的队列寄存器，允许预取 6 字节指令代码。一般情况下，指令队列中填满指令，EU 可从指令队列中取出指令执行。指令代码装入指令队列输入端后，自动调整指令队列输入端指针。EU 从指令队列输出端取出指令，且在 EU 取走一字节的指令代码后，自动调整指令队列输出端指针。当指令队列有 2 个或 2 个以上的字节空余时，BIU 自动将指令取到指令队列中。当指令队列已满，并且执行部件 EU 未向 BIU 申请读/写存储器操作数，则 BIU 不执行任何操作，处于空闲状态。

EU 从指令队列中取走指令，经指令译码后，向 BIU 申请从存储器或 I/O 端口读写操作数。只要收到 EU 送来的逻辑地址，BIU 又将通过地址加法器将现行数据段及送来的逻辑地址组成 20 位物理地址。在当前取指令总线周期完成后，在读/写总线周期访问存储器或 I/O 端口完成读/写操作。最后 EU 执行指令，由 BIU 将运算结果读出。

指令指针寄存器 IP 由 BIU 自动修改，指向下一条指令在现行代码段内的偏移地址。当进行 IP 入栈操作时，先把 IP 入栈，再自动调整 IP 到下一条要执行指令的地址。当 EU 执行转移指令时，则 BIU 清除指令队列，从转移指令的新地址取得指令，立即送给 EU 执行，然后从后续指令序列中取指填满队列。

总线控制部件发出总线控制信号，实现存储器读/写控制和 I/O 读/写控制。它将 8086 CPU 的内部总线与外部总线相连，是 8086 CPU 与外部打交道不可缺少的路径。

2. 指令执行部件

EU 完成指令译码和执行指令的工作，主要由 16 位的算术逻辑单元（ALU）、通用寄存器组、指针和变址寄存器、标志寄存器 PSW 和 EU 控制电路组成。

（1）16 位的算术逻辑单元（ALU）。16 位的算术逻辑单元（ALU）可以用于算术和逻辑运算，也可以按指令的寻址方式计算出寻址单元的 16 位偏移量。

（2）通用寄存器组。8086/8088 CPU 在指令执行部件 EU 中有 4 个 16 位通用寄存器（图 2.2），是 AX、BX、CX 和 DX，用以存放 16 位数据或地址。也可分为 8 个 8 位寄存器来使用，低 8 位为 AL、BL、CL 和 DL，高 8 位为 AH、BH、CH 和 DH。通用寄存器通用性强，对任何指令都具有相同的功能。

在 8086 中，某些通用寄存器设计有专门用途。例如，CX 寄存器作为计数寄存器。同样，AX、BX、DX 寄存器又分别称为累加器、基址寄存器及数据寄存器。

（3）指针和变址寄存器。8086 CPU 中，有一组 4 个 16 位寄存器，它们是基址指针寄存器 BP、堆栈指针寄存器 SP、源变址寄存器 SI 和目的变址寄存器 DI。这组寄存器存放的内容是某一段内地址偏移量，用来形成操作数地址，主要在堆栈操作和变址运算中使用。

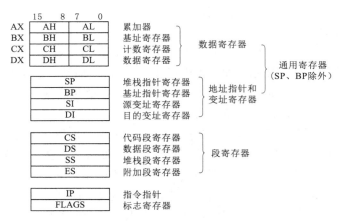

图 2.2　8086 CPU 内部寄存器

　　BP 和 SP 寄存器称为指针寄存器，与 SS 结合使用，为访问现行堆栈段提供方便。通常 BP 寄存器在间接寻址中使用，操作数在堆栈段中，由 SS 段寄存器与 BP 组合形成操作数地址，即 BP 中存放现行堆栈段中一个数据区的"基址"的偏移量，所以称 BP 寄存器为基址指针寄存器。

　　SP 寄存器在堆栈操作中使用，PUSH 和 POP 指令是从 SP 寄存器得到现行堆栈段的段内地址偏移量，所以称 SP 寄存器为堆栈指针寄存器，SP 始终指向栈顶。

　　寄存器 SI 和 DI 称为变址寄存器，通常与 DS 一起使用，为访问现行数据段提供段内地址偏移量。

　　（4）标志寄存器 PSW。16 位标志寄存器 PSW 用来存放运算结果的特征，常用作后续条件转移指令的转移控制条件。其中 7 位没有用，9 个标志位分成两类：一类为状态标志，表示运算后结果的状态特征，影响后面的操作。状态标志有 6 个：CF、PF、AF、ZF、SF 和 OF。另一类为控制标志，用来控制 CPU 操作，控制标志有 3 个：TF、IF 和 DF。PSW 寄存器的具体格式如图 2.3 所示。

| | | | OF | DF | IF | TF | SF | ZF | | AF | | PF | | CF |

图 2.3　标志寄存器的具体格式

　　CF（Carry Flag）——进位标志位。本次运算中最高位有进位或借位时，CF＝1。STC 指令使 CF 标志置位，CLC 指令使之复位，CMC 指令使之取反。

　　PF（Parity Flag）——奇偶校验标志位。本次运算结果低 8 位中有偶数个"1"时，PF＝1；有奇数个"1"时，PF＝0。

　　AF（Auxiliary Carry Flag）——辅助进位标志位。本次运算结果，低 4 位向高 4 位有进位或借位时，AF 一般用在 BCD 码运算中，判断是否需要十进制调整。

　　ZF（Zero Flag）——全零标志位。本次运算结果为 0 时，ZF＝1，否则 ZF＝0。

　　SF（Sign Flag）——符号标志位。本次运算结果的最高位为 1 时，SF＝1，否则 SF＝0。SF 反映了本次运算结果是正还是负。

　　OF（Overflow Flag）——溢出标志位。本次运算过程中产生溢出时，OF＝1。

　　TF（Trap Flag）——陷阱标志。若 TF＝1，CPU 处于单步工作方式。每执行完一条指令，自动产生一次单步中断，将寄存器、存储器等内容显示在屏幕上。程序员可查看本条指令执行后的结果，以便逐条检查指令执行结果。若 TF＝0，则程序正常运行。

IF（Interrupt Flag）——中断标志可当 IF＝1 时，允许 CPU 响应可屏蔽中断；IF＝0时，禁止响应该中断。执行 STI 指令可使 IF 置 1，CLI 指令使 IF 清零。

DF（Direction Flag）——方向标志。控制字符串操作指令中地址指针变化的方向。若 DF＝0，串操作时地址指针 SI、DI 自动递增；若 DF＝1，SI、DI 自动递减。CLD 指令使 DF＝0，STD 指令使 DF＝1。

（5）EU 控制电路。EU 控制电路是执行控制、定时与状态逻辑电路，接收从 BIU 中指令队列取来的指令，经过指令译码形成各种定时控制信号，对 EU 的各个部件实现定时操作。

指令执行部件工作过程为：EU 从指令队列输出端取出指令，进行译码，若执行指令需要访问存储器或 I/O 端口去取操作数，则 EU 将操作数的偏移地址通过内部 16 位数据总线送给 BIU，与段地址一起，在 BLU 的地址加法器中形成 20 位物理地址，申请访问存储器或 I/O 端口，取得操作数送给 EU，EU 根据指令要求向 EU 内部各部件发出控制命令，完成执行指令的功能。

算术逻辑单元 ALU 完成各种算术运算及逻辑运算，运算的操作数可从存储器取得，也可从寄存器组取得，16 位暂存器暂存参加运算的操作数。运算结果由内部总线送到 EU 的寄存器组或送到 BIU 的内部寄存器，由 BIU 写入存储器或 I/O 端口。运算后结果的特征改变了标志寄存器 PSW 的状态，供测试、判断及转移指令使用。EU 控制器负责从指令队列中取指令、指令译码及发各种控制命令以完成指令要求的功能。

由于 EU 从指令队列中直接取指令，而不是访问存储器取指令，因此取指令与执行指令是可并行操作。EU 与 BIU 之间相互配合又相互独立的非同步工作方式提高了 CPU 的工作效率。虽然有时遇到转移指令、调用指令和返回指令，要将指令队列中的内容作废，由 BIU 重新去取转移地址所指向的指令代码，EU 才能继续执行指令，此时并行操作可能受到影响。但这种情况相对较少发生。

2.1.2　8086 存储器组织

1. 存储器地址的分段

存储器是以字节为单位存储信息的，每个存储单元有唯一的地址。8086 系统有 20 根地址线可寻址 1MB 字节的存储空间，即对存储器寻址要 20 位物理地址，而 8086 为 16 位机，CPU 内部寄存器只有 16 位，可寻址 64KB。因此 8086 系统把整个存储空间分成许多逻辑段，每段容量不超过 64KB。8086 系统对存储器的分段采用灵活的方法，允许各个逻辑段在整个存储空间中浮动，这样在程序设计时可使程序保持相对的完整性。段和段之间可以是连续的，也可以是分开的或重叠的。如图 2.4 所示。

任何一个存储单元的实际地址，都是由段地址及段内偏移地址两部分组成的，从图 2.4 可以看出，任何一个存储单元，可以在一个段中定义，也可在两个重叠的逻辑段中定义。

2. 物理地址的组成

8086 系统的 20 位物理地址由段地址和偏移地址组成。段地址存放在段寄存器中（代

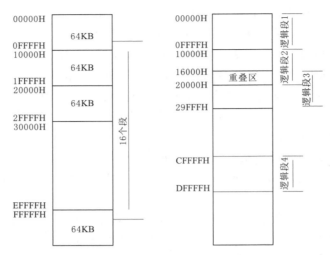

图 2.4　存储器分段示意

码段寄存器 CS、数据段寄存器 DS、附加段寄存器 ES 和堆栈段寄存器 SS）。段内"偏移地址"可以放在指令指针寄存器 IP 中或 16 位通用寄存器中，指出了从段地址开始的相对偏移位置。

　　存储单元的地址可以用段基址（段地址）和段内偏移量（偏移地址）来表示，段基址确定它所在的段居于整个存储空间的位置，偏移量确定它在段内的位置，这种地址表示方式称为逻辑地址，通常表示为段地址：偏移地址的形式。

　　物理地址是存储器的绝对地址，地址从 00000 到 FFFFFH，是 CPU 访问存储器的实际寻址地址，它由逻辑地址变换而来。物理地址由段寄存器中取出段基址，将其左移 4 位，再与 16 位偏移地址相加得到，此地址在 CPU 的总线接口部件 BIU 的地址加法器中形成。

　　简而言之，物理地址是唯一的、绝对的，而逻辑地址是组合的、不唯一的、相对的。

3. 逻辑地址的组成

　　由于访问存储器的操作类型不同，BIU 所使用的逻辑地址来源也不同。取指令时，自动选择 CS 寄存器值作段基址，偏移地址由 IP 来指定，计算出取指令的物理地址。

　　当堆栈操作时，段基址自动选择 SS 寄存器值，偏移地址由 SP 来指定。

　　当进行读/写存储器操作数或访问变量时，自动选择 DS 或 ES 寄存器值作为段基址。此时，偏移地址要由指令所给定的寻址方式来决定，可以是指令中包含的直接地址，可以是地址寄存器中的值，也可以是地址寄存器的值加上指令中的偏移量。注意的是当用 BP 作为基地址寻址时，段基址由堆栈寄存器 SS 提供，偏移地址从 BP 中取得。

　　【例】　DS＝2500H，BX＝00A0H，则该指令单元的 20 位物理地址为：

　　　　　　$DS \times 10H + BX = 25000H + 00A0H = 250A0H$

　　　　　ES＝2000H，SI＝50A0H，则该指令单元的 20 位物理地址为：

　　　　　　$ES \times 10H + SI = 20000H + 50A0H = 250A0H$

　　　　　则：250A0H 是物理地址，是唯一的、绝对的。

　　DS＝2500H，BX＝00A0H 和 ES＝2000H，SI＝50A0H，是逻辑地址，是虚拟地址，

不唯一。

　　另外在存储器地址的低端和高端，有一些专门用途的存储单元，用于中断和系统复位，用户不能占用，除非专门指定。一般情况下，各段在存储器中的分配由操作系统负责。

4. 堆栈的设置和操作

　　所谓堆栈，是在存储器中开辟一个区域，用来存放需要暂时保存的数据。堆栈段是由段定义语句在存储器中定义的一个段，它可以在存储器 1MB 空间内任意浮动，堆栈段容量不大于 64KB。段基址由堆栈寄存器 SS 指定，栈顶由堆栈指针 SP 指定。根据堆栈构成方式不同，堆栈指针 SP 指向的可以是当前栈顶单元，也可以是栈顶上的一个"空"单元，一般采用 SP 指向当前栈顶单元。堆栈的地址增长方式一般是向上增长，栈底设在存储器的高地址区，堆栈地址由高向低增长。

　　堆栈的工作方式是"先进后出"，用入栈指令和出栈指令可将数据压入堆栈或从堆栈中弹出，栈顶指针 SP 的变化由 CPU 自动管理。堆栈以字为单位进行操作，堆栈中的数据项以低字节在偶地址，高字节在奇地址的次序存放。当执行 PUSH 指令时，CPU 自动修改指针 SP−2→SP。使 SP 指向新栈顶，然后将低位数据压入较低地址单元，高位数据压入较高地址单元。当执行 POP 指令时，CPU 先将当前栈顶 SP（低位数据）和 SP+1（高位数据）中的内容弹出，然后再自动修改指针，使 SP+2→SP，SP 指向新栈顶。

　　需要注意的是堆栈中的数据必须保证低字节在偶地址单元中，高地址在奇地址中。堆栈出栈操作时，SP 的位置改变，但栈内（内存中）的内容不变。

　　【例】 假如当前 SS＝B000H，SP＝0100H，当进行压入两个字，然后弹出一个字操作时，指出操作过程中前栈顶在存储器中的位置。

　　当前栈顶在存储器中的地址为 B0100H。如图 2.5（a）所示；当先后压入两个字

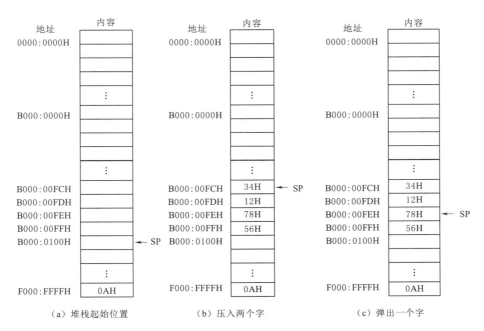

　　（a）堆栈起始位置　　　　　　（b）压入两个字　　　　　　（c）弹出一个字

图 2.5　堆栈的设置和操作

5678H、1234H 后，SP＝SP－4＝00FCH，如图 2.5（b）所示；然后弹出一个字后，SP＝SP＋2＝00FEH，如图 2.5（c）所示。具体操作指令将在第 3 章中详述。

2.2　8086 CPU 的引脚及工作模式

Intel 8086 是一个由英特尔公司于 1978 年所设计的 16 位微处理器芯片，是 x86 架构的鼻祖。不久之后，Intel 就推出了 Intel 8088（一个拥有 8 位外部数据总线的微处理器）。它以 8080 和 8085 的设计为基础，拥有类似的寄存器组，但是地址总线扩充为 20 位。

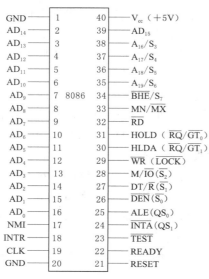

图 2.6　8086 CPU 引脚

如图 2.6 所示，8086 CPU 是一个 40 引脚的芯片，包括 20 条地址线、16 条数据线、控制信号、电源和地线。8086/8088 CPU 芯片采用双列直插式封装，部分引脚采用了分时复用的方式。

8086/8088 CPU 可以工作在两种工作模式（最小模式和最大模式）。最小模式用于单处理器系统，系统中所需要的控制信号全部由 8086 直接提供。最大模式用于多处理器系统，系统中所需要的控制信号由总线控制器 8288 提供。在两种工作模式中部分管脚具有不同的功能。在此主要讨论控制用得较多的最小模式的组成以及在其模式下的引脚功能。

2.2.1　8086/8088 CPU 与模式无关的引脚

1. 数据总线和地址引脚 $AD_{15} \sim AD_0$（Address Data Bus）

16 条地址/数据总线，三态，分时复用。传送地址时输出，传送数据时双向输入/输出。在计算机中一般的总线执行周期含有 4 个机器周期，计为 $T_1 \sim T_4$。在总线周期 T_1 状态中，CPU 在这些引脚上输出存储器或 I/O 端口的地址，在 $T_2 \sim T_4$ 状态中可传送数据。在中断响应及系统总线"保持响应"周期，被置成高阻状态。

2. $A_{19}/S_6 \sim A_{16}/S_3$（Address/Status）

地址/状态线，三态，输出，分时复用。在 T_1 状态作地址线用时，$A_{19} \sim A_{16}$ 与 $AD_{15} \sim AD_0$ 一起构成 20 位物理地址，可访问存储器 1MB。当 CPU 访问 I/O 端口时，$A_{19} \sim A_{16}$ 为"0"。在 $T_2 \sim T_4$ 状态作状态线用时，$S_6 \sim S_3$ 输出状态信息，S_6 保持"0"，表明 8086 当前连在总线上，S_5 取中断允许标志的状态；若当前允许可屏蔽中断请求，则 S_5 置 1；若 $S_5＝0$，则禁止一切可屏蔽中断。S_4、S_3 用来指示当前正在使用哪一个段的寄存器，其编码见表 2.1。

当 $S_4 S_3＝10$ 时，表示当前正在使用 CS 段寄存器对存储器寻址，或者当前正在对 I/O 端口或中断向量寻址，不需要使用段寄存器。当系统总线处于"保持响应"状态，这些引脚被置成高阻状态。

表 2.1　　　　　　　　　　　　S_3、S_4 组合对应的状态

S_4	S_3	当前正在使用的段寄存器
0	0	ES
0	1	SS
1	0	CS，无段寄存器（I/O，中断）
1	1	DS

3. 控制和状态引脚

（1）$\overline{\text{RD}}$（Read）：读选通信号，三态，输出，低电平有效，允许 CPU 读存储器或读 I/O 端口（数据从存储器到 CPU）。由 M/IO信号区分读存储器或读 I/O 端口，在读总线周期的 T_2、T_3、T_w 状态，为低电平。在"保持响应"周期，被置成高阻状态。

（2）READY（Ready）：准备就绪信号，输入，高电平有效。由存储器或 I/O 端口发来的响应信号，表示外部设备已准备好，可进行数据传送。CPU 在每个总线周期的 T_3 状态检测 READY 信号线，如果是低电平，在 T_3 状态结束后 CPU 插入一个或几个 T_w 等待状态，直到 READY 信号有效后，才进入 T_4 状态，完成数据传送过程。

（3）RESET（Reset）：复位信号，输入，高电平有效。CPU 接收到复位信号后，停止现行操作，并初始化段寄存器 DS、SS、ES，标志寄存器 PSW，指令指针 IP 和指令队列，而使 CS＝FFFFH。RESET 信号至少保持 4 个时钟周期以上的高电平。当它变为低电平时，CPU 执行重启动过程，8086/8088 将从地址 FFFF0H 开始执行指令。通常在 FFFF0H 单元开始的几个单元中存放一条无条件转移指令，将入口转到引导和装配程序中，实现对系统的初始化，引导监控程序或操作系统程序。

（4）INTR（Interrupt Request）：可屏蔽中断请求信号，输入，电平触发（或边沿触发），高电平有效。当外设接口向 CPU 发出中断申请时，INTR 信号变成高电平。CPU 在每条指令周期的最后一个时钟周期检测此信号，一旦检测到此信号有效，并且中断允许标志位 IF＝1 时，CPU 在当前指令执行完后，转入中断响应周期，读取外设接口的中断类型码，然后在存储器的中断向量表中找到中断服务程序的入口地址，转入执行中断服务程序。用 STI 指令，可使中断允许标志位 IF 置"1"，用 CLI 指令可使 IF 置"0"，从而可实现中断屏蔽。

（5）NMI（Non-Maskable Interrupt Request）：不可屏蔽中断请求信号，输入，边沿触发，正跳变有效。此类中断请求不受中断允许标志位 IF 的影响，也不能用软件进行屏蔽。NMI 引脚一旦收到一个正沿触发信号，在当前指令执行完后，自动引起类型 2 中断，转入执行类型 2 中断处理程序。经常处理电源掉电等紧急情况。

（6）$\overline{\text{TEST}}$（Test）：测试信号，输入，低电平有效。在 CPU 执行 WAIT 指令期间，CPU 每隔 5 个时钟周期对$\overline{\text{TEST}}$引脚进行一次测试。若测试到$\overline{\text{TEST}}$为高电平，CPU 处于空转等待状态，当测试到$\overline{\text{TEST}}$有效，空转等待状态结束，CPU 继续执行被暂停的指令。WAIT 指令是用来使处理器与外部硬件同步用的。

（7）HOLD（Hold Request）：总线保持请求信号，输入，高电平有效。在最小模式

系统中，表示其他共享总线的部件向 CPU 请求使用总线，要求直接与存储器传送数据。

（8）HLDA（Hold Acknowledge）：总线保持响应信号，输出，高电平有效。CPU 一旦测试到 HLOD 总线请求信号有效，如果 CPU 允许让出总线，在当前总线周期结束时，于 T_4 状态发出 HLDA 信号，表示响应这一总线请求，并立即让出总线使用权，将三条总线置成高阻状态。总线请求部件获得总线控制权后，可进行 DMA 数据传送，总线使用完毕使 HOLD 无效，CPU 才将 HLDA 置成低电平，CPU 再次获得三条总线的使用权。

（9）CLK（Clock）：时钟信号，输入。由 8284 时钟发生器产生，8086 CPU 使用的时钟频率，因芯片型号不同，时钟频率不同。8086 为 5MHz，8086－1 为 10MHz，8086－2 为 8MHz。

（10）V_{cc}（＋5V），GND（地）：CPU 所需电源 V_{cc}＝＋5V，GND 为地线，8086 CPU 采用双接地方式。

（11）MN/$\overline{MX}$（Minimum/Maximum）：最小/最大工作模式选择信号输入。当 MN/$\overline{MX}$接＋5V 时，CPU 工作在最小模式，CPU 组成一个单处理器系统，由 CPU 提供所有总线控制信号。当 MN/$\overline{MX}$接地时，CPU 工作在最大模式，CPU 的 $\overline{S_2} \sim \overline{S_0}$ 提供给总线控制器 8288，由 8288 产生总线控制信号，以支持构成多处理器系统。

2.2.2　最小模式组成和最小模式下的引脚

当要利用 8086 构成一个较小的系统时，在系统中只有 8086 一个微处理器，所连的存储器容量不大、片子不多，所要连的 I/O 端口也不多，系统中的总线控制电路被减到最少。系统的地址总线可以由 CPU 的 $AD_0 \sim AD_{15}$、$A_{16} \sim A_{19}$ 通过地址锁存器 8282（或 74LS373）构成；数据总线可以直接由 $AD_0 \sim AD_{15}$ 供给，也可以通过发送/接收接口芯片 8286（或 74LS245）供给（增大总线的驱动能力）；系统的控制总线就直接由 CPU 的控制线供给，这种组态就称为 8086 的最小组态，如图 2.7 所示。

（1）$\overline{WR}$（Write）：写选通信号，三态，输出，低电平有效。允许 CPU 写存储器或写 I/O 端口（数据从存储器到 CPU）。由 M/$\overline{IO}$ 信号区分写存储器或写 I/O 端口，在写总线周期的 T_2、T_3、T_w 状态，为低电平。在 DMA 方式时，被置成高阻状态。

（2）M/$\overline{IO}$（Memory/Input and Output）：存储器或 I/O 端口控制信号，三态，输出。M/$\overline{IO}$信号为高电平，表示 CPU 正在访问存储器；M/$\overline{IO}$信号为低电平，表示 CPU 正在访问 I/O 端口。一般在前一个总线周期的 T_4 状态，M/$\overline{IO}$有效，直到本周期的 T_1 状态为止。在 DMA 方式时，置为高阻状态。

（3）ALE（Address Latch Enable）：地址锁存允许信号，输出，高电平有效。作地址锁存器 8282/8283 的片选信号，在 T_1 状态，ALE 有效，表示地址/数据总线上传送的是地址信息，将它锁存到地址锁存器 8282/8283 中。这是由于地址/数据总线分时复用所需要的，ALE 信号不能浮空。

（4）$\overline{DEN}$（Data Enable）：数据允许信号，三态，输出，低电平有效。在最小模式系统中，有时利用数据收发器 8286/8287 来增加数据驱动能力，$\overline{DEN}$用作数据收发器 8286/8287 的输出允许信号，在 DMA 工作方式时，被置成高阻状态。

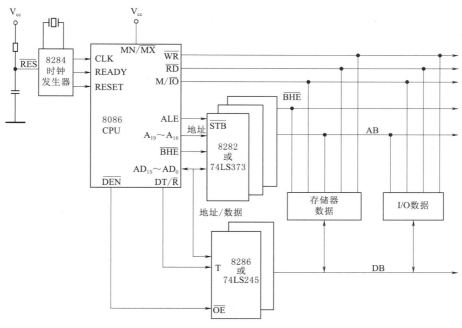

图 2.7　8086 最小模式系统配置

（5）DT/$\overline{\text{R}}$（Data Transmit/Receive）：数据发送/接收控制信号，三态，输出。DT/$\overline{\text{R}}$用来控制数据收发器 8286/8287 的数据传送方向。当 DT/$\overline{\text{R}}=1$ 时，CPU 发送数据，完成写操作；当 DT/$\overline{\text{R}}=0$ 时，CPU 从外部接收数据，完成读操作。在 DMA 工作方式时，被置成高阻状态。

（6）$\overline{\text{BHE}}/\text{S}_7$（Bus High Enable/Status）：高 8 位数据总线允许/状态信号，三态，输出，$\overline{\text{BHE}}$ 低电平有效。在存储器读/写、I/O 端口读/写及中断响应时，用 $\overline{\text{BHE}}$ 作高 8 位数据 $\text{D}_{15}\sim\text{D}_8$ 选通信号，即 16 位数据传送时；在 T_1 状态，用 $\overline{\text{BHE}}$ 指出高 8 位数据总线上数据有效，用 AD_0 地址线指出低 8 位数据线上数据有效。

在 $T_2\sim T_4$ 状态，S_7 输出状态信息（在 8086 芯片设计中，S_7 未赋予实际意义），在"保持响应"周期被置成高阻状态。

（7）$\overline{\text{INTA}}$（Interrupt Acknowledge）：中断响应信号，输出，低电平有效，是 CPU 对外部发来的中断请求信号 INTR 的响应信号。在中断响应总线周期 T_2、T_3、T_w 状态，CPU 发出两个 $\overline{\text{INTA}}$ 负脉冲，第一个负脉冲通知外设接口已响应它的中断请求，外设接口收到第二个负脉冲信号后，向数据总线上放中断类型号。

2.2.3　最大模式组成和相关引脚

1. 最大模式的组成

CPU 的引脚 MN/$\overline{\text{MX}}$ 接地时，8086 为最大模式系统，在最大模式系统中需要增加总线控制器 8288 和总线裁决器 8289，以完成 8086 CPU 为中心的多处理器系统的协调工作。此时 CPU 输出的状态信号 $\overline{\text{S}_2}$、$\overline{\text{S}_1}$、$\overline{\text{S}_0}$ 同时送给 8288 和 8289，由 8288 输出原 CPU 所有的

控制信号：存储器读/写控制、I/O 端口读/写控制、中断响应信号等。由 8289 来裁决总线使用权赋给哪个处理器，以实现多主控者对总线资源的共享。图 2.8 给出了 8086 CPU 最大模式系统配置。

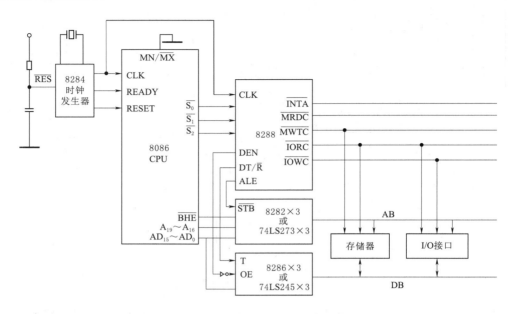

图 2.8　8086 最大模式系统配置

总线控制器 8288 是 20 个引脚的双极型器件。8086 CPU 的总线状态信号 $\overline{S_2}$、$\overline{S_1}$、$\overline{S_0}$ 输入总线控制器 8288 后，由 8288 译码，并与 8288 的其他相关输入控制信号相配合，输出一系列的总线命令和控制信号。如，最小模式中的由 CPU 直接提供的相关信号 ALE、DT/$\overline{R}$、DEN、$\overline{INTA}$，以及最大模式中所需的信号 $\overline{MRDC}$（读内存操作）、$\overline{MWTC}$（写内存操作）、$\overline{IORC}$（读 I/O 端口操作）、$\overline{IOWC}$（写 I/O 端口操作），总线控制器的跨接线使它能适应于多主机系统总线及局部总线。

2. 最大模式下的主要引脚功能

（1）$\overline{S_2} \sim \overline{S_0}$（Bus Cycle Status）：总线周期状态信号，三态，输出。在最大模式系统中，由 CPU 传送给总线控制器 8288，8288 译码后产生相应的控制信号代替 CPU 输出，译码状态见表 2.2。

表 2.2　　　　　　　　　　　　　　$\overline{S_2} \sim \overline{S_0}$ 的 组 合

$\overline{S_2}$	$\overline{S_1}$	$\overline{S_0}$	操 作 过 程
0	0	0	发中断响应信号
0	0	1	读 I/O 端口
0	1	0	写 I/O 端口
0	1	1	暂停

$\overline{S_2}$	$\overline{S_1}$	$\overline{S_0}$	操　作　过　程
1	0	0	取指令
1	0	1	读内存
1	1	0	写内存
1	1	1	无总线周期

无源状态：总的来说，在前一个总线周期的状态和本总线周期的状态中，至少有一个信号为低电平，每种情况都对应了某种总线操作，称为有源状态。在总线周期的状态，并且 READY 信号为高电平时，全为高电平，此时一个总线操作过程要结束，而新的总线周期还未开始，称为无源状态。

（2）$\overline{LOCK}$（Lock）：总线封锁信号，三态，输出，低电平有效。有效时，CPU 不允许外部其他总线主控者获得对总线的控制权。信号可由指令前缀 LOCK 来设置，即在 LOCK 前缀后面的一条指令执行期间，保持有效，封锁其他主控者使用总线，此条指令执行完，撤销。另外在 CPU 发出 2 个中断响应脉冲之间，信号也自动变为有效，以防止其他总线部件在此过程中占有总线，影响一个完整的中断响应过程。在 DMA 期间，置于高阻状态。

（3）$\overline{RQ}/\overline{GT_0}$、$\overline{RQ}/\overline{GT_1}$（Request/Grant）：总线请求信号输入/总线请求允许信号输出，双向，低电平有效。输入时表示其他主控者向 CPU 请求使用总线，输出时表示 CPU 对总线请求的响应信号，两个引脚可以同时与两个主控者相连。其中 $\overline{RQ}/\overline{GT_0}$ 比 $\overline{RQ}/\overline{GT_1}$ 有较高的优先权。

（4）QS_1、QS_0（Instruction Queue Status）：指令队列状态信号，输出，高电平有效。用来指示 CPU 中指令队列当前的状态，以便外部对 8086/8088 CPU 内部指令队列的动作跟踪，亦可以让协处理器 8087 进行指令的扩展处理。

2.3　8086 CPU 总线操作

计算机工作过程是执行指令的过程，8086 CPU 的操作是在时钟脉冲 CLK 的统一控制下进行的，8086 的时钟频率为 5MHz，时钟周期或 T 状态为 200ns。

指令周期（Instruction Cycle）：执行一条指令所需的时间称为指令周期。不同指令的指令周期的长短是不同的，一个指令周期由几个总线周期组成。

总线周期（Bus Cycle）：8086 CPU 中，BIU 完成一次访问存储器或 I/O 端口操作所需要的时间，称作一个总线周期。一个总线周期由几个 T 状态组成。

时钟周期（Clock Cycle）：CPU 的时钟频率的倒数，也称 T 状态。

在 8086/8088 CPU 中，每个总线周期至少包含 4 个时钟周期（$T_1 \sim T_4$），一般情况下，T_1 状态传送地址，$T_2 \sim T_4$ 状态传送数据。

1. 典型的总线周期

一个最基本的读总线周期包含 4 个 T 状态，即 T_1、T_2、T_3、T_4，在存储器和外设速度较慢时，在 T_3 后可插入 1 个或几个等待状态 T_w，用于等待外设准备好输入/输出数据。一个典型的总线周期序列如图 2.9 所示。

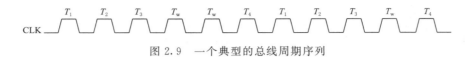

图 2.9　一个典型的总线周期序列

T_w 状态的特点：CPU 在每个 T_w 状态的前沿对 READY 信号采样，若为低电平继续插入 T_w 状态。当在 T_w 状态采样到 READY 信号为高电平时，在当前 T_w 状态执行完，进入 T_4 状态。在最后一个 T_w 状态，数据肯定已出现在数据总线上，此时 T_w 状态的动作与 T_3 状态一样。

2. 最小模式下的总线操作

（1）读总线周期。图 2.10 表示 8086 CPU 从存储器或外设端口读取数据的时序。

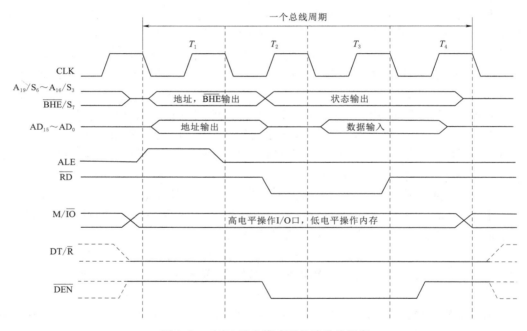

图 2.10　8086 最小模式下的读总线周期

1）T_1 状态。$M/\overline{IO}$ 信号在 T_1 状态有效，指出 CPU 是从内存还是从 I/O 端口读取数据。$M/\overline{IO}$ 为高，从存储器读数据；$M/\overline{IO}$ 为低，从 I/O 端口读数据。$M/\overline{IO}$ 信号的有效电平一直保持到总线周期结束 T_4 的状态。

T_1 状态开始，20 位地址信号通过多路复用总线输出，指出要读取的存储器或 I/O 端口的地址。高 4 位地址从 $A_{19}/S_6 \sim A_{16}/S_3$ 地址/状态线送出，低 16 位从 $AD_{15} \sim AD_0$ 地址/数据总线送出。

ALE 引脚上输出一个正脉冲作地址锁存信号。在 T_1 状态结束时，$M/\overline{IO}$ 信号、地址信号均有效。ALE 的下降沿用作锁存器 8282 的选通信号，使地址锁存，这样在总线周期的其他状态才可分时复用这些引脚传送数据或状态信息。

$\overline{\text{BHE}}$信号有效，作为奇地址存储体的选体信号，配合地址信号可实现存储单元的寻址，它表示高 8 位数据线上的数据有效（偶地址存储体的选体信号为 A_0）。

系统中若接有数据总线收发器 8286 时，在 T_1 状态，DT/$\overline{\text{R}}$ 端输出低电平，表示本总线周期为读周期，用 DT/$\overline{\text{R}}$ 控制 8286 接收数据。

2）T_2 状态。地址信号消失，$A_{19}/S_6 \sim A_{16}/S_3$ 引脚上输出状态信息 $S_6 \sim S_3$，指出当前正在使用的段寄存器及中断允许情况。

低位地址线 AD15～AD0 进入高阻状态，为读取数据做准备。

$\overline{\text{BHE}}/S_7$ 变成高电平，输出状态信息 S_7，S_7 在设计中未赋予实际意义。

$\overline{\text{RD}}$信号有效，送到所有的存储器和 I/O 端口，但只选通地址有效的存储单元和 I/O 端口，使之能读出数据。

若系统中接有 8286，$\overline{\text{DEN}}$信号在 T_2 状态有效，作为 8286 的选通信号，使数据通过 8286 传送。

3）T_3 状态。T_3 状态一开始，CPU 采样 READY 信号。若此信号为低电平，表示系统中所连接的存储器或外设工作速度较慢，数据没有准备好，要求 CPU 在 T_3 和 T_4 状态之间再插入一个 T_w 状态。READY 信号一般是通过时钟发生器 8284 传递给 CPU 的。在时序图中没有画出等待周期 T_w。

当 READY 信号有效时，CPU 读取数据。在$\overline{\text{DEN}}=0$、DT/$\overline{\text{R}}=0$ 控制下，内存单元或 I/O 端口的数据通过数据收发器 8286 送到数据总线 $AD_{15} \sim AD_0$ 上。CPU 在 T_3 周期结束时，读取数据。$S_4 \sim S_3$ 指出了当前访问哪个段寄存器，若 $S_4 S_3 = 10$，表示访问 CS 段，读取的是指令，CPU 将它送入指令队列中等待执行，否则读取的是数据，送入 ALU 进行运算。

4）T_4 状态。CPU 在 T_3 与 T_4 状态的交界处采样数据。然后在 T_4 状态的后半周期，数据从数据总线上撤除，各个控制信号和状态信号进入无效状态，$\overline{\text{DEN}}$无效，总线收发器不工作，一个读总线周期结束。

（2）写总线周期。图 2.11 表示 8086 CPU 写总线周期的时序。8086 CPU 写总线周期时序与读总线周期时序有许多相同之处。

在 T_1 状态，M/$\overline{\text{IO}}$信号有效，指出 CPU 将数据写入内存还是 I/O 端口；CPU 给出写入存储单元或 I/O 端口的 20 位物理地址；地址锁存信号 ALE 有效，选存储体信号 $\overline{\text{BHE}}$，A_0 有效，DT/$\overline{\text{R}}$ 变高平，表示本总线周期为写周期。

在 T_2 状态，地址撤销，$S_6 \sim S_3$ 状态信息输出；数据从 CPU 送到数据总线 $AD_{15} \sim AD_0$，$\overline{\text{WR}}$写信号有效；$\overline{\text{DEN}}$信号有效，作为数据总线收发器 8286 的选通信号。

在 T_3 状态，CPU 采样 READY 线。若 READY 信号无效，插入一个到几个 T_w 状态，直到 READY 信号有效，存储器或 I/O 设备从 T_2 数据总线上取走数据。

在 T_4 状态，从数据总线上撤销数据，各控制信号和状态信号线变成无效；$\overline{\text{DEN}}$信号变成高电平，总线收发器不工作。

8086 CPU 写总线周期时序与读总线周期时序的不同之处如下。

1）在 T_1 状态，DT/$\overline{\text{R}}$ 信号为高电平，表示本总线周期为写周期，即 CPU 将数据写

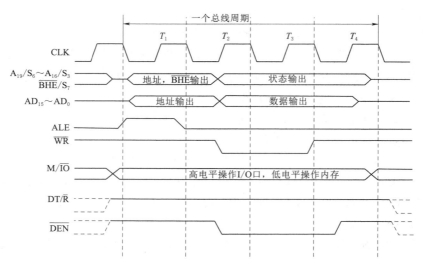

图 2.11　8086 最小模式下的写总线周期

入存储单元或 I/O 端口。

2）在 T_2 状态，地址信号发出后，CPU 立即向地址/数据总线 $AD_{15} \sim AD_0$ 发出数据，数据信号保持到 T_4 状态的中间使存储器或外设一旦准备好即可从数据总线取走数据。

3）写信号 $\overline{WR}$ 为低电平，在 T_2 状态有效，维持到 T_4 状态，选通存储器或 I/O 端口的写入。

（3）总线空操作。只有在 CPU 和存储器或 I/O 接口之间传输数据时，CPU 才执行总线周期。当 CPU 不执行总线周期时（指令队列 6 字节已装满，EU 未申请访问存储器），总线接口部件不和总线打交道，就进入了总线空闲周期 T_i。此时状态信息 $S_6 \sim S_3$ 和前一个总线周期一样，数据总线上信号不同。若前一个总线周期是读周期，则 $AD_{15} \sim AD_0$ 在 T_i 状态处于高阻状态；若前一个总线周期是写周期，则 $AD_{15} \sim AD_0$ 在 T_i 状态继续保持数据有效。

在空闲周期中，虽然 CPU 对总线进行空操作，但 CPU 内部操作仍然进行。例如 ALU 执行运算，内部寄存器之间数据传输等，即 EU 部件在工作。所以说，总线空操作是总线接口部件 BIU 对总线执行部件 EU 的等待。

3. 最大模式下与最小模式的总线操作的区别

8086 CPU 工作在最大模式时，增加了总线控制器 8288，CPU 向 8288 输出状态信号 $\overline{S_2} \sim \overline{S_0}$，根据 $\overline{S_2} \sim \overline{S_0}$ 的编码，由 8288 输出总线控制信号，如存储器读/写信号、I/O 端口读/写信号及中断信号，因此在时序分析上要考虑 CPU 和总线控制器两者产生的信号。在最大模式下，$\overline{MROC}$ 和 $\overline{IORC}$ 指出了读存储器还是读 I/O 端口，代替了读信号 $\overline{RD}$，相当于最小模式中 M/$\overline{IO}$ 及 $\overline{RD}$ 的组合。同理 $\overline{MWTC}$ 和 $\overline{IOWC}$ 指出了写存储器还是写 I/O 端口，代替了读信号 $\overline{WR}$，相当于最小模式中 M/$\overline{IO}$ 及 $\overline{WR}$ 的组合。

4. 8086 系统的复位和启动

8086/8088 CPU 通过 RESET 引脚上的触发信号来引起 8086 系统复位和启动，复位信号 RESET 至少维持 4 个时钟周期的高电平。

当 RESET 信号变成高电平时，8086/8088 CPU 结束现行操作，各个内部寄存器复位成初值。其中代码段寄存器 CS 为 FFFFH，指令指针 IP 清零，所以 8086/8088 在复位之后重新启动时，从内存的 FFFF0H 处开始执行指令。因此在 FFFF0 处存放了一条无条件转移指令，转移到系统引导程序的入口处，这样系统启动后就自动进入系统程序。

在复位时，由于标志寄存器被清零，所有标志位均为 0，这样从 INTR 引脚进入的可屏蔽中断就被屏蔽了，因此在系统程序中要用开中断指令 STI 来设置中断允许标志。

8088 CPU 在最小模式/最大模式中的读/写总线周期时序图与 8086 CPU 的读/写总线周期基本上相同，所不同的仅在于 8088 每次访问存储器或 I/O 端口，只能读/写一个字节，通过 $AD_7 \sim AD_0$ 传送，不存在 $\overline{BHE}$ 总线高位有效信号。

2.4 8086 中断系统

2.4.1 中断的概念、分类和功能

1. 中断的定义和功能

"中断"是指 CPU 中止正在执行的程序，转去执行请求 CPU 为之服务的内、外部事件的服务程序，待该服务程序执行完后，又返回到被中止的程序中继续运行的过程。

中断是现代微机系统中广泛采用的一种资源共享技术，具有随机性。中断技术被引进到计算机系统中，从而大大改变了 CPU 处理偶发事件的能力，使具有高效率、高性能、高适应性的并行处理功能的计算机系统变成了现实。中断的引入还能使多个外设之间也能并行工作。CPU 在不同时刻根据需要可启动多个外设，被启动的外设分别同时独立工作，工作完成即可向 CPU 发出中断请求信号。CPU 按优先级高低次序来响应这些请求进行服务。所以，中断成为主机内部管理的重要技术手段，使计算机执行多道程序，带多终端，为多个用户服务，大大加强了计算机整个系统的功能。

为了响应中断，中断系统应具有以下功能：

(1) 能实现中断响应、中断服务及中断返回。当某一中断源发出中断请求时，CPU 能决定是否响应该请求。若允许响应，CPU 在保护现场后，将转移到中断服务程序中，中断处理结束则返回源程序处继续执行。

(2) 能实现中断优先权排队。当有多个中断源同时申请时，能按设置的优先级别判断响应的先后顺序。

(3) 能实现中断嵌套。执行中断过程中，应允许响应更高级别的中断。

2. 中断的分类和优先级别

(1) 外部中断和内部中断。80x86 的中断系统可处理 256 个中断源。这些中断源可分为外部中断（硬件中断）和内部中断（软件中断）两类。

1) 外部中断。外部中断是由 CPU 的外部中断请求信号触发的一种中断，外部中断分为可屏蔽中断 INTR 和非屏蔽中断 NMI，由芯片上 INTR 和 NMI 引脚上的信号触发。

可屏蔽中断 INTR 受 CPU 中断允许标志位 IF 的控制，即 IF＝1 时，CPU 才能响应

INTR 引脚上的中断请求。

非屏蔽中断 NMI 屏蔽中断，即使在关中断（IF＝0）的情况下，CPU 也能在当前指令执行完毕后就响应 NMI 上的中断请求，并且在整个系统中只能有一个不可屏蔽中断。非屏蔽中断的类型号为 2。当 MMI 引脚上出现中断请求时，不管 CPU 当前正在做什么事情，都会响应这个中断请求。一般来说，应该尽量避免引起这种中断。实际系统中，不可屏蔽中断一般用来处掉电事故等紧急情况。

2）内部中断。对于某些重要的中断事件，CPU 通过自己的内部逻辑，调用相应的中断服务程序，而不是由外部的中断请求来调用，这种由 CPU 自己启动的中断处理过程称为内部中断。根据内部中断的报告方式和性质，80x86 的内部中断有如下三类。

故障（Faults）：故障是指某条指令在启动之后、真正执行之前，就被检测到异常而产生的一种中断。出现故障时，CPU 将产生异常操作指令的地址保存到堆栈中，然后进入故障处理程序并排除该故障。从故障处理程序返回后，再执行曾经产生异常的指令，使程序正常地继续执行下去。例如，应用程序访问存储器的一个页面，如果这个页面当前不在内存中，那么就会引起故障。此时，故障处理程序就会把相应的页面从硬盘装入。从故障处理程序返回以后，再重新执行曾经引起异常的访问存储器指令。此时就不再产生故障，程序得以正常地继续执行下去。所以，故障其实是一种调度机制，并不是通常意义上的"故障"，故障不会使应用程序受到任何影响。

陷阱（Traps）：陷阱是在指令执行过程中引起的中断。这类异常主要是由执行除法指令或中断调用指令（INT n）引起的，即在指令执行后产生的异常。设置陷阱指令的下一条指令的地址就是断点，出现陷阱中断时，把 IP 和 CS 即断点推入堆栈保存后就进入该陷阱处理程序。陷阱中断处理完后，返回到该断点处继续执行。例如，用 DEBUG 调试程序时设置的断点就是典型的陷阱，当程序执行到断点处时就将断点地址保存到堆栈中，然后进入断点调试处理程序显示各寄存器的值以及下一条指令。再使用 DEBUG 的 G 命令程序即可继续执行下去。

异常中止（Aborts）：异常中止通常是由硬件错误或非法的系统调用引起的。一般无法确定造成异常指令的位置，程序无法继续执行，系统无法恢复，必须重新启动系统。

常见的内部中断有指令除法错中断（中断类型号为 0）、溢出中断（中断类型号为 4）、INT n 指令中断、单步中断（陷阱标志，中断类型号为 1）、断点中断（中断类型号为 3）。

（2）中断的优先级别。中断优先级（由高到低）为除法错中断、溢出中断、INT n 指令中断、断点中断、非屏蔽中断、可屏蔽中断 INTR、单步中断。而且在 8086 微机系统的中断允许中断嵌套，也就是说在执行低级中断时可以响应更高级别的中断。

中断的优先级别的判别一般有三种实现方式：软件方式、硬件方式和可编程中断控制器（如 8259A）。可编程中断控制器是当前微机中解决中断的最常用方案。

3. 中断源和中断在微机系统中的功能

（1）中断源。微机中能引起中断的外部设备或内部原因称为中断源。不同计算机的设置有所不同，通常微机系统的中断源有以下几种：

1）一般的输入输出设备：如键盘、打印机等。

2）实时时钟：在微机应用系统中，常遇到定时检测与时间控制，这时可采用外部时路进行定时，CPU 可发出命令启动时钟电路开始计时，待定时时间到，时钟电路就会发出中断请求，由 CPU 进行处理。

3）故障源：计算机内部设有故障自动检测装置，如电源掉电、运算溢出、存储器出意外事件时，都能使 CPU 中断，进行相应处理。

4）软件中断：用户编程时使用的中断指令，以及为调试程序而人为设置的断点都可引起软件中断。

（2）中断在微机系统中的功能。在微机系统中应用中断技术，能实现以下功能：

1）分时操作：计算机配上中断系统后，CPU 就可以分时执行多个用户的程序和多道作业，使每个用户认为它正在独占系统。此外，CPU 可控制多个外设同时工作，并可及时服务处理，使各个外设一直处于有效工作状态，从而大大提高主机的使用效率。

2）实时处理：当计算机用于实时控制时，计算机在现场测试和控制、网络通信、与人对话时都会具有强烈的实时性，中断技术能确保对实时信号的处理。实时控制系统要求计算机为它们的服务是随机发生的，且时间性很强，要求做到近乎即时处理，若没有中断系统是很难实现的。

3）故障处理：计算机运行过程中，往往会出现一些故障，如电源掉电、存储器出错运算溢出，还有非法指令、存储器超量装载、信息校验出错等。尽管故障出现的概率较小，但是一旦出现故障将使整个系统瘫痪。有了中断系统后，当出现上述情况时，CPU就转执行故障处理程序而不必停机。中断系统能在故障出现时发出中断信号，调用相应的处理程序，将故障的危害降低到最低程度，并请求系统管理员排除故障。

2.4.2 中断向量表和中断处理过程

1. 中断向量表

中断向量表是存放中断服务程序入口地址的表格，如图 2.12 所示。它存放于系统内存的最低端，从 00000H～003FFH 共 1024 个字节，每 4 个字节存放一个中断服务程序的入口地址。一个中断类型码 n 占有 $4n$、$4n+1$、$4n+2$ 和 $4n+3$ 这 4 个字节中，$4n$、$4n+$

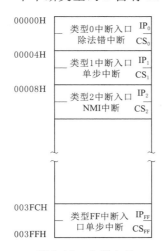

图 2.12　中断向量

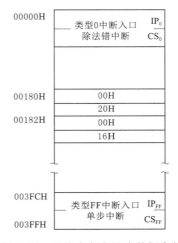

图 2.13　系统中断向量表数据存储

1 存放中断服务程序的偏移地址，$4n+2$、$4n+3$ 存放中断服务程序的段地址。

CPU 响应中断后，将中断类型号×4，在中断向量表中"查表"得到中断服务程序入口地址，分别送 CS 和 IP，从而转入中断服务程序。

【例】　系统中断向量表中数据存储如图 2.13 所示，若 8086 系统某接入中断所用的中断类型码为 60H，试问这个中断服务程序的段地址和偏移地址。

中断服务程序的偏移地址和段地址分别填入 $4n$、$4n+1$、$4n+2$ 和 $4n+3$ 四个字单元。

而 $4×60H=180H$，因此段地址为 00182H 和 00183H 两个单元，偏移地址为 00180H 和 00181H 两个单元。

如图 2.13 所示，该中断的服务程序的段地址为 1600H，偏移地址为 2000H，符合高位在下，低位在上的原则。

2. 中断处理过程

一个完整的微机系统中断处理过程应包括中断请求、中断响应、中断处理和中断返回四个过程。

（1）中断请求。CPU 在每条指令执行结束时去查询有无中断请求信号。若有中断请求信号，系统又允许响应中断，则系统自动进入中断响应周期，由硬件完成关中断、保存断点、取中断服务程序的入口地址等一系列操作，而后转向中断服务程序执行中断处理。

（2）中断响应。接收到中断的请求信号时，若为非屏蔽中断请求，则 CPU 执行完现行指令，立即响应中断。若为可屏蔽中断请求，能否响应中断，还取决于 CPU 的 IF 中断允许标志的状态。只有当 IF 为"1"（即允许中断）时，CPU 能响应可屏蔽中断；若 IF 为"0"（即禁止中断）时，即使有可屏蔽中断请求，CPU 也不响应。CPU 要响应可屏蔽中断请求，必须满足：无总线请求、CPU 允许中断、CPU 执行完现行指令三个条件。

通常中断响应的操作过程应包括（由硬件实现）保留断点地址（源程序段地址和偏移地址压入堆栈）、关闭中断允许（关中断）、转入中断服务程序。

（3）中断处理（由中断服务程序完成）。

保护现场：CPU 得到中断类型码后将标志寄存器的内容压入堆栈，保护中断时标志位的原状态。

开中断：允许中断嵌套。

完成中断服务：运行中断服务程序的实际功能，完成对中断的处理。

恢复现场：源程序段地址和偏移地址弹出堆栈到 CS 和 IP。

（4）中断返回。执行中断返回指令，返回到源程序点处继续运行。

习　题

1. 简要解释下列名词的意义：

（1）CPU、存储器、堆栈、IP、SP、BP、段寄存器、状态标志、控制标志

（2）物理地址、逻辑地址、机器语言、汇编语言、指令

（3）机器周期、总线周期、指令周期

（4）中断、中断向量、中断向量表

2. 8086 CPU 内部由哪两部分组成？它们的主要功能是什么？

3. 8086 CPU 中有哪些寄存器？各有什么用途？

4. 8086 系统中存储器采用什么结构？用什么信号来选中存储体？若系统的内存空间为 1KB、2KB、4KB、64KB、256KB 和 1MB 时分别需要多少条地址线？

5. 已知段地址：偏移地址分别为如下数值，它们的物理地址各是什么？

（1）2000H:1200H　　（2）130AH:00B0H　　（3）0A00H:B200H

（4）0000H:2100H

6. 如已知段地址为如下数值，则每段的开始地址和终止地址是什么？

（1）2000H　　　　（2）130AH　　　　　（3）0FFEH

7. 若执行入栈指令前，堆栈段寄存器 SS＝2100H，堆栈指针 SP＝00A0H，请问堆栈栈顶地址是什么？执行入栈指令后，堆栈指针和新的栈顶的值是什么？

8. 说明 8086 系统中"最小模式"和"最大模式"两种工作方式的主要区别是什么？

9. 哪个标志位控制 CPU 的 INTR 引脚？

10. 分析总线周期的 4 个 T 状态各信号的工作状态。在 CPU 读/写总线周期中，数据在哪个机器状态出现在数据总线上？

11. 8086 CPU 重新启动后，从何处开始执行指令？

12. 若 8086 系统某接入中断所用的中断类型码为 30H，试问存储这个中断服务程序的段地址和偏移地址的内存单元物理地址分别是什么？

第3章

汇编语言指令系统

汇编语言（Assembly Language）是一种用于电子计算机、微处理器、微控制器或其他可编程器件的低级语言，亦称为符号语言。在汇编语言中，用助记符（Mnemonics）代替机器指令的操作码，用地址符号（Symbol）或标号（Label）代替指令或操作数的地址。在不同的设备中，汇编语言对应着不同的机器语言指令集，通过汇编过程转换成机器指令。一般来说，特定的汇编语言和特定的机器语言指令集是一一对应的，不同平台之间不可直接移植。

汇编语言不像其他大多数的程序设计语言一样被广泛用于程序设计。在今天的实际应用中，它通常被应用在底层，硬件操作和高要求的程序优化的场合。驱动程序、嵌入式操作系统和实时运行程序都需要汇编语言。

汇编语言的特点之一是用助记符表示指令所执行的操作，另一个特点就是在操作数中使用伪指令和运算符。在源程序中使用伪指令和运算符给编程带来了极大的方便。因为汇编程序无法区分源程序中的符号是数据还是地址，也无法识别数据的类型，还搞不清源程序的分段情况等。伪指令和运算符的使用解决了这些问题，使汇编程序准确而顺利地完成。伪指令和运算符只为汇编程序将指令翻译成机器指令提供信息，没有与它们对应的机器指令。汇编时，它们不生成代码，汇编工作结束后它们就不存在了。

汇编语言的基本指令包含指令、伪指令和宏指令。本章只介绍了部分汇编语言指令的参数和用法，以及辅助编程的相关伪指令和运算符，作为后面相关学习的基础，不做汇编语言全面介绍。有深入学习要求的读者，可继续学习汇编语言程序设计类的书籍。

3.1 指令系统相关概念

3.1.1 指令和伪指令

1. 指令

一般来说，计算机的指令是命令计算机完成某种基本操作的代码。将各种算术运算、逻辑运算及存储器的读、写等作为基本操作，为每一个基本操作规定一个代码，这个代码被称为指令，也称为指令性语句。

计算机指令有机器码和助记符两种表示方式。机器码也称指令码，是一组二进制数形式的代码，用来指出指令的功能和对象。因此计算机指令码由操作码字段和操作数字段两部分组成。操作码字段指出所要执行的操作，而操作数字段指出指令操作过程中需要的操作数。助记符是方便程序员编程所设计的，助记符所编的程序最终要汇编为机器码。

【例】 一条数据移动指令：

MOV　AX,BX

功能：把 BX 中的数送入 AX 中，这种格式称为助记符。在汇编语言中该指令的机器码为：8BC3H＝1000101 1 11 000 011。前 7 位表示寄存器间数据移动操作，为操作码字段；1 代表字操作；11 代表前后两个操作数为寄存器；000 代表 AX 寄存器；011 代表 BX 寄存器。

2. 伪指令

伪指令又称指示性语句，是用于告诉汇编程序如何进行汇编的指令。它既不控制机器的操作，也不被汇编成机器代码，只能为汇编程序所识别并指导汇编如何进行。它的功能是帮助指令翻译成机器语言，汇编结束后，它们就不存在了，即不产生任何机器码。

【例】 如伪指令：COUNT＝10，在汇编后不产生任何二进制代码，但在汇编时，在此命令之后，所有出现 COUNT 的地方，都汇编成 10 的二进制代码。

　　MOV　AX,COUNT 与 MOV　AX,10 汇编后的机器码相同。

3.1.2 指令和伪指令的基本格式

1. 指令的基本格式

在汇编语言的指令中通常第一个字节（有时是第一个和第二个字节）为指令的操作码，即指令码，表示指令的功能或操作。后续字节是操作对象，即操作数。其格式一般为

［标号:］操作码 ［操作数］,…,［操作数］［;注释］

如上例中的 MOV　AX，BX

操作数表示参加本指令运算的数据，根据指令要求可以有一个或多个操作数，有的指令不需要操作数，多个操作数之间用逗号","隔开，操作数与指令助记符之间用空格隔开。操作数可以是常数、变量、标号、寄存器名或表达式。

当程序需要跳转时，一般提供程序跳转的入口地址是标号，表示本指令语句的符号地址。标号后面必须紧跟冒号":"。标号可使用的字符为字母（A～Z、a～z）、数字（0～9）或某些特殊字符（@、—、、?）等。第一个字符必须为字母或某些特殊字符，最大有效字符长度为 31 个字符。

注释用来说明一条指令或一段程序的功能，可以省略。注释前必须加上分号";"，汇编程序对";"后面的内容不汇编，加注释使程序容易读懂。

标号和注释在编译中不产生任何机器码。

2. 伪指令的基本格式

伪指令语句没有对应的机器指令，汇编源程序时对伪指令进行处理，完成数据定义、存储区分配、段定义、段分配、指示程序结束等功能。伪指令语句的格式为

［名字］伪指令 操作数 1［,操作数 2…］

COUNT＝10

其中 COUNT 为名字，"＝"为伪指令，10 为操作数。

名字是给伪指令取的名称，用符号地址表示，名字后不允许带冒号，名字可以省略。伪指令中的名字通常是变量名、段名、过程名、符号名等。

伪指令指示符是汇编程序规定的符号，常用的有变量定义、符号定义、段定义、段分配、结构定义、过程定义等功能。

操作数是由伪指令具体要求的，有的伪指令不允许带操作数，有的伪指令要求带多个操作数，多个操作数之间必须用逗号分开。操作数可以是常数、变量、表达式等。

3.2　操作数的定义方法

汇编语言中使用的操作数，可以是常量、寄存器、存储器、标号、变量或表达式，其中常量、标号和变量是三种基本数据项。

3.2.1　常量

常量必须是固定值，没有属性，是确定的数据。用二进制表示时，以字母"B"结尾，如 00110100B。用八进制表示时，以字母"Q"或"O"结尾，如 1037O、2370Q。用十进制表示时，以字母"D"结尾或省略，也可用科学表示法，如 1234D、5678、2.735e−2。用十六进制表示时，以字母"H"结尾，字母"A～E"开头时，前面必须加0，如 56H、0A7F2H。

用字符串表示时，将可打印的 ASCII 码字符串用单引号括起来，机内存放的是各字符的 ASCII 码。如 'ABC'、'This is a sample'、'12 * 45 $ @'。

常量也可以由符号和表达式表示，称为符号常量和数值表达式。下面给出如何利用伪指令来定义符号常量和数值表达式。

1. 符号常量

符号常量由伪指令 EQU 或"="定义。如：

A　EQU　7

COUNT＝10

注意：EQU 语句不能给某一变量重复定义；"="可以对同一个名字重新定义。汇编程序不给符号常量分配内存单元，但它的使用可以令源程序简洁明了，改善程序的可读性，可方便地实现参数的修改，增强程序的通用性。

2. 数值表达式

汇编语言允许对常量进行算术运算、逻辑运算和关系运算。

算术运算符包括＋（加），−（减），*（乘），/（除，只取除法运算结果之商），MOD（模，只取除法运算结果之余数），SHL（左移，左移 1 位相当于乘2），SHR（右移，右移 1 位相当于除2）7 种。

如：7FH MOD 2＝1，15/4＝3

逻辑运算符包括 AND（与）、OR（或）、NOT（非）、XOR（异或）4 种，逻辑运算符是按位运算。关系运算符包括 EQ（相等）、NE（不等）、LT（小于）、GT（大于）、LE（小于或等于）、GE（大于或等于）6 种。

【例】　PORT　EQU　86H

　　　　MOV　BX,PORT　AND　0FH　　　;则汇编后产生的机器码与指令 MOV BX,06H 相同

　　　　MOV　BX,PORT　GT　80H　　　;则汇编后产生的机器码与指令 MOV BX,0FFFFH 相同

关系运算符的两个操作数必须是数据，或是同一段内的两个存储单元的地址。进行关系运算的比较操作后，结果是一个数值。若结果为真，输出全是 1，即 0FFH 或

0FFFFH。若结果为假，输出全是 0。

3.2.2 标号

标号是可执行指令语句的地址的符号表示，可作为转移指令的目标操作数，以确定程序转向的目标地址，用"："来定义，直接写在指令前面。如定义标号 SUB1。

SUB1：指令语句

标号具有三种属性。

（1）段值（Segment）：标号所在段的段基址。

（2）段内偏移地址（Offset）：标号地址与所在段的段首址之间的偏移地址字节数。

（3）类型（Type）：标号的类型属性指在转移指令中标号可转移的距离，也称距离属性。类型值为 NEAR 和 FAR，缺省值 NEAR。

3.2.3 变量

1. 变量和变量存储区中数据的存放

变量是存储器地址中数据或数据区的符号表示，通常指存放在存储单元中的值，在程序运行中可以进行修改。变量名就是数据的首地址，指令中的存储器的地址可以用变量表示。由于存储器是分段使用的，因此变量有段地址、段内偏移地址和类型三种属性。

（1）段地址（Segment）：指变量所在段的段基址。

（2）段内偏移地址（Offset）：指变量地址与所在段首地址之间的地址偏移字节数。

（3）类型（Type）：变量的类型属性指变量中每个元素所包含的字节数，主要类型有字节变量（Byte）、字变量（Word）及双字变量（Dword）。

汇编语言中的所有操作既可以按字节为单位，也可以按字为单位来处理，也能按双字进行操作，甚至更多字节来进行操作。比如 64 位机就是按 4 个字节来操作。

因此为了向下兼容，系统中的存储器是以 8 位二进制数（一个字节）为一个存储单元编址的。每一个存储单元可用唯一的一个地址码来表示。一个字即 16 位的二进制数据占据连续的 2 个单元，这 2 个单元都有各自的地址，只有处于低地址的字节的地址才是这个字的地址。将偶数地址的字称为规则字，奇数地址的字称为非规则字。

同样，一个双字即 32 位的二进制数据占据连续的 4 个单元，虽然这 4 个单元都有各自的地址，但仅处于最低地址的字节的地址才是这个双字的地址。在汇编中，几乎都使用变量和地址表达式来表示存储器的地址。在存储区域中，任何连续存放的 2 个字节都可以称为一个字，任何连续存放的 4 个字节都可以称为一个双字。

【例】 如图 3.1 所示，变量 BUFF 在内存中位于段地址 2000H 的最开始的位置，即偏移地址为 0000H。因此 BUFF 的 20 位物理地址为

$$2000H \times 10H + 0000H = 20000H$$

在图中，BUFF、BUFF+1 两个内存单元内存放的是字 3310H，该字的地址为 BUFF（20000H），而 4533H 的地址为 BUFF+1（20001H）。前者为规则字，后者为非规则字。

双字 79502134H 的地址为 BUFF+4（20004H）。

如果数据结构定义如上例，那么可以使用伪指令 SEG 和 OFFSET 来获得到变量的段地址和偏移地址。

SEG BUFF，OFFSET BUFF

段地址:偏移地址	存储器
BUFF 2000H:0000H	10H
0001H	33H
0002H	45H
0003H	66H
0004H	34H
0005H	21H
0006H	50H
0007H	79H
0008H	09H
0009H	02H
000AH	11H

图 3.1　数据存储示意

汇编后：SEG BUFF 值为 2000H，OFFSET BUFF 值为 0000H。

执行指令 MOV　BX，SEG BUFF，则 BX=2000H。

执行指令 MOV　BX，OFFSET BUFF，则 BX=0000H。

2. 变量的类型属性及变量的定义

在汇编语言中变量的定义是采用数据定义伪指令来定义的。

数据定义伪指令的基本格式为

［变量名］数据定义伪指令 操作数 1［，操作数 2…］；注释

功能：将操作数存入变量名指定的存储单元中，或者只分配存储空间不存入数据。

变量名用符号表示，也可以省略，作用与指令语句中的标号相同，但后面不跟冒号（:）。汇编程序汇编时将此变量的助记符后的第一个字节的偏移地址作为它的符号地址。

数据定义伪指令主要有 DB、DW、DD、DQ、DT，分别为变量连续分配每个操作数占用一个字节、一个字（二字节）、双字（四字节）、四字（八字节）、五字（十字节）。

操作数的类型主要有：

（1）常数、字符串、变量、标号、表达式等，多个操作数之间必须用逗号分开。

（2）ASCII 码字符串。

（3）地址表达式。如果操作数是变量或标号名时，用 DW 定义，取的是变量或标号名的偏移地址。用 DD 定义时，取的是变量或标号名的段地址和偏移地址。

（4）用 n DUP() 表示时，n 必须是正整数，表示括号中的操作数的重复次数，DUP 后面必须带括号。

3. 与数据定义相关伪指令

（1）PTR（属性运算符）。

格式：类型　PTR　变量

功能：将 PTR 左边的类型属性赋给右边的变量或标号。PTR 本身并不分配存储单元，仅给已分配的存储单元赋予新的属性，以保证运算时操作数类型的匹配，常与类型字节变量、字变量等连用。

【例】　数据定义如下：

```
BUFF  DB  12H,34H
MOV   AX,BUFF            ;将出错,类型不匹配。前者为 16 位寄存器,后者为 8 位
                          字节变量
MOV   AX  WORD PTR BUFF  ;正确,指明变量为字
```

（2）EVEN（对准伪指令）。用于数据定义语句前，其功能为使一个分配地址为偶地址。

? 符号，数据定义伪指令为? 时，表示仅分配存储空间，不设置内容。

$ 符号，出现在数据定义伪指令中时，其值为当前偏移地址。

【例】 某程序中数据定义如下。假定数据段的段地址为 DS＝2000H，BUF1 是位于数据段开始位置，其数据在内存中存储如图 3.2 所示。

BUF1	DB	10H,52 H,'AB'	;变量 BUF1 中装入 10H,52H,41H,42H(字符串'AB'的 ASCII 码 41H,42H)
BUF2	DW	5632H,34H,'AB'	;变量 BUF2 中装入 32H,56H,34H,00H,42H,41H(字符串'AB'等价于 4142H)
BUF3	DB	?	;定义变量 BUF3 为不确定字节,保留 1 字节空间
EVEN			
BUF4	DB	4DUP(0)	;重复 4 个 0 存入 BUF4 起始的存储单元
BUF5	DW	2DUP(?)	;重复 2 次,保留 4 个字存储单元空间
BUF6	DB	2DUP(1,2DUP(20H))	;DUP 嵌套
BUF7	DW	$＋2	;当前地址为 001AH,则 $ ＋2＝001CH

变量名		物理地址	变量名		物理地址
BUF1	10H	2000H:0000H		00H	2000H:000EH
	52H	0001H		00H	000FH
	41H	0002H	BUF5	?	0010H
	42H	0003H		?	0011H
BUF2	32H	0004H		?	0012H
	56H	0005H		?	0013H
	34H	0006H	BUF6	01H	0014H
	00H	0007H		20H	0015H
	42H	0008H		20H	0016H
	41H	0009H		01H	0017H
BUF3	?	000AH		20H	0018H
		000BH		20H	0019H
BUF4	00H	000CH	BUF7	1CH	001AH
	00H	000DH		00H	001BH

图 3.2 数据存储示意

3.3 操作数的寻址方式

计算机的指令通常包含操作码和操作数两部分，前者指出操作的功能，后者指出操作的对象。寻址方式就是指令中通过各种组合得到操作数所在地址的方法。

指令有单操作数、双操作数和无操作数之分。如果是双操作数指令，要用逗号将两个操作数分开，逗号右边的操作数称为源操作数，左边的操作数为目的操作数。寻址方式是针对操作数而言，一条指令中有几个操作数就有几种寻址方式。

例如，指令 MOV 是将源操作数中的内容送入目的操作数。指令：MOV AX，CX，其功能为：将寄存器 CX 中的内容送进寄存器 AX 中，其中 CX 为源操作数，AX 为目的操作数，MOV 则为操作码。

操作数可以包含在寄存器、存储器或 I/O 端口地址中，它们也可以是立即数。操作数在寄存器中的指令执行速度最快，因为它们可以在 CPU 内部立即执行。而操作数在存储器中的指令执行速度较慢，因为它要通过总线与 CPU 之间交换数据。当 CPU 进行读写存储器的操作时，必须先把一个偏移量送到地址加法器，计算出 20 位物理地址，再执行总线周期去存取操作数，这种寻址方式最为复杂。

下面主要以 MOV 指令为例来说明汇编指令的各种寻址方式。

3.3.1　立即寻址方式（Immediate Addressing）

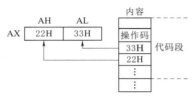

图 3.3　立即寻址执行过程示意

在这种寻址方式下，操作数直接包含在指令中，它是一个 8 位或 16 位的常数，也称立即数。这类指令翻译成机器码时，立即数作为指令的一部分，紧跟在操作码之后，存放在代码段内。如果立即数是 16 位数，则高字节存放在代码段的高地址单元中，低字节放在低地址单元中。立即寻址方式的指令常用来给寄存器赋初值。注意：立即寻址方式仅能用于源操作数。

【例】　MOV　AL,64H　　;AL←64H
　　　　MOV　AX,2233H　;AX←2233H

源操作数皆为立即寻址，指令二的操作过程如图 3.3 所示。

3.3.2　寄存器寻址方式（Register Addressing）

在这种寻址方式下，操作数包含在寄存器中，由指令指定寄存器的名称。对于 16 位操作数，寄存器可以是 AX、BX、CX、DX、SI、DI、SP 和 BP 等。对于 8 位操作数，则用寄存器 AH、AL、BH、BL、CH、CL、DH 和 DL。

【例】　MOV AL,BL　　　;AL←BL
　　　　MOV AX,2233H　;AX←2233H

前者目的操作数和源操作数都为寄存器寻址，后者目的操作数为寄存器寻址、源操作数为立即寻址。

注意：源操作数的长度必须与目的操作数一致，否则会出错。例如，不能将 AH 寄存器的内容传送到 CX 中去，尽管 CX 寄存器放得下 AH 的内容，但汇编程序不知道将它放到 CH 还是 CL 中。

除上述两种寻址方式外，以下几种寻址方式指令的操作数都放在存储器中，需用不同的方法求出操作数的物理地址来获得操作数。

3.3.3　内存数的寻址方式

1. 直接寻址方式（Direct Addressing）

通常操作数的偏移地址称为有效地址 EA（Effective Address）。使用直接寻址方式时，存储单元的有效地址直接由指令给出。而该地址单元中的数据总是存放在存储器中，所以必须先求出操作数的物理地址，然后再访问存储器，才能取得操作数。要注意的是当采用直接寻址指令时，如果指令中没有用前缀指明操作数存放在哪一段，则默认为使用的段寄存器为数据段寄存器 DS。因此，操作数的物理地址＝16×DS＋EA，即＝10H×DS＋EA。指令中有效地址上必须加一个方括号，以便与立即数相区别。

【例】　MOV　AX,[2000H]

　　　　MOV　BL,[2000H]

　　　　MOV　ES:[0200H],DL

第一条指令直接给出了操作数的有效地址 EA＝2000H，设 DS＝1000H，则源操作数的物理地址＝10H×1000H＋2000H＝12000H。由于目的操作数是 16 位寄存器 AX，所以它将把该地址处的一个字送进 AX。

若地址 12000H 中的内容为 34H，12001H 中的内容为 12H，用（12000H）＝1234H 来表示这个字。则执行指令后，AX＝1234H。其操作过程如图 3.4 所示。

第二条指令和第一条物理地址是一样的，但目的操作数是 8 位寄存器 BL，因此执行后 BL＝34H，为字节操作。

当指定段名后，第三条指令进行的操作是把 DL 中的数（一个字节）送入物理地址＝10H×ES＋0200H 的内存单元中去。

在汇编语言中还允许用符号地址代替数值地址，比如变量。如 3.2.3 图 3.2 中定义过的

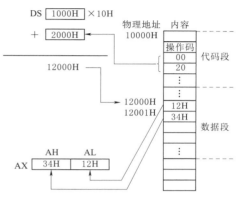

图 3.4　直接寻址执行过程示意

变量 BUF1，就可以使用。有时需要对已定义的变量使用不同的属性，则可用属性运算符来暂时更改。要用对字节属性的变量改成字属性。

【例】　MOV　AL,BUF1　　　　　　　;等同于 MOV　AL,[0000H]

　　　　MOV　AH,BUF1＋2　　　　　;等同于 MOV　AH,[0002H]

　　　　MOV　BX,WORD PTR BUF1

执行之后 AL＝10H，而 AH＝41H，BX＝5210H。但若执行"MOV　BX，BUF1"，则会显示类型不匹配错误。

2. 寄存器间接寻址方式（Register Indirect Addressing）

指令中给出的寄存器中的值不是操作数本身，而是操作数的有效地址，这种寻址方式称为寄存器间接寻址。寄存器名称外面必须加方括号，以与寄存器寻址方式相区别。这类指令中使用的寄存器有基址寄存器 BX、BP 及变址寄存器 SI、DI。

不同的寄存器所隐含对应的段不同。采用 SI、DI、BX 寄存器，数据存于数据段中，段地址选用 DS；采用 BP 寄存器，数据存于堆栈段中，段地址选用 SS。

【例】　设 DS＝2000H，SI＝1000H，（21000H）＝60H，（21001H）＝30H，执行指令"MOV AX，[SI]"后，AX＝？

根据指令中给出的寄存器及寄存器内容得到存储单元的物理地址：

$$DS×10H＋SI＝2000H×10H＋1000H＝21000H$$

把该内存单元开始的两个字节的内容传送到 AX 中。低地址单元内容传送到 AL 中，高地址单元内容传送到 AH 中，AX＝3060H。其操作过程如图 3.5 所示。

3. 寄存器相对寻址方式 (Register Relative Addressing)

操作数的有效地址是一个基址或变址寄存器的内容与指令中指定的 8 位或 16 位位移量 (Displacement) 之和。这种寻址方式与寄存器间接寻址方式十分相似，主要区别是前者在有效地址上还要加一个位移量。同样，当指令中指定的寄存器是 BX、SI 或 DI 时，段寄存器使用 DS；当指定寄存器是 BP 时，段寄存器使用 SS。

【例】　设 DS＝3000H，BX＝0100H，（30108H）＝12H，执行指令"MOV AL，8〔BX〕"后，AL＝？

根据指令中给出的寄存器名、偏移量及寄存器内容，得到存储单元的物理地址：

$$DS×10H+BX+偏移量＝3000H×10H+0100H+8H＝30108H$$

然后选择该内存单元，并把内容传送到 AL 中，即 AL＝12H。其操作过程如图 3.6 所示。

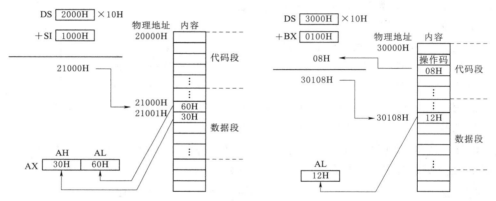

图 3.5　寄存器间接寻址执行过程示意　　　图 3.6　寄存器相对寻址执行过程示意

其中 IBM PC 汇编允许用三种形式表示相对寻址，它们的效果是一样的，如：

MOV AX,[BX]＋8　　;标准格式
MOV AX,8[BX]　　　;先写偏移量
MOV AX,[BX＋8]　　;偏移量写在括号内

4. 基址变址寻址方式 (Based Indexed Addressing)

采用基址变址寻址时，操作数的有效地址分为两部分：一部分存于基址寄存器 BX 或 BP 中，另一部分存于变址寄存器 SI 或 DI 中，指令中分别给出两个寄存器名。

当基址寄存器选用 BX 时，数据隐含存于数据段中；当基址寄存器选用 BP 时，数据隐含存于堆栈段中。

【例】　设 SS＝3000H，BP＝0100H，SI＝5，（30105H）＝78H，执行指令"MOV AL，〔BP〕〔SI〕"后，AL＝？

根据指令中给出的寄存器名及寄存器内容，得到存储单元的物理地址：

$$SS×10H+BP+SI＝3000H×10H+0100H+5H＝30105H$$

把该内存单元中内容传送到 AL 中。

$$AL＝78H$$

其操作过程如图 3.7 所示。

5. 相对基址变址寻址方式（Relative Based Indexed Addressing）

采用相对基址变址寻址时，操作数的有效地址分为三部分：一部分存于基址寄存器 BX 或 BP 中；一部分存于变址寄存器 SI 或 DI 中；一部分为偏移量。指令中分别给出两个寄存器名及 8 位或 16 位的偏移量。操作数的有效地址是一个基址寄存器和一个变址寄存器的内容，再加上指令中指定的 8 位或 16 位位移量之和。

【例】 设 DS＝2000H，BX＝1000H，SI＝0100H，（21105H）＝78H，执行指令"MOV AL，5 [BX] [SI]"后，AL＝？

根据指令中给出的寄存器名及寄存器内容，得到存储单元的物理地址：

DS×10H＋BX＋SI＋偏移量＝2000H×10H＋1000H＋0100H＋5H＝21105H

把该内存单元中内容传送到 AL 中。

$$AL＝78H$$

其操作过程如图 3.8 所示。

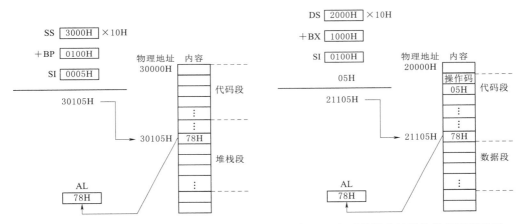

图 3.7 基址变址寻址执行过程示意　　　　图 3.8 相对基址变址寻址执行过程示意

3.4 汇编语言的指令系统

汇编语言的指令按功能分类共有六大类，包括数据传送指令、算术运算指令、逻辑运算和移位指令、字符串处理指令、控制转移指令以及处理器控制指令。本节仅介绍基本的指令和相关应用，对指令系统进行整体了解并为本书后续内容学习打下基础。

3.4.1 数据传送指令

数据传送指令完成寄存器和寄存器之间、寄存器与存储器之间字或字节的传送，堆栈操作指令也归入这一类。数据传送指令共 14 条，以下是最基本的 6 条。

1. 通用数据传送指令（General Purpose Data Transfer）

（1）MOV 传送指令（Move）。

指令格式：MOV 目的操作数，源操作数

指令功能：将源操作数（一个字节或一个字）传送到目的操作数，即（目的操作数）←（源操作数）。

指令中至少要有一项明确说明传送的是字节还是字，MOV 指令允许数据传送的途径如图 3.9 所示。

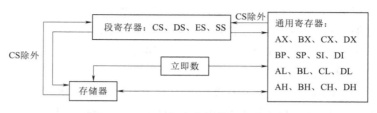

图 3.9　MOV 指令数据传送途径示意

从图中可知，MOV 指令允许在 CPU 的寄存器之间、存储器和寄存器之间传送字节和字数据，也可将立即数送到寄存器或存储器中。但是要注意，IP 寄存器不能用作源操作数或目的操作数，目的操作数也不允许用立即数和 CS 寄存器。另外，除了源操作数为立即数的情况外，两个操作数中必有一个是寄存器，但不能都是段寄存器。这就是说，MOV 指令不能在两个存储单元之间直接传送数据，也不能在两个段寄存器之间直接传送数据。

【例】　以下指令均为合法的传送指令，括号中为目标操作数与源操作数的寻址方式。

```
MOV    AL,09H              ;（寄存器,立即数）
MOV    AX,DX               ;（寄存器,寄存器）
MOV    DS,AX               ;（段寄存器,寄存器）
MOV    AX,DS               ;（寄存器,段寄存器）
MOV    VAR1,20H            ;（存储器,立即数）
MOV    ES:VAR2,09H         ;（存储器,立即数）
MOV    WORD PTR[BX],12     ;（存储器,立即数）
```

其中：VAR1 为数据段预先定义好的字节变量，VAR2 为附加段预先定义好的字节变量 WORD PTR 指明存储器的属性是字属性。

（2）堆栈指令 PUSH 和 POP。

1）PUSH 进栈指令（Push Word onto Stack）。堆栈是计算机的一种数据结构，数据的存取原则是"先进后出"。好比货物堆放，先到的货物放在下面，后到的货物堆放在上面；取货物时，堆在上面的货物被先取走。

一般地，计算机系统中堆栈区建立在内存中，通过堆栈指针实现堆栈的管理。堆栈指针总是指向栈顶。堆栈指针的初值为栈底。把数据存入堆栈中，同时调整堆栈指针保持指向栈顶，这一操作称为入栈（或压入）；把数据从堆栈中取出，同时调整堆栈指针保持指向栈顶，称为出栈（或弹出）。

指令格式：PUSH 源操作数

指令功能：将源操作数推入堆栈。

源操作数可以是 16 位通用寄存器、段寄存器或存储器中的数据字，但不能是立即数。堆栈是以"先进后出"的方式工作的一个存储区，栈区的段址由 SS 寄存器的内容确定。

堆栈的最大容量可为 64KB，即一个段的最大容量。堆栈指针 SP 始终指向栈顶，其值可以从 FFFEH（偶地址）开始，向低地址方向发展，最小为 0。

每次执行 PUSH 操作时，先修改 SP 的值，使 SP←SP−2 后，然后把源操作数（字）压入堆栈中 SP 指示的位置上，低位字节放在较低地址单元（真正的栈顶单元），高位字节放在较高地址单元。由于堆栈操作都是以字为单位进行的，所以 SP 总是指向偶地址单元。SS 和 SP 的值可由指令设定。

2）POP 出栈指令（Pop Word off Stack）。

指令格式：POP   目的操作数

指令功能：把当前 SP 所指向的堆栈顶部的一个字送到指定的目的操作数中。

目的操作数可以是 16 位通用寄存器、段寄存器或存储单元，但 CS 不能作目的操作数。每执行一次出栈操作，SP←SP+2，即 SP 向高地址方向移动，指向新的栈顶。

下面举例说明堆栈指令的操作过程。

【例】   MOV   AX,6688H
PUSH   AX
POP   BX

系统堆栈如图 3.10 所示，若执行入栈指令前，堆栈段寄存器 SS=2100H，堆栈指针 SP=0010H；执行入栈指令 PUSH AX 后，字单元 SS:000EH 的内容（SS:000EH）=6688H；堆栈指针 SP=000EH，指向新的栈顶。执行出栈指令 POP BX 后，字单元 SS:000EH 的内容弹入 BX 中，BX=6688H；堆栈指针 SP=0010H，指向原来的栈顶。

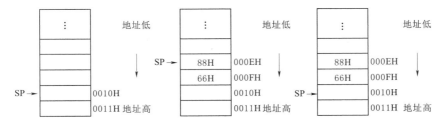

图 3.10   数据存储示意

（3）数据交换指令 XCHG（Exchange）。

指令格式：XCHG 目的操作数，源操作数

目的操作数可为通用寄存器、存储器操作数；源操作数可为通用寄存器、存储器操作数。但不能同时为存储器操作数。

指令功能：将源操作数与目标操作数互换，即（目的操作数）⇌（源操作数）。

【例】   利用 XCHG，实现两个内存单元 VALUE1 和 VALUE2 的内容互换。

MOV   AX,VALUE1
XCHG   AX,VALUE2
MOV   VALUE1,AX

由于 XCHG 指令不允许同时对两个存储单元进行操作，因而必须借助于一个通用寄存器。先把一个存储单元中的数据传送到通用寄存器；再将通用寄存器中的内容与另一个存储单元内容进行交换；把通用寄存器中的内容回传给第一个存储单元。对于寄存器则可

以直接交换，但长度必须匹配。

2. 输入输出指令 IN 和 OUT（Input and Output）

输入输出指令用来完成 I/O 端口与累加器之间的数据传送，指令中给出 I/O 端口的地址值。当执行输入指令时，把指定端口中的数据读入累加器中；执行输出指令时，则把累加器中的数据写入指定的端口中。它们有两种格式：第一种格式，端口地址（00～FFH）直接包含在 IN 指令里，共允许寻址 256 个端口，称为直接寻址方式。第二种格式，先将端口号送入 DX 寄存器，再执行输入操作，端口地址范围为 0000～FFFFH，称为间接寻址方式。

（1）直接寻址方式。

指令格式：IN　　AL/AX，端口地址

　　　　　OUT　端口地址，AL/AX

指令功能：从 I/O 端口读入一个字节/字到 AL/AX 寄存器。

　　　　　从 AL/AX 寄存器输出一个字节/字到 I/O 端口。

【例】　IN　　AL,60H　　;从 60H 读 8 位数

　　　　IN　　AX,61H　　;从 61H 读 16 位数

　　　　OUT　60H,AL　　;从 60H 送出 8 位数

　　　　OUT　60H,AX　　;从 60H 送出 16 位数

（2）间接寻址方式。

指令格式：IN　　AL/AX，DX

　　　　　OUT　DX，AL/AX

指令功能：从 DX 所存的端口地址的端口读入一个字节/字到 AL/AX 寄存器。

　　　　　从 AL/AX 寄存器输出一个字节/字到针对 DX 所存的端口地址的端口。

【例】　使用间接寻址方式实现：从端口 60H 读字节，把它低 4 位清零后，再从 61H 送出。

　　　　MOV　DX,60H　　;源端口地址送 DX 寄存器中

　　　　IN　　AL,DX　　;从 60H 读

　　　　AND　AL,0F0H　　;低 4 位清零

　　　　INC　DX

　　　　OUT　DX,AX　　;从 61H 送出

3. 地址目标传送指令（Address Object Transfers）

（1）LEA 取有效地址指令（Load Effective Address）。

指令格式：LEA　目的操作数，源操作数

指令功能：取源操作数地址的偏移地址，并传送到目的操作数所在单元。

LEA 指令要求源操作数必须是存储单元，大多数是变量，而且目的操作数必须是一个除段寄存器之外的 16 位寄存器。使用时要注意它与 MOV 指令的区别，MOV 指令传送的一般是源操作数中的内容而不是地址。

同时 LEA 功能还可以用前面讲过的伪指令 OFFSET 来代替，指令"MOV　AX，OFFSET BUF1"就和"LEA　AX，BUF1"功能是一样的。

（2）取地址的伪指令有 OFFEST 和 SEG，其格式为：

OFFEST 　变量或标号　　　　　;取得变量或标号的偏移地址

SEG 　　　变量或标号　　　　　;取得变量或标号的段地址

如 3.2.3 中图 3.2 所定义的变量 BUF1,

执行 LEA 　　AX,BUF1 　　　　　　　;AX＝0000H(BUF1 的偏移地址)

执行 MOVE 　AX,OFFSET 　BUF1 　;AX＝0000H(BUF1 的偏移地址)

执行 MOVE 　AX,BUF1 　　　　　　　;AX＝5210H(BUF1 所存的内容)

执行 MOVE 　AX,SEG 　BUF1 　　　;AX＝2000H(BUF1 的段地址)

3.4.2 算术运算指令

　　算术运算指令可处理四种类型的数:无符号二进制整数、带符号二进制整数、无符号压缩十进制整数(Packed Decimal)和无符号非压缩十进制整数(Unpacked Decimal)。二进制数可以是 8 位或 16 位长,若是带符号数,则用补码表示。压缩十进制数可在一个字节中存放两个 BCD 码十进制数。若只在一个字节的低半字节存放一个十进制数,而高半字节为全零,这种数称为非压缩十进制数。例如,对于十进制数字 58,用压缩十进制数表示时,只需一个字节,即 0101 1000B;当表示成非压缩十进制数时,需要两个字节,即 0000 0101B 和 0000 1000B。

　　汇编指令系统提供了加、减、乘、除四种基本运算指令,可处理无符号或带符号的 8 位或 16 位二进制数的算术运算,还提供了各种调整操作指令,故可进行压缩的或非压缩的十进制数的算术运算。绝大部分算术运算指令都影响状态标志位。对于加法和减法运算指令,带符号数和无符号数的加法和减法运算的操作过程是一样的,故可以用同一条加法或减法指令来完成。而对于乘法和除法运算,带符号数和无符号数的运算过程完全不同,必须分别设置无符号数的乘除法指令。

1. 二进制整数基本加减指令

　　表 3.1 中列出了基本加减指令的符号和意义。其中目的操作数可以为通用寄存器、存储器操作数,源操作数可以为通用寄存器、存储器操作数、立即数。目的操作数与源操作数不能同时为内存操作数,而且它们的类型必须一致,即都是字节或字。下面对基本加减指令进行一一介绍。

表 3.1　　　　　　　　　　　　　　加 减 运 算 指 令

指令	格 式	功 能	说 明
增 1	INC 目标操作数	目标操作数←目标操作数＋1	
减 1	DEC 目标操作数	目标操作数←目标操作数－1	
加	ADD 目标操作数,源操作数	目标操作数←目标操作数＋源操作数	
带进位加	ADC 目标操作数,源操作数	目标操作数←目标操作数＋源操作数＋CF	多字节或多字加法运算
减	SUB 目标操作数,源操作数	目标操作数←目标操作数－源操作数	
带进位减	SBB 目标操作数,源操作数	目标操作数←目标操作数－源操作数－CF	多字节或多字减法运算
比较	CMP 目标操作数,源操作数	目标操作数－源操作数	影响标志位,不保留结果

　　(1)增减指令。

　　1)增量指令(Increment,INC)。

指令格式：INC 目的操作数

指令功能：对目的操作数加 1，结果送回目的操作数，即目的操作数←目的操作数＋1。

目的操作数可以在通用寄存器或内存中。

2）减量指令（Decrement，DEC）。

指令格式：DEC 目的操作数

指令功能：对指定的目的操作数减 1，结果送回此操作数，即目的操作数←目的操作数－1。

这两条指令主要用在循环程序中，对地址指针和循环计数器等进行修改。指令执行后影响 AF、OF、PF、SF 和 ZF，但进位标志 CF 不受影响。

【例】 设 AL＝0FFH，执行指令"INC AL"后，AL＝?，CF＝?，SF＝?，ZF＝?，OF＝?

根据计算：AL＝00H，结果为 0，ZF＝1；运算结果的最高位为 0，SF＝0；0FFH 为符号数，其真值为－1，加 1 后，结果为 0，不溢出，OF＝0。因 INC 指令不影响 CF 标志位，所以 CF 标志位不变。

（2）加法指令。

1）加法指令（Addition，ADD）。

指令格式：ADD 目的操作数，源操作数

指令功能：将源操作数和目的操作数相加，结果送到目的操作数中，即目的操作数←源操作数＋目的操作数。

指令执行后影响 AF、OF、PF、SF、ZF 和 CF。

2）带进位的加法指令（Addition with Carry，ADC）。

指令格式：ADC 目的操作数，源操作数

指令功能：功能与 ADD 类似，只是在两个操作数相加的同时，还要把进位标志 CF 的当前值加进去作为和，再把结果送到目的操作数中，即目的操作数←源操作数＋目的操作数＋CF。

指令执行后影响 AF、OF、PF、SF、ZF 和 CF。

【例】 用编程实现将 BX－AX 组成的 32 位数与 DX－CX 组成的 32 位数相加，和送 BX－AX。

```
ADD    AX,CX
ADC    BX,DX
```

分析：若不用 ADC 指令，只用 ADD 指令，程序就没有上面程序简洁。因为进行高16 位相加时，必须考虑低 16 位相加时有没有进位。若有进位，高 16 位相加后，还要加 1。

（3）减法指令。

1）减法指令（Subtraction，SUB）。

指令格式：SUB 目的操作数，源操作数

指令功能：将目的操作数减去源操作数，结果送回目的操作数，即目的操作数←目的操作数－源操作数。

指令执行后影响 AF、OF、PF、SF、ZF 和 CF。

2）带借位的减法指令（Subtraction with Borrow，SBB）。

指令格式：SBB　目的操作数，源操作数

指令功能：与 SUB 类似，只是在两个操作数相减后，还要减去进位/借位标志 CF 的当前值，即目的操作数←目的操作数－源操作数－CF。

指令执行后影响 AF、OF、PF、SF、ZF 和 CF。

3）比较指令（Compare，CMP）。

指令格式：CMP　目的操作数，源操作数

指令功能：将目的操作数减去源操作数，但结果不送回到目的操作数中，仅将结果反映在标志位上，接着可用条件跳转指令决定程序的去向，即目的操作数－源操作数。

指令执行后影响 AF、OF、PF、SF、ZF 和 CF，但不保存结果。比较指令主要用在希望比较两个数的大小，而又不破坏原操作数的场合。

【例】设 AL＝08H，BL＝05H，执行指令"CMP　AL，BL"后，ZF＝?，CF＝?，SF＝?，OF＝?

分析 08H－05H＝03H，则 ZF＝0（结果不为 0），CF＝0（没有借位），SF＝0（正数），OF＝0（没有溢出）。

2. 乘除指令

表 3.2 中列出了乘除指令的符号和意义。下面对乘除指令进行一一介绍。

（1）乘法指令。

1）无符号数乘法指令（Multiply，MUL）。

指令格式：MUL　源操作数

指令功能：把源操作数和累加器中的数都当成无符号数，然后将两数相乘，源操作数可以是字节或字。

表 3.2　　　　　　　　　　　　　　乘 除 运 算 指 令

指　令	助记	格　式	功　能
无符号数乘	MUL	MUL　源操作数	源操作数为字节：AX←AL×源操作数
符号数乘	IMUL	IMUL　源操作数	源操作数为字：DX　AX←AX×源操作数
无符号数除	DIV	DIV　源操作数	源操作数为字节：AL←AX÷（源操作数）的商，AH←AX÷（源操作数）的余数
符号数除	IDIV	IDIV　源操作数	源操作数为字：AX←DX AX÷（源操作数）的商，DX←DX AX÷（源操作数）的余数

如果源操作数是一个字节，它与累加器 AL 中的内容相乘，乘积为双倍长的 16 位数，高 8 位送到 AH，低 8 位送 AL。即

$$AX←AL×源操作数$$

如果源操作数是一个字，则它与累加器 AX 的内容相乘，结果为 32 位数，高位字放在 DX 寄存器中，低位字放在 AX 寄存器中。即

$$（DX，AX）←AX×源操作数$$

乘法指令中，源操作数可以是寄存器，也可以是存储单元，但不能是立即数。当源操作数是存储单元时，必须在操作数前加 B 或 W 说明是字节还是字。

由此可见，如果用 MUL 指令作带符号数的乘法，会得到错误的结果，所以必须用下面介绍的 IMUL 指令，才能使（−1）×（−1）得到正确的结果 0000 0000 0000 0001。

2）整数乘法指令（Integer Multiply，IMUL）。

指令格式：IMUL　源操作数

指令功能：把源操作数和累加器中的数都作为带符号数，进行相乘。

存放结果的方式与 MUL 相同。如果源操作数为字节，则与 AL 相乘，双倍长结果送到 AX 中。如源操作数为字，则与 AX 相乘，双倍长结果送到 DX 和 AX 中，最后给乘积赋予正确的符号。

执行 IMUL 指令后，如果乘积的高半部分不是低半部分的符号扩展（不是全零或全1），则视高位部分为有效位，表示它是积的一部分，于是置 CF＝1，OF＝1。若结果的高半部分为全零或全 1，表明它仅包含了符号位，那么使 CF＝0，OF＝0。利用这两个标志状态可决定是否需要保存积的高位字节或高位字。IMUL 指令执行后，AF、PF、SF 和 ZF 不定。

【例】　64H×0A5H

无符号数乘，即 100×165＝16500D

```
MOV   AL,64H    ;AL＝ 64H＝100D
MOV   BL,0A5H   ;BL＝0A5H＝165D
MUL   BL        ;AX＝4074H＝16500D,OF＝CF＝1
```

符号数乘，即 100×（−91）＝−9100D

```
MOV   AL,64H    ;AL＝ 64H＝100D
MOV   BL,0A5H   ;BL＝0A5H＝−91D
IMUL  BL        ;AX＝0DC74H＝−9100D,OF＝CF＝1
```

（2）除法指令。

1）无符号数除法指令（Division，Unsigned，DIV）。

指令格式：DIV　源操作数

指令功能：对两个无符号二进制数进行除法操作。源操作数可以是字或字节。

如果源操作数为字节，16 位被除数必须放在 AX 中，8 位除数为源操作数，它可以是寄存器或存储单元。相除之后，8 位商在 AL 中，余数在 AH 中。即

$$AL←AX/源（字节）的商$$
$$AH←AX/源（字节）的余数$$

要是被除数只有 8 位，必须把它放在 AL 中，并将 AH 清零。然后相除。

如果源操作数为字，32 位被除数在 DX、AX 中。其中，DX 为高位字，16 位除数作源操作数，它可以是寄存器或存储单元。相除之后，AX 中存 16 位商，DX 存 16 位余数。即

$$AX←（DX，AX）/源（字）的商$$
$$DX←（DX，AX）/源（字）的余数$$

要是被除数只有 16 位，除数也是 16 位，则必须将 16 位被除数送到 AX 中，再将 DX

寄存器清零，然后相除。

　　与被除数和除数一样，商和余数也都为无符号数。DIV 指令执行后，所有标志均无定义。

　　2）整数除法指令（Integer Division，IDIV）。

　　指令格式：IDIV　源操作数

　　指令功能：该指令执行的操作与 DIV 相同，但操作数都必须是带符号数，商和余数也都是带符号数，而且规定余数的符号和被除数的相同，因此 IDIV 指令也称为带符号数除法指令。指令执行后，所有标志位均无定义。

　　进行除法操作时，无论对无符号数相除（DIV）还是带符号数相除（IDIV），都要注意一个问题：由于除法指令字节操作时商为 8 位，字操作时商为 16 位。如果字节操作时，被除数的高 8 位绝对值大于除数的绝对值；或在字操作时，被除数的高 16 位绝对值大于除数的绝对值，就会产生溢出，也就是说商数超过了目标寄存器 AL 或 AX 所能存放数的范围。这时计算机会自动产生一个中断类型号为 0 的除法错中断，相当于执行了除数为 0 的运算，所得的商和余数都不确定。

　　对于无符号数，字节操作时，允许最大商为 FFH，字操作时最大商为 FFFFH，若超出这个范围就会溢出。对于带符号数，字节操作时商的范围为 $-127 \sim +127$ 或 $-81H \sim +7FH$；字操作时商的范围为 $-32767 \sim +32767$ 或 $-8001H \sim +7FFFH$。

　　【例】　$40003H \div 8000H$

　　无符号数除，即 $262147 \div 32768 = 8 \cdots\cdots 3$

```
    MOV    DX,4
    MOV    AX,3          ;(DXAX)=40003H=262147D
    MOV    CX,8000H      ;CX=8000H=32768D
    DIV    CX            ;商 AX=8,余数 DX=3
```

　　符号数除，即 $262147 \div (-32768) = -8 \cdots\cdots 3$

```
    MOV    DX,4
    MOV    AX,3          ;(DXAX)=40003H=262147D
    MOV    CX,8000H      ;CX=8000H=-32768D
    IDIV   CX            ;商 AX=FFF8H=-8,余数 DX=3
```

3.4.3　逻辑运算和移位指令

　　逻辑运算和移位指令对字节或字操作数进行按位操作，可分成逻辑运算、算术逻辑移位和循环移位三类。表 3.3 中列出了逻辑运算和移位指令的符号和意义。下面对逻辑运算和移位指令进行一一介绍。

表 3.3　　　　　　　　　　　　逻 辑 运 算 指 令

指令	格　式	功　能	标　志　位
取反	NOT 目的操作数	目的操作数←目的操作数	NOT 指令不影响，其他指令：CF、OF 清零；影响 SF、ZF、PF，AF 不定，TEST 指令执行与操作，影响标志位，但不保留结果
逻辑与	AND 目的操作数，源操作数	目的操作数←目的操作数∧源操作数	
测试	TEST 目的操作数，源操作数	目的操作数∧源操作数	
逻辑或	OR 目的操作数，源操作数	目的操作数←目的操作数∨源操作数	
逻辑异或	XOR 目的操作数，源操作数	目的操作数←目的操作数⊕源操作数	

1. 逻辑运算指令（Logical Operations）

（1）NOT 取反指令（Logical NOT）。

指令格式：NOT　目的操作数

指令功能：将目的操作数求反，结果送回目的操作数，即目的操作数←目的操作数。

目的操作数可以是 8 位或 16 位寄存器或存储器。对于存储器操作数，要说明其类型是字节还是字。指令执行后，对标志位无影响。

【例】　NOT 指令的几种用法：

```
NOT    AX              ;AX←AX 取反
NOT    BL              ;BL←BL 取反
NOT    BYTE PTR[ BX]   ;对存储单元内容取反后送回该单元
```

NOT 指令只有一个操作数。

后面几种逻辑运算指令均为双操作数指令，对操作数的规定与算术运算指令一样，即源操作数可以是 8 位或 16 位立即数、寄存器或存储器，目的操作数只能是寄存器或存储器，两个操作数不能同时为存储器。指令执行后，均将 CF 和 OF 清零，ZF、SF 和 PF 反映操作结果，AF 未定义，源操作数不变。

（2）AND 逻辑与指令（Logical AND）。

指令格式：AND　目的操作数，源操作数

指令功能：对两个操作数进行按位逻辑与操作，结果送回目的操作数，即目的操作数←目的操作数∧源操作数。

它主要用于使操作数的某些位保留（和"1"相与），而使某些位清除（和"0"相与）。

【例】　假设 AX 中存有数字 5 和 8 的 ASCII 码，即 AX＝3538H，要将它们转换成 BCD 码，并把结果仍放回 AX，可用如下指令实现：

```
AND    AX,0F0FH           ;AX←0508H
```

它将 AH 和 AL 中的高 4 位用全 0 屏蔽掉，截取低 4 位，最后在 AX 中得到 5 和 8 的 BCD 码 0508H。

（3）OR 逻辑或指令（Logical OR）。

指令格式：OR　目的操作数，源操作数

指令功能：对两个操作数进行按位逻辑或操作，结果送回目的操作数，即目的操作数←目的操作数∨源操作数。

它主要用于使操作数的某些位保留（和"0"相或），而使某些位置 1（和"1"相或）。

【例】　假设 AX 中存有两个 BCD 数 0508H，要将它们分别转换成 ASCII 码，结果仍在 AX 中，则可用如下指令实现：

```
OR    AX,3030H           ;AX←3538H
```

（4）XOR 逻辑异或操作指令（Exclusive OR）。

指令格式：XOR　目的操作数，源操作数

指令功能：对两个操作数进行按位逻辑异或运算，结果送回目的操作数，即目的操作数←目的操作数⊕源操作数。

它主要用于使操作数的某些位保留（和"0"相异或），而使某些位取反（和"1"相异或）。

【例】 若 AL 中存有某外设端口的状态信息其中 D_1 位控制扬声器发声，要求该位在 0 和 1 之间来回变化，原来是 1 变成 0，原来是 0 变成 1，其余各位保留不变，可以用以下指令实现：

  XOR AL,00000010B

（5）TEST 测试指令（Test）。

指令格式：TEST 目的操作数，源操作数

指令功能：对两个操作数进行逻辑与操作，并修改标志位，但不回送结果，即指令执行后，两个操作数都不变，即目的操作数 ∧ 源操作数。

它常用在要检测某些条件是否满足，但又不希望改变原有操作数的情况下。紧跟在这条指令后面的往往是一条条件转移指令，根据测试结果产生分支，转向不同的处理程序。

【例】 将 AL 寄存器中第 3 位和第 7 位置 1。

  MOV AL,0
  OR AL,88H

【例】 从端口 80H 读取一个字节，D_1 位求反后，从 81H 送出。

  IN AL,80H
  XOR AL,00000010B
  OUT 81H,AL

【例】 用逻辑指令将寄存器 AX 清零。

  XOR AX,AX

2. 算术逻辑移位指令（Shift Arithmetic and Shift Logical）

可对寄存器或存储器中的字或字节的各位进行算术移位或逻辑移位，移动的次数由指令中的计数值决定。移位指令的操作示意如图 3.11 所示。

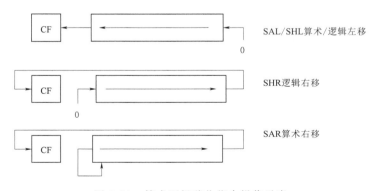

图 3.11 算术逻辑移位指令操作示意

（1）SAL/SHL 算术/逻辑左移指令（Shift Arithmetic/Logic Left）。

指令格式：SAL/SHL 目的操作数，计数值

指令功能：以上两条指令的功能完全相同，均将寄存器或存储器中的目的操作数的各位左移，每移一次，最低有效位 LSB 补 0，而最高有效位进入标志位 CF。移动一次，相

当于将目的操作数乘以 2。指令中的计数值决定所要移位的次数。若只需要移位一次，可直接将指令中的计数值置 1。要是移位次数大于 1，应先将移位次数送进 CL 寄存器，再把 CL 放在指令的计数值位置上。

在移位次数为 1 的情况下，如果移位后的最高位（符号位）的值被改变，则 OF 标志置 1，否则 OF 清零。但在多次移位的情况下，OF 的值不确定。不论移一次或多次，CF 总是等于目的操作数最后被移出去的那一位的值。SF 和 ZF 将根据指令执行后目的操作数的状态来决定，PF 只有当目的操作数在 AL 中时才有效，AF 不定。

【例】
```
MOV    AH,06H              ;AH＝06H
SAL    AH,01H              ;将 AH 内容左移一位后,AH＝0CH
MOV    CL,03H
SHL    DI,CL               ;将 DI 内容左移 3 次
SAL    BYTE  PTR[BX],1     ;将内存单元的字节左移 1 位
```

若目的操作数为无符号数，每左移一次，使目的操作数乘以 2。例如，左移 2 次相当于乘以 4，左移 3 次相当于乘以 8，等等。因此经常利用算术/逻辑左移指令实现乘法运算。

【例】　设无符号数 X 在寄存器 AL 中，用移位指令实现 X×10 的运算。
```
MOV   AH,0
SAL   AX,1      ;计算 2X
MOV   BX,AX
MOV   CL,2
SAL   AX,CL     ;计算 8X
ADD   AX,BX     ;计算 2X＋8X＝10X
```

（2）SHR 逻辑右移指令（Shift Logic Right）。

指令格式：SHR　目的操作数，计数值

指令功能：对目的操作数中各位进行右移，每执行一次移位操作，操作数右移一位，最低位进入 CF，最高位补 0。右移次数由计数值决定，同 SAL/SHL 指令一样。

若目的操作数为无符号数，每右移一次，使目的操作数除以 2。例如，右移 2 次相当于除以 4，右移 3 次相当于除以 8，等等。但是，用这种方法做除法时，余数将被丢掉。

【例】　用右移的方法作除法 133/8＝16……5，即
```
MOV    AL,10000101B        ;AL＝133
MOV    CL,03H              ;CL＝移位次数
SHR    AL,CL               ;右移 3 次
```

指令执行后，AL＝10H＝16，余数 5 被丢失。标志位 CF＝0，ZF＝0，SF＝0，PF＝0，OF 和 AF 不定。

（3）SAR 算术右移指令（Shift Arithmetic Right）。

指令格式：SAR　目的操作数，计数值

指令功能：与 SHR 很相似，移位次数也由计数值决定。每移位一次，目的操作数各位右移一位，最低位进入 CF，但最高位（即符号位）保持不变，而不是补 0。每移一次，相当于对带符号数进行除 2 操作。

【例】　用 SAR 指令计算 －128/8＝－16。

MOV	AL,10000000B	;AL=-128
MOV	CL,03H	;右移次数为3
SAR	AL,CL	;算术右移3次后,AL=0F0H=-16

这里要说明一下,由于移位次数即计数值可以是1,也可以放在CL中,这样,对8086的移位指令,计数值的范围可以是1～255。但事实上,当计数值很大时已无实际意义,反而明显降低了指令的执行速度。所以286、386等对此进行了改进,规定放在CL中的移位次数最多只能是31(即001111B),若超过此值,只截取最低的5位数值。

3. 循环移位指令(Rotate)

上述的算术逻辑移位指令,移出操作数的数位均被丢失,而循环移位指令把操作数从一端移到操作数的另一端,这样从操作数中移走的位就不会丢失了。

循环移位指令共四条。

(1) ROL 循环左移指令(Rotate Left)。

指令格式:ROL 目的操作数,计数值

(2) ROR 循环右移指令(Rotate Right)。

指令格式:ROR 目的操作数,计数值

(3) 带进位的 RCL 循环左移(Rotate through Carry Left)。

指令格式:RCL 目的操作数,计数值

(4) 带进位的 RCR 循环右移(Rotate through Carry Right)。

指令格式:RCR 目的操作数,计数值

循环移位指令的操作示意如图 3.12 所示。

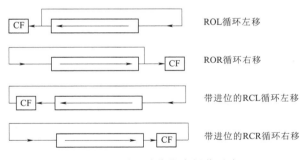

图 3.12 循环移位指令操作示意

4 条指令都按指令中计数值规定的移位次数进行循环移位,移位后的结果仍送回目的操作数。与算术逻辑移位指令一样,目的操作数可以是 8/16 位的寄存器操作数或内存操作数,循环移位的次数可以是1,也可以由CL寄存器的值指定。

这 4 条指令中,ROL 和 ROR 指令没有把进位标志 CF 包含在循环中,而 RCL 和 RCR 指令把 CF 作为整个循环的一部分,一起参加循环移位。OF 位只有在移位次数为1的时候才有效,在移位后当前最高有效位(符号位)发生变化(由1变0或由0变1)时,则 OF 标志置1,否则 OF 置0。在多位循环移位时,OF 的值是不确定的。CF 的值总是由最后一次被移出的值决定。

【例】 ROL　　　BX,CL　　　　　　　　　　;将 BX 中的内容不带进位位左移 CL 中规定的次数

　　　 ROR　　　WORD PTR[SI],1　;将物理地址为 DS× 10H＋SI 单元的字不带进位右移 1 次

【例】 设 CF＝1，AL＝1011 0100B

若执行指令 ROL　AL，1，则 AL＝0110 1001B，CF＝1，OF＝1。

若执行指令 ROR　AL，1，则 AL＝0101 1010B，CF＝0，OF＝1。

若执行指令 RCR　AL，1，则 AL＝1101 1010B，CF＝0，OF＝0。

若执行指令 MOV　CL，3，和 RCL　AL，CL，则 AL＝1010 0110B，CF＝1，OF 不确定。

3.4.4　控制转移指令

通常，程序中的指令都是顺序地逐条执行的。在 8086 中，指令的执行顺序由 CS 和 IP 决定。每取出一条指令，指令指针 IP 自动进行调整，一条指令执行完后，就从该指令之后的下一个存储单元中取出新的指令来执行。利用控制转移指令可以改变 CS 和 IP 的值，从而改变指令的执行顺序。为满足程序转移的不同要求，8086 提供了无条件转移、条件转移、过程调用、循环控制以及中断等几类指令。

1. 无条件转移指令

JMP 无条件转移指令（Jump）分为两种类型：段内转移，又称为近（NEAR）转移，转移指令的目的地址和 JMP 指令在同一代码段中，转移时仅改变 IP 寄存器的内容，段地址 CS 的值不变。段间转移，又称为远（FAR）转移，转移指令的目的地址和 JMP 指令不在同一代码段中，发生转移时，CS 和 IP 的值都要改变，也就是说程序要转到另一代码段去执行。

指令格式：JMP　　目的地址或标号

指令功能：使程序无条件地转移到指令中指定的目的地址去执行。

（1）段内直接转移指令。

指令格式：JMP　SHORT　　标号

　　　　　JMP　标号　　　　（或 JMP　NEAR　　PTR　标号）

这是一种段内相对转移指令，目的操作数均用标号表示，程序转向的有效地址等于当前 IP 寄存器的内容加上 8 位或 16 位的位移量（DISP）。若位移量是 16 位，表示近转移，说明目的地址与当前 IP 的距离在－32768～＋32767 个字节之间。如果转移的范围在－128～＋127 个字节之内，则称为短转移，指令中只需用 8 位位移量，它是近转移指令的一个特例。

在汇编指令语句中，目的操作数用符号地址也就是标号表示。对于位移量为 16 位的近转移，则在标号前加说明符 NEAR PTR，该说明符也可以省略不写。对于位移量为 8 位的短转移，则在标号前需加说明符 SHORT。例如：

JMP　SHORT　　　　NEXT　　　　;段内短转移

JMP　　　　　　　 NEXT1　　　　;段内近转移

（2）段内间接转移指令。这类指令转向的 16 位有效地址存放在一个 16 位寄存器或字存储器单元中。

用寄存器间接寻址的段内转移指令，要转向的有效地址存放在寄存器中，执行的操作

为：IP←寄存器内容，如，JMP BX。

若该指令执行前 BX＝4500H，则指令执行时，将当前 IP 修改成 4500H，程序转到代码段内偏移地址为 4500H 处执行。对于用存储器间接寻址的段内转移指令，要转向的有效地址存放在存储单元中，所以 JMP 指令先要计算出存储单元的物理地址，再从该地址处取一个字送到 IP，即 IP←字存储单元内容。

【例】 JMP WORD PTR 5［BX］

设指令执行前，DS＝2000H，BX＝100H，（20105H）＝4F0H。

则指令执行后，IP＝（20000H＋100H＋5H）＝（20105H）＝4F0H，即转到代码段内偏移地址为 4F0H 处执行。

这种指令的目的操作数前要加 WORD PTR，表示进行的是字操作。

（3）段间直接（远）转移指令。

指令格式： JMP FAR PTR 标号

指令中用远标号直接给出了转向的段地址和偏移量，所以只要用指令中的偏移地址取代 IP 寄存器的内容，用指令中指定的段地址取代 CS 寄存器的内容，就可使程序从一个代码段转到另一个代码段去执行。如：JMP FAR PTR NEXT。

（4）段间间接（远）转移指令。

将目的地址的段地址和偏移量事先放在存储器中的 4 个连续地址单元中，其中前两个字节为偏移量，后两个字节为段地址。转移指令中给出存放目标地址的存储单元的首字节地址值。这种指令的目的操作数前要加说明符 DWORD PTR，表示转向地址需取双字。

【例】 JMP DWORD PTR ［SI＋0125H］

设指令执行前，CS＝1200H，IP＝05H，DS＝2500H，SI＝1300H，内存单元（26425H）＝4500H，（26427H）＝32F0H。而指令中的位移量 DISP＝0125H，其中高位部分为 DISP_H＝01H，低位部分为 DISP_L＝25H。

指令要转向的地址存放在内存中，内存单元的物理地址为 DS:(SI＋DISP)，即

目的操作数地址＝DS×10H＋SI＋DISP

$$＝25000H＋1300H＋0125H$$

$$＝26425H$$

从该单元中取出 JMP 指令的转移地址，并赋予 IP 和 CS，即 IP＝4500H，CS＝32F0H。所以程序转到 32F0:4500H 处执行。

一般来说直接给出标号，比较方便使用较多。

2. 条件转移指令（Conditional Transfer）

条件转移指令是根据上一条指令执行后，CPU 设置的状态标志作为判别测试条件来决定是否转移。每一种条件转移指令都有它的测试条件，当条件成立，便控制程序转向指令中给出的目的地址，去执行那里的指令，否则，程序仍顺序执行。

所有的条件转移均为段内短转移，也就是说，转移指令与目的地址必须在同一代码段中。目的地址由当前 IP 值与指令中给出的 8 位相对位移量相加而成，它与转移指令之后的那条指令间的距离，允许为－128～＋127 字节。8 位偏移量是用符号扩展法扩展到 16 位后才与 IP 相加的。

条件转移指令通常用在比较指令或算术逻辑运算指令之后，根据比较或运算结果，转向不同的目的地址。

在指令中，目的地址均用标号表示，因此指令的格式为：

　　　　条件操作符　　　标号

条件转移指令共有 18 条，可以归类成以下两大类。

（1）单标志转移指令。这类转移指令在指令助记符中直接给出标志状态的测试条件，它们以 CF、ZF、SF、OF 和 PF 等 5 个标志和 CX 的内容状态为判断的条件，共形成 10 条指令。有些指令有两种不同的助记符，如"结果为 0"和"相等则转移"，都用 ZF＝1 作为测试条件，可用助记符 JZ 或 JE 表示，将这类情况记作 JZ/JE，表示这两个助记符代表同样的指令，表 3.4 列出了所有的单标志转移指令。

表 3.4　　　　　　　　　　　　　　单 标 志 转 移 指 令

标志位	指令	转移条件	意　　义
CF	JC	CF＝1	有进位/借位时，转移
	JNC	CF＝0	无进位/借位时，转移
ZF	JE/JZ	ZF＝1	相等/等于 0 时，转移
	JNE/JNZ	ZF＝0	不相等/不等于 0 时，转移
SF	JS	SF＝1	是负数时，转移
	JNS	SF＝0	是正数时，转移
OF	JO	OF＝1	有溢出时，转移
	JNO	OF＝0	无溢出时，转移
PF	JP/JPE	PF＝1	有偶数个 1 时，转移
	JNP/JPO	PF＝0	有奇数个 1 时，转移

（2）多标志位转移。这类指令的助记符中不直接给出标志状态位的测试条件，但仍以某一个标志的状态或几个标志的状态组合，作为测试的条件，若条件成立则转移，否则顺序往下执行。间接标志转移指令共有 8 条，列于表 3.5 中。每条指令都有两种不同的助记符，中间用"/"隔开。

表 3.5　　　　　　　　　　　　　　多 标 志 转 移 指 令

属性	指令	转移条件	意　　义
无符号数	JA/JNBE	CF＝0　且　ZF＝0	A＞B 时，转移
	JAE/JNB	CF＝0　或　ZF＝1	A≥B 时，转移
	JB/JNAE	CF＝1　且　ZF＝0	A＜B 时，转移
	JBE/JNA	CF＝1　或　ZF＝1	A≤B 时，转移
符号数	JG/JNLE	SF＝OF　且　ZF＝0	A＞B 时，转移
	JGE/JNL	SF＝OF　或　ZF＝1	A≥B 时，转移
	JL/JNGE	SF≠OF　且　ZF＝0	A＜B 时，转移
	JLE/JNG	SF≠OF　或　ZF＝1	A≤B 时，转移

下面举例说明条件转移等指令的用法。

【例】 比较两个字属性的符号数 X、Y 的大小。如果 X＞Y，AL 为 1；如果 X＝Y，AL 为 0；如果 X＜Y，AL 为 0FFH。

解：设 X、Y 为内存变量，功能实现主要代码如下：

```
MOV    AX,X
CMP    AX,Y
JLE    LE
MOV    AL,1              ;X＞Y,AL＝1
JMP    DONE
LE:    JL  L
MOV    AL,00H            ;X＝Y,AL＝00H
JMP    DONE
L:     MOV  AL,0FFH      ;X＜Y,AL＝0FFH
DONE:  HLT               ;停机命令
```

3. 循环控制指令（Interation Control）

循环控制指令是一组增强型的条件转移指令，用来控制一个程序段的重复执行，重复次数由 CX 寄存器中的内容决定。这类指令的字节数均为 2，第一字节是操作码，第二字节是 8 位偏移量，转移的目标都是短标号。它们的操作过程与条件转移类似，转移地址等于当前 IP 加上 8 位偏移量。8 位偏移量与 IP 相加时，先按符号扩展法扩展到 16 位后再相加，循环指令中的偏移量都是负值。循环控制指令均不影响任何标志，这类指令共有 4 条。

（1）LOOP 循环指令（Loop）。

指令格式：LOOP　短标号

指令功能：用于控制重复执行一系列指令。指令执行前必须事先将重复次数放在 CX 寄存器中，每执行一次 LOOP 指令，CX 自动减 1。如果减 1 后 CX≠0，则转移到指令中所给定的标号处继续循环；若自动减 1 后 CX＝0，则结束循环，转去执行 LOOP 指令之后的那条指令。一条 LOOP 指令相当于执行以下两条指令的功能：

```
DEC    CX
JNZ    标号
```

（2）LOOPE/LOOPZ 相等或结果为零时循环（Loop if Equal/Zero）。

指令格式：LOOPE 标号

　　　或　LOOPZ 标号

指令功能：LOOPE 是相等时循环，LOOPZ 是结果为零时循环。这是两条能完成相同功能，而具有不同助记符的指令，它们用于控制重复执行一组指令。指令执行前，先将重复次数送到 CX 中，每执行一次指令，CX 自动减 1。若减 1 后 CX≠0 和 ZF＝1，则转到指令所指定的标号处重复执行；若 CX＝0 或 ZF＝0，便退出循环，执行 LOOPZ/LOOPE 之后的那条指令。

（3）LOOPNE/LOOPNZ 不相等或结果不为零循环（Loop if Not Equal/Not Zero）。

指令格式：LOOPNE 标号

或 LOOPNZ 标号

指令功能：LOOPNE 是不相等时循环，而 LOOPNZ 是结果不为零时循环。它们也是一对功能相同但形式不一样的指令。指令执行前，应将重复次数送入 CX，每执行一次，CX 自动减 1，若减 1 后 CX≠0 和 ZF=0，则转移到标号所指定的地方重复执行；若 CX=0 或 ZF=1 则退出循环，顺序执行下一条指令。

【例】 有一个地址为 Array 的长度为 M 字数组，试编写实现下列功能的代码：统计出数组中 0 元素的个数，并存入变量 total 中。

```
MOV     CX,M                    ;数组长度存入循环计数器 CX
MOV     total,0                 ;计数变量初始值为 0
MOV     SI,0                    ;采用寄存器相对寻址,初始偏移量送寄存器 SI
AGAIN： MOV AX,Array[SI]        ;取数
CMP     AX,0                    ;与 0 比较
JNZ     NEXT                    ;不为 0,取下一个数
INC     total                  ;为 0,计数器加 1
NEXT：  ADD SI,2                ;调整地址,指向下个数
LOOP    AGAIN                   ;进入下一轮循环
```

（4）JCXZ 若 CX=0 跳转（Jump if CX Zero）。

指令格式：JCXZ 标号

指令功能：若 CX 寄存的值为 0，则转移到标号所指定的地方执行，否则顺序执行下一条指令。

4. 过程调用指令（Unconditional Transfer and Call）

在编写程序时，往往把某些能完成特定功能而又经常要用到的程序段，编写成独立的模块，并把它称为过程（Procedure），习惯上也称作子程序（Subroutine），然后在程序中用 CALL 语句调用这些过程，调用过程的程序称为主程序。RET 位于子程序结束之前，作为返回主程序的标志，确保正确返回主程序中紧跟在 CALL 指令后面的那条指令继续运行。这种在过程运行中又去调用另一个过程，称为过程嵌套。在模块化程序设计中，过程调用已成为一种必不可少的手段，它使程序结构清晰，可读性强，同时也能节省内存。在汇编语言中允许进行多层嵌套。

过程调用和返回指令的格式如下：

CALL 过程名

RET

近过程调用指调用指令 CALL 和被调用的过程在同一代码段中，远过程调用则是指两者不在同一代码段中。CALL 指令执行时分两步进行：

第一步是将返回地址，也就是 CALL 指令下面那条指令的地址推入堆栈。对于近调用来说，执行的操作是：

SP←SP−2，IP 入栈

对于远调用来说，执行的操作是：

SP←SP−2，CS 入栈

SP←SP−2，IP 入栈

第二步是转到子程序的入口地址去执行相应的子程序。入口地址由 CALL 指令的目的操作数提供，寻找入口地址的方法与 JMP 指令的寻址方法基本上是一样的。

执行过程中的 RET 指令后，从栈中弹出返回地址，使程序返回主程序继续执行。这里也分为两种情况：

（1）如果从近过程返回，则从栈中弹出一个字→IP，并且使 SP←SP＋2。

（2）如果从远过程返回，则先从栈中弹出一个字→IP，并且使 SP←SP＋2；再从栈中弹出一个字→CS，并使 SP←SP＋2。

下面以较简单的段内直接调用和返回举例说明 CALL 和 RET 指令的使用方式。

【例】　CALL　SUB1　　　　　　　;SUB1 是一个近标号

设调用前：CS＝2000H，IP＝1050H，SS＝5000H，SP＝0100H，SUB1 与 CALL 指令之间的字节距离等于 1234H（即 DISP＝1234H）

则执行 CALL 指令的过程为：SP←SP－2，即新的 SP＝0100H－2＝00FEH

返回地址的 IP 入栈。

由于存放 CALL 指令的内存首地址为 CS:IP＝2000H:1050H，该指令占 3 字节，所以返回地址为 2000H:1053H，即 IP＝1053H。于是 1053H 被推入堆栈。

根据当前 IP 值和位移量 DISP 计算出新的 IP 值，作为子程序的入口地址，即

IP ＝IP＋DISP

　　＝1053H＋1234H

　　＝2287H

程序转到本代码段中偏移地址为 2287H 处执行。RET 指令的寻址方式与 CALL 指令的寻址方式一致，在本例中是段内直接调用，所以过程 SUB1 中的 RET 指令将执行如下操作：

IP←（SP 和 SP＋1）单元内容，即 IP＝1053H

SP←SP＋2，即新的 SP＝00FEH＋2＝0100H

这样，控制就回到主程序中 CALL SUB1 指令下面的那条指令；也就是 2000H:1053H 处继续执行程序。这时堆栈指针为 SP＝0100H。

5. 中断类指令

（1）INTO 溢出中断指令（Interrupt on Overflow）。当带符号数进行算术运算时，如果溢出标志 OF 置 1，则可由溢出中断指令 INTO 产生类型为 4 的中断；若 OF 清零，则 INTO 指令不产生中断，CPU 继续执行后续程序。

为此，在带符号数进行加减法运算之后，必须安排一条 INTO 指令，一旦溢出就能及时向 CPU 提出中断请求，CPU 响应后可做出相应的处理，如显示出错信息，使运算结果无效等。由于运算结果出了错误，溢出中断处理完之后，CPU 将不返回源程序继续运行，而是把控制权交给操作系统。

如果程序中不加 INTO 指令，即使运算后产生了溢出错误，也不会向 CPU 发中断请求，从而会导致错误的运算结果。

（2）INT n 软件中断指令（Interrupt）。

1）软件中断指令。软件中断指令也称为软中断指令，其中 n 为中断类型号，其值必

须在 0～255 的范围内。它可以在编程时安排在程序中的任何位置上，因此也被称为陷阱中断。

CPU 执行 INT n 指令时，先把标志寄存器的内容推入堆栈，再把当前断点的段基地址 CS 和偏移地址 IP 入栈保护，并清除中断标志 IF 和单步标志 TF。然后将中断类型号 n 乘以 4，找到中断服务程序的入口地址表的表头地址，从中断矢量表中获得中断服务程序的入口地址，将其置入 CS 和 IP 寄存器，CPU 就自动转到相应的中断服务程序去执行。

原则上讲，利用 INT n 指令能以软件的方法调用所有 256 个中断的服务程序，尽管其中有些中断实际上是由硬件触发的。这样，除了在程序中需要调用特定的中断服务程序时插入 INT n 指令调用大量为外设服务的子程序外，还可以利用这条指令来调试各种中断服务程序。例如，可用 INT 0 指令让 CPU 执行除法出错中断服务程序，而不必运行除法程序。又如，可用 INT 2 指令执行 NMI 中断服务程序，从而可以不必在 NMI 引脚上加外部信号，便能对 NMI 子程序进行调试。

在软件中断指令中功能最强大的就是 DOS 系统功能调用和 BIOS 中断调用。一般能用 DOS 中断解决的问题，只在 DOS 无法完成的功能才调用 BIOS 中断。BIOS 中断是常驻 ROM，独立于 DOS，可与任何操作系统一起工作，是比 DOS 更底层的服务。下面介绍几个常用的 DOS 中断，DOS 的其他功能可参看附录。

2) 常用 DOS 功能调用。和所有的计算机一样，微机的硬件环境必须在操作系统的管理下，才能进行工作。缺少操作系统的计算机，即裸机，是一个无生命的壳体。微机上所配的磁盘操作系统（Disk Operating System，DOS 或 MS - DOS）。DOS 向用户提供了许多命令及系统功能，其中命令有内部命令，如 DIR、TYPE、CD 等，用户可以在 DOS 提示符下键入这些命令来使用。另外有外部命令，如 PRINT、XCOPY、FORMAT 等，用户亦可以键入它们的名称由磁盘调入内存执行。

此外，DOS 还具有对 I/O 设备管理及磁盘与文件管理的功能，它们一部分被固化在系统的 ROM 中，可作为 ROM BIOS 模块；另一部分存放在系统磁盘上，在系统启动时被装入内存，用户的应用程序及 MS - DOS 的大部分命令都将通过软件中断来调用它们。DOS 中断指令有 INT 20H～INT 3FH，调用这些软中断时，只要给定入口参数，接着写一条中断指令 INT n 就可以了。

所有这些 DOS 软件中断中，功能最强的是 INT 21H，它提供了一系列的 DOS 功能调用。DOS 版本越高，所给出的 DOS 功能调用越多。DOS 6.2 包含了 100 多个功能调用，这些子程序分别实现外部设备管理、文件读/写、文件管理、目录管理和内存分配等功能。每个子程序对应一个功能号，给定入口/出口参数后，用 INT 21H 来调用。可以说 INT 21H 的中断调用几乎包括了整个系统的功能，用户不需要了解 I/O 设备的特性及接口要求就可以利用它们编程，对用户来说非常有用。

DOS 系统功能调用分 4 步进行：①系统功能号送到 AH 寄存器中；②入口参数送到指定寄存器中；③用 INT 21H 指令执行功能调用；④根据出口参数分析功能调用执行情况。

有些系统功能调用比较简单，不需要设置入口参数或者没有出口参数。DOS 系统功能调用的功能及入口/出口参数表，详见附录 3。

下面以输入、输出和返回 DOS 系统为例来说明 INT 21H 的使用。

1 号功能调用：从键盘输入字符并显示。

【例】
```
MOV     AH,1
IINT    21H
```

运行后，显示光标，在键盘上输入一个字符后，显示并把该字符的 ASCII 码存入 AL 中。如输入'1'，则 AL＝31H。

2 号功能调用：从 DL 输出一个字符，结果为在屏幕上显示"A"。

【例】
```
MOV     DL,'A'
MOV     AH,2
INT     21H
```

9 号功能调用：在屏幕上显示首地址存在 DS：DX 中的一个字符串，字符串以"$"结尾。

【例】
```
BUF     DB 'hello world!  $'
MOV     AX,SEG BUF
MOV     DS,AX
MOV     DX,OFFSET BUF
MOV     AH,9
```

在调用 9 号功能之前要把段地址要送入数据段寄存器 DS，偏移地址送入 DX，执行后屏幕上显示 hello world!。若要求显示字符串后光标自动回车换行，则在"$"字符前再加上 0DH（回车）、0AH（换行）字符。

0AH 功能调用：能从键盘接收字符串到内存的输入缓冲区，要求预先定义一个输入缓冲区。缓冲区的第一个字节指出能容纳的最大字符个数，由用户给出；第二个字节存放实际输入的字符个数，由系统最后填入；从第三个字节开始存放从键盘接收的字符，直到 ENTER 键结束。该字符串首地址要预先赋值，存在 DS：DX 中。

若实际键入的字符数大于给定的最大字符数，就会发出"嘟嘟"声，并且光标不再向右移动，后面输入的字符丢失。若定义时只分配空间，未定义数据，而键入的字符数小于给定的最大字符数，缓冲区其余部分填 0 值。0AH 功能调用时，要求将 DS、DX 指向缓冲区第一个字节。

【例】 开辟一个缓冲区，从键盘输入一个字符串，将输入的字符数→CL 寄存器，并将字符串的第一个字符送入 AL 中。

```
BUF     DB    10                  ;用户定义存放 10 字节的缓冲区
        DB    ?                   ;系统填入实际输入字符字节数
        DB    10  DUP(?)          ;存放输入字符的 ASCII 码值
        MOV   AX,SEG BUF
        MOV   DS,AX
        MOV   DX,OFFSET  BUF
        MOV   AH,0AH
        INT   21H
        MOV   CL,BUF+1            ;取输入字符数→CL
        MOV   AL,BUF+2            ;取第一个字符→AL
```

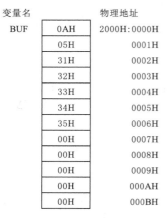

变量名		物理地址
BUF	0AH	2000H:0000H
	05H	0001H
	31H	0002H
	32H	0003H
	33H	0004H
	34H	0005H
	35H	0006H
	00H	0007H
	00H	0008H
	00H	0009H
	00H	000AH
	00H	000BH

图 3.13　内存数据存储示意

在上例中，如果从键盘输入的数为"12345"，按下回车键后，BUF 在内存中存储情况如图 3.13 所示。其中第一个字节存储最大字符数 0AH，第二个字节存放实际输入字符数 05H，从第三个字节开始存放输入字符的 ASCII 码 31H、32H、33H、34H、35H。因此在上例中 CL＝05H，AL＝31H。

返回操作系统 4CH 功能调用：

返回 DOS 操作系统的方法有三种，其中调用 DOS 中断的 4CH 功能是最常用和最安全的，在此仅给出这种方法。4CH 功能调用能够结束当前正在执行的程序，返回操作系统，屏幕显示操作提示符。调用方法如下：

```
MOV    AH,4CH
INT    21H
```

此功能调用无入口参数。

DOS 功能调用共有 100 多种，其他因较烦琐，不再一一说明。

（3）IRET（Interrupt Return）。中断返回指令 IRET，总是被安排在中断服务程序的出口处。当它执行后，首先从堆栈中依次弹出程序断点，送到 IP 和 CS 寄存器中；接着弹出标志寄存器的内容，送回标志寄存器；然后按 CS:IP 的值使 CPU 返回断点，继续执行原来被中断的程序。

3.4.5　处理器控制指令

1. 标志操作指令

除了有些指令执行后会影响标志外，8086 还提供了一组标志操作指令，它们可直接对 CF、DF 和 IF 标志位进行设置或清除等操作，但不包含 TF 标志。指令执行后不影响其他标志，只影响本指令指定的标志，这些指令的名称和功能见表 3.6。

表 3.6　　　　　　　　　　　标 志 操 作 指 令

指令	操作	说　　明
CLC	0→CF	进位标志清零
STC	1→CF	进位标志置位
CLD	0→DF	方向标志清零，串增量
STD	1→DF	方向标志置位，串减量
CLI	0→IF	中断标志清零，关中断
STI	1→IF	中断标志置位，开中断
CMC	CF→CF	进位标志取反

（1）CLC、CMC 和 STC。进位标志 CF 常用在多字节或多字运算中，用来说明低位向高位的进位情况。在这种运算中，经常要对 CF 进行处理。利用 CLC 指令，可使进位标志 CF 清零，利用 CMC 指令可使 CF 取反，而利用 STC 指令则使 CF 置1。

（2）CLD 和 STD。方向标志 DF 在执行字符串操作指令时用来决定地址的修改方向，当串操作由低地址向高地址方向进行时，DF 应清零，反之 DF 应置 1。CLD 指令使 DF 清零，而 STD 指令则使 DF 置 1。

（3）CLI 和 STI。中断允许标志 IF 是 1 还是 0 用于决定 CPU 是否可以响应外部的可屏蔽中断请求。指令 CLI 使 IF 清零，将禁止 CPU 响应中断；而指令 STI 使 IF 置 1，允许 CPU 响应这类中断。

2. 外部同步指令

8086 CPU 具有多处理机的特征，为了充分发挥硬件的功能，设置了 3 条使 CPU 与其他协处理器同步工作的指令，以便共享系统资源。这几条指令执行后均不影响标志位。

（1）ESC 换码指令（Escape）。

指令格式：ESC 外部操作码，源操作数

指令功能：换码指令用来实现 8086 对 8087 协处理器的控制。

由于 8086 和 8087 的系统总线是互连的，所以两个处理器一直共同监视着从存储器中取出的每一条指令。8087 只处理与自己有关的 ESC 指令，而不理睬 8086 的其他指令，8086 也只处理属于它自己的指令。一旦取到一条 ESC 指令，8087 的忙碌（BUSY）引脚就变成高电平，并将它送到与之相连的 8086 的 $\overline{\text{TEST}}$ 引脚上，8087 协处理器便可以开始工作。

8087 能执行的 ESC 指令有 3 类，它们是不需要访问存储器的指令、需要访问存储器取得操作数的指令和需要将操作数写入存储器的指令。若取到的是不要访问存储器的 ESC 指令，操作比较简单，一般直接由 8087 本身完成。对于需要访问存储器的指令，则按下面方式进行处理：若 MOD≠11，则源操作数是存储器，需由 8086 计算出指令中的操作数地址，再从中取出数据，将它作为 8087 的源操作数；如果 MOD＝11，则指令中的源操作数就是 8087 的寄存器，8087 将根据 8086 计算出来的目的操作数，与存储器交换数据。操作结束后，通过 $\overline{\text{TEST}}$ 状态线，向 8086 CPU 送出低电平，使 CPU 开始执行后续指令。

由此可见，通过 ESC 指令，可使外部的协处理器从 8086 指令流中获得一条协处理器指令和（或）一个存储器操作数。也就是说，协处理器的指令系统只是 8086 指令系统的一个子集，它们的主操作码都是 ESC，协处理器是根据附加操作码来完成规定的操作的。

（2）WAIT 等待指令（Wait）。等待指令通常跟在 ESC 指令之后，CPU 执行 ESC 指令后，表示 8086 CPU 正处于等待状态，它不断检测 8086 的测试引脚 $\overline{\text{TEST}}$，每隔 5 个时钟周期检测一次，若此脚为高电平，则重复执行 WAIT 指令，处理器处于等待状态。一旦 $\overline{\text{TEST}}$ 脚上的信号变为低电平，便退出等待状态，执行下条指令。

（3）LOCK 封锁总线指令（Lock Bus）。它是一种前缀，可加在任何指令的前端，用来维持 8086 的总线封锁信号 $\overline{\text{LOCK}}$ 有效，凡带有 LOCK 前缀的指令在执行过程中，将禁止其他处理器使用总线。

3. 停机指令和空操作指令

（1）HLT 停机指令（Halt）。它使 CPU 进入暂停状态，不进行任何操作，只有当下列情况之一发生时，CPU 才脱离暂停状态：在 RESET 线上加复位信号；在 NMI 引脚上出现中断请求信号；在允许中断的情况下，在 INTR 引脚上出现中断请求信号。

在程序中，通常用 HLT 指令来等待中断的出现。

（2）NOP 空操作或无操作指令（No Operation）。这是一条单字节指令，执行时需耗费 3 个时钟周期的时间，但不完成任何操作。它不影响标志位。NOP 指令通常被插在其他指令之间，在循环等操作中增加延时。还常在调试程序时使用空操作指令。例如用 3 条 NOP 指令代替一条调试时暂不执行的 3 字节指令，调试好后再用这条指令代换 NOP 指令。

3.5　汇编语言源程序的结构及组成

3.5.1　一个功能简单的汇编语言结构示例

【例】　汇编语言源程序：在显示器上显示字符串"Hello world!"

```
DATA     SEGMENT                  ;定义数据段
BUF1     DB 'Hello  world! $'     ;定义一个字符串
DATA     ENDS                     ;数据段结束
CODE     SEGMENT                  ;定义代码段
ASSUME CS:CODE,DS:DATA            ;为段分配段寄存器,指定段功能
MAIN     PROC   FAR               ;过程定义
START:   MOV AX,DATA              ;程序开始
         MOV DS,AX                ;DS 初始化

         MOV DX,OFFSET BUF1       ;取字符串偏移地址
         MOV AH,09H
         INT 21H                  ;调用 09H 号 DOS 中断显示字符串

         MOV AH,4CH
         INT 21H                  ;调用 4CH 号 DOS 中断返回 DOS

MAIN     ENDP                     ;过程结束
CODE     ENDS                     ;代码段结束
END      START                    ;程序结束
```

从上例中可以看出用汇编语言编写的源程序是分段的，上例中就有两个段，数据段 DATA 和代码段 CODE。汇编语言一个完整的汇编程序编写格式要包括以下几部分：段定义、段分配、过程定义、返回 DOS 语句及程序结束，需要时加上过程调用。源程序的最简形式可以只有一个段——代码段，此时数据可放在代码段中；如果程序中没有定义堆栈段，将由计算机自动分配。同时段名可以自己定义，符合命名规则即可。

完整的汇编语言程序包含数据段、代码段、堆栈段和附加数据段（附加段），编写程序时可根据需要进行设置。下面将介绍段和过程的定义，以及程序的结束和返回 DOS 系统的方法。

3.5.2　段定义

段定义是使用成对伪指令 SEGMENT…ENDS 来进行。

格式：段名　SEGMENT　定位类型　组合类型　'分类名'
　　　　段内容
　　　　段名　ENDS

功能：将一个逻辑段定义成一个整体。

段名是逻辑段的标识符，不可省略，确定了逻辑段在存储器中的地址，SEGMENT 和 ENDS 前的段名必须相同。

SEGMENT…ENDS 是段定义的伪指令助记符，任何一个逻辑段必须以 SEGMENT 开始，ENDS 结束，不可省略，并且必须成对出现，两者之间是本逻辑段的内容。如上例中的 DATA 段和 CODE 段。

SEGMENT 后面可以带有三个参数：定位类型、组合类型、'分类名'，三个参数必须按格式中规定的次序排列，分类名必须用单引号括起来。三个参数用来增加类型及属性说明，一般可以省略，如果需要用连接程序把本程序与其他程序相连时，需要用到这些参数。一般程序设计采用缺省值即可。上例中两个段中使用的就是缺省值。

1. 定位类型（Align Type）

定位类型参数是对该段起始地址定位。通常段名确定了该段的首地址，整个逻辑段存放在首地址开始的一片连续存储单元中。一般情况下各个逻辑段的首地址在"节"的整数边界上（MASM 把 IM 字节的存储空间从 0 开始，每 16 个存储单元叫一节），即每个逻辑段的起始地址是 16 的整数倍（末 4 位为 0）。实际使用时，可由定位类型参数来定位各逻辑段的首地址。定位类型参数主要有 4 种：

PARA——指定定位段的起始地址必须在节的整数边界，当定位类型参数缺省时，就当成 PARA。

BYTE——指定该段起始地址定位在存储单元的任何字节地址。

WORD——指定该段起始地址定位在字的边界，即段的首地址必须是偶数。

PAGE——指定该段起始地址定位在页的边界，即段的首地址必须是 256 的整数倍。

2. 组合类型（Combine Type）

组合类型参数主要提出了各个逻辑段之间的组合方式，例各段独立、各段覆盖或顺序组合等。主要参数有 6 种：

NONE——该段与其他同名段不进行连接，各段独立存于存储器中，NONE 可作为缺省参数。

PUBIC——该段与其他模块中的同名段连接时，由低地址到高地址连接起来，组成一个逻辑段，连接次序由连接命令指定，连接时满足定位类型要求。

COMMON——该段在连接时与其他模块中的同名段有相同的起始地址，采用覆盖的方式在存储器中存放，连接长度为各分段中最大长度。

AT 表达式——定位该段的起始地址在表达式所指定的节（16 的整数倍）边界上。一般情况下各个逻辑段在存储器中的位置由系统自动分配，当用户要求某个逻辑段在指定节的边界上时，就要用 AT 参数来实现，AT 不能用来指定代码段。

STACK——指定该段为堆栈段，此参数在堆栈段中不可省略，多个模块只需设置一个堆栈段，各个模块中的堆栈段采用覆盖方式组合，容量为各个模块中所设置的最大堆栈段容量。

　　MEMORY——定位该段与其他模块中的同名段有相同的首地址，采用覆盖方式在存储器中组合连接，其功能与 COMMON 参数类似，区别是第一个带 MEMORY 参数的逻辑段覆盖在其他同名段的最上层，其他带此参数的同名段按照 COMMON 方式处理。

3. '分类名'（Class Name）

　　段定义语句的第三个参数为分类名，必须用单引号括起来，分类名可选择不超过 40 个字符的名称，主要作用是汇编程序连接时将所有分类名相同的逻辑段组成一个段组。

　　段定义语句中的参数设置，可以增强伪指令语句的功能。段定义语句允许嵌套设置，即一个逻辑段内再设置其他逻辑段，但不允许各个逻辑段相互交叉设置。

3.5.3　段分配

　　在进行了段定义之后，计算机不可能区分段的作用，因此必须明确段和段寄存器之间的关系。在汇编中使用段分配语句 ASSUMIE 来完成指定代码段、数据段、堆栈段、附加段。

　　在 8086/8088 系统中存储器采用分段结构，各段容量≤64KB，用户可以设置多个逻辑段，但只允许 4 个逻辑段同时有效。

　　格式：ASSUME　　　CS:段名,DS:段名,SS:段名,ES:段名

　　功能：定义 4 个逻辑段，指明段和段寄存器的关系。

　　ASSUME 为伪指令助记符，放在代码段的开始，不可省略。提供给汇编程序，说明当前代码段、数据段、堆栈段和附加段 4 个段如何定义。

　　ASSUME 后面有各段寄存器的名 CS、DS、SS、ES，用来存放当前有效的逻辑段的段基址，后面紧跟冒号（:）及段名。各段寄存器之间由逗号（,）分开，段名必须是用段定义语句 SEGMENT…ENDS 定义过的名字。比如前面的 DATA 段之所以是数据段，是因为在 ASSUME 中指定了 DS:DATA。

　　4 个逻辑段不一定全部要定义，通常代码段和数据段是必须要定义的，附加段可以省略或与数据段完全重叠。汇编源程序的最简形式为一个段——代码段；附加段也可用来存放数据，增大数据段容量。

　　ASSUME 伪指令只指定某个段分配给哪个段寄存器，但仅将代码段的段基址自装入 CS 寄存器中，而不能自动把其他段基址装入相应的段寄存器中，所以在代码段的开始要有一段初始化程序完成这一工作。例中完成的 DS 初始化功能的两条指令 MOV AX，DATA 和 MOV DS，AX 就是把 DATA 的段地址放入 DS 寄存器中。对堆栈段来说除了将段基址送入 SS 寄存器外，还可以将栈顶偏移地址置入堆栈指示器 SP 中。

3.5.4　过程定义

　　过程是程序的一部分，可以被程序调用。在程序中，经常要用到一些程序段，程序段的功能和结构相同，仅有一些变量赋值不同，此时可以将这些程序段独立编写，用过程定义语句进行定义，然后在主程序中对它进行过程调用。这样既节省了内存空间，也便于进行模块化程序设计，使编程清晰，使用灵活。若整个程序由主程序和几个子程序组成，则主程序和这些子程序必须包含在代码段中。主程序和各个子程序都可定义为过程。主程序

可定义为过程也可以不用定义。用下面的伪指令来定义。

格式：过程名　PROC　属性

过程内容

RET

过程名　ENDP

功能：定义一个过程，可以用 CALL 指令调用它。

过程名是给所定义的过程取的名字，不可缺省。它是主程序调用（CALL 指令）的目标操作数，即子程序入口的符号地址。像标号一样，过程名具有三种属性：

段属性：为该过程所在段的段基址。

偏移地址属性：指该过程第一个字节与段首址之间距离字节。

距离属性：为 NEAR 或 FAR。格式中的属性就指距离属性，定义 NEAR 允许过程在段内调用，定义 FAR 允许过程在段间调用，NEAR 为缺省使用。

PROC…ENDP 为过程定义伪指令助记符，成对出现，不可缺省。二者前面有相同的过程名，整个过程内容包括在 PROC…ENDP 之内。

RET 为过程内部的返回指令。过程内部至少有一条 RET 指令，它可以在过程的任何位置上，使过程返回到主程序调用它的 CALL 指令之下一条指令。

在汇编语言源程序中，过程调用允许嵌套和递归调用。嵌套调用指在一个被调用的过程中，又调用了另一个过程；递归调用是指在一个被调用的过程中，又调用了本身的过程。嵌套与递归的深度由堆栈段的容量决定，因为过程调用时必须将当前的地址压入堆栈保护起来，使调用返回时能返回到正确的指令地址。另外在子程序入口也有许多参数要保护，以免影响主程序原运行状态。

3.5.5　程序结束和返回 DOS 操作系统的方法

1. 程序结束设置

通常结束语句（Termination Statement）都是与某个开始语句成对出现。例如：SEGMENT 和 ENDS，PROC 和 ENDP。但 END 语句不一样，它标志整个源程序的结束。它的使用方法如下：

END　标号名或表达式

标号名必须是标在程序执行时，第一条要执行的指令处。如上例中的

START：MOV　AX,DATA　　　;程序开始

END　　　START　　　　　　;程序结束

2. 返回 DOS 操作系统的方法

DOS 系统是单任务操作系统，用户编写的汇编语言程序在 DOS 系统下运行结束后，要能正确返回 DOS，把控制权交回给 DOS，否则其他程序将无法运行，还会导致死机。一般来说返回 DOS 的方法有三种：一种是标准方法；一种是调用 DOS 中断的 4CH 号功能；最后一种是利用 INT 20H 指令（针对 .com 文件）。

（1）标准方法。将应用程序的主程序定义为远过程，最后一条指令为 RET。在主过程开始时部分用三条指令将 INT 20H 指令的段地址及偏移地址压入堆栈，则指令执行到最后一条指令 RET 时可以弹出 INT 20H 指令的段地址及偏移地址，以便执行 INT 20

指令返回 DOS 操作系统。具体指令为

```
PUSH   DS
MOV    AX,00H
PUSH   AX                    ;设置返回 DOS
          ⋮
RET
```

（2）调用 DOS 中断的 4CH 号功能。

本节开头程序示例中采用了此方法，其调用方法为

```
MOV    AH,4CH
INT    21H
```

执行 4CH 号 DOS 功能调用后，程序结束前使用此功能调用前，能自动关闭已打开的文件，防止数据丢失。这种方法更强，更安全，使用比较方便，建议程序中返回 DOS 采用为此方式。

（3）对于可执行文件（.com），用 INT 20H 指令可以直接返回 DOS。

3.6　汇编语言的编译过程

3.6.1　基于 DOS 系统的汇编语言编译步骤

在以前汇编语言的编译基本是直接在 DOS 系统下进行的，如图 3.14 所示。其基本步骤包括以下 4 步：

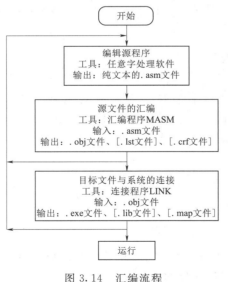

图 3.14　汇编流程

1. 编辑源程序

汇编语言的源程序可用任意字处理软件来创建。如记事本、WORD、WPS、EDIT 等。但无论采用何种编辑工具，生成的文件必须为纯文本文件，即后缀为 .asm 文件。所输入字符和符号必须处于英文输入状态下。这个文件就是程序员所编的源文件。

2. 源文件的汇编

用 MASM 文件对源程序进行宏汇编。在 DOS 系统下，键入 MASM 文件名后，程序就开始运行，在提示下输入已编好的 .asm 源文件名后，进行编译。如果程序没有错误将生成 .obj 文件，.obj 文件为目标文件，是可以让计算机执行的机器码。但如何装入系统，并能调用，就必须对其进行连接。同时如果有需要还能生成列表文件［.lst］和交叉文件［.crf］，也可以为空（不生成）。

3. 目标文件与系统的连接

用 LINK 文件对目标文件进行连接。连接程序是将一个或多个独立的目标程序模块装

配成一个可重定位的可执行文件，一般生成 .exe 文件。同样它也是在 DOS 系统下，键入 LINK 文件名后，在提示下输入已编好的 .obj 源文件名后进行连接。这阶段可选择生成的文件有［.map］以及所需的库文件［.lib］。

4. 程序的运行

运行是最简单的一步，当生成可执行文件后，如果不再改动，只需要保留 exe 文件并在系统下，键入 exe 文件名即可运行。一般用户使用的就是可执行文件，以及上述所需的辅助文件［.lst］、［.crf］、［.map］和［.lib］。

3.6.2　当前能对汇编语言进行编译的集成软件

上述方法虽然是最直接、最基本的汇编方法，但对 DOS 命令和相关知识要求较高。现在大部分计算机系统不再直接使用 DOS 系统，用户对 DOS 系统了解较少，因此出现了许多集成软件对汇编程序进行编译。它们具有较友好和直观的界面和引导。比如：emu8086、KEIL、Win – Masm 等。但从学习语言的角度来说，从 DOS 直接汇编并生成文件直观地了解计算机运行模式和规则。

3.7　汇编语言程序设计及举例

一个设计好的程序不仅要能正常运行，并完成要求的功能，还应该具有下列特点：程序结构模块化，程序易读，易调试及维护，执行速度快，占用内存空间小。结构化设计在程序复杂的情况下尤为重要。

一般来说设计汇编语言源程序的基本步骤如下：

（1）分析问题。抽象出描述问题的数学模型，并确定实现数学模型的算法。

（2）绘制程序流程图（简单程序可省略此步）。通常先画粗框图。在结构模块中再画细框图。框图一般有起始框、执行框、判断框和终止框。

（3）分配存储空间及工作单元。分配数据段、堆栈段、程序段各在内存什么位置，各个寄存器主要做什么用。

（4）按流程图设计编写程序。

（5）静态检查，上机调试（一般分段调试较好）。

（6）程序运行，结果分析。

在进行汇编语言源程序设计时，通常用到顺序结构、分支结构、循环结构、子程序结构四种程序结构。

3.7.1　顺序结构举例

顺序结构的程序是最简单、最基本的程序。一般用于简单程序，程序顺序执行，无分支，无循环，也无转移。CPU 按指令的排列顺序逐条执行。

【例】　通过键盘输入一个小写字母，把输入字母存入变量 BUF1 中，然后转换成大写输出。

```
DATA      SEGMENT                          ;定义数据段
BUF1      DB        10DUP(?)               ;定义 10 个存放空间
```

MSG1	DB	'Please input the letter(a~z)：$ '	;输入提示信息
MSG2	DB	'The uppercase letter is：$ '	;输出提示信息
DATA	ENDS		;数据段结束
CODE	SEGMENT		;定义代码段
	ASSUME	CS：CODE,DS：DATA	;为段分配段寄存器,指定段功能
MAIN	PROC	FAR	;主过程定义
START：	MOV	AX,DATA	;程序开始
	MOV	DS,AX	;DS 初始化
	MOV	DX,OFFSET　MSG1	
	MOV	AH,09H	
	INT	21H	;调用 09H 号 DOS 中断显示 MSG1
	MOV	AH,01H	
	INT	21H	;调用 01H 号 DOS 中断输入一个字符,结果存在 AL 中
	MOV	BUF1,AL	;送入内存中
	MOV	DL,0DH	
	MOV	AH,02H	
	INT	21H	;显示回车符
	MOV	DL,0A	
	MOV	AH,02H	
	INT	21H	;显示 DL 换行符
	MOV	DX,OFFSET　MSG2	
	MOV	AH,09H	
	INT	21H	;调用 09H 号 DOS 中断显示 MSG2
	MOV	DL,BUF1	;取出内存中的数
	SUB	DL,20H	;小写转换为大写
	MOV	AH,02H	
	INT	21H	;调用 02H 号 DOS 中断显示 DL 中的大写字母
	MOV	AH,4CH	
	INT	21H	;调用 4CH 号 DOS 中断返回 DOS
MAIN	ENDP		;主过程结束
CODE	ENDS		;代码段结束
END	START		;程序结束

3.7.2　分支结构举例

　　一般情况下，程序顺序执行，但经常要求程序根据不同条件选择不同的处理方法，这就需要用到分支结构。

分支的主要功能是程序能根据不同条件选择不同的处理方法，即程序处理步骤中出现了分支，应根据某一特定条件，选择其中一个分支执行。

【例】 从键盘输入两个一位正整数，比较后把较大的数存入内存空间 BUF1 中，并显示较大的数。

根据设计要求，定义数据段，选取 BUF1 和 AL 寄存器来存储两个待比较的数，利用 09 号 DOS 中断显示提示信息，01 号 DOS 中断进行输入。02 号 DOS 中断进行结果输出和格式调整（回车和换行）。

```
DATA      SEGMENT                                      ;定义数据段
MSG1      DB        'Please input the first number：$ '  ;输入提示信息
MSG2      DB        'Please input the second number：$ ' ;输入提示信息
MSG3      DB        'Max number is $ '                  ;输出提示信息
BUF       DB        ?                                   ;定义存储空间
DATA      ENDS                                          ;数据段结束
CODE      SEGMENT                                       ;定义代码段
          ASSUME    CS：CODE,DS：DATA                    ;为段分配段寄存器,指定段功能
MAIN      PROC      FAR                                 ;主过程定义
START：   MOV       AX,DATA                             ;程序开始
          MOV       DS,AX                               ;DS 初始化

          MOV       DX,OFFSET    MSG1
          MOV       AH,09H
          INT       21H                                 ;调用 09H 号 DOS 中断显示 MSG1

          MOV       AH,01H
          INT       21H                                 ;调用 01H 号 DOS 中断输入一个数,
                                                         结果存在 AL 中

          MOV       BUF,AL                              ;第一个数从 AL 中送入 BUF1

          MOV       DL,0DH
          MOV       AH,02H
          INT       21H                                 ;显示回车符

          MOV       DL,0AH
          MOV       AH,02H
          INT       21H                                 ;显示换行符

          MOV       DX,OFFSET    MSG2
          MOV       AH,09H
          INT       21H                                 ;显示 MSG2
```

```
          MOV      AH,01H
          INT      21H                      ;输入第二个数,结果存在 AL 中

          CMP      AL,BUF                   ;第一个数与第二个数比较
          JC       BRANCH                   ;若 BUF 中数大,转 BRANCH
          MOV      BUF,AL                   ;否则,AL 中的数送入 BUF
BRANCH：
          MOV      DL,0DH
          MOV      AH,02H
          INT      21H                      ;显示回车符
          MOV      DL,0AH
          MOV      AH,02H
          INT      21H                      ;显示 DL 换行符

          MOV      DX,OFFSET  MSG3
          MOV      AH,09H
          INT      21H                      ;显示 MSG3

          MOV      DL,BUF
          MOV      AH,02H
          INT      21H                      ;显示较大数

          MOV      AH,4CH
          INT      21H                      ;调用 4CH 号 DOS 中断返回 DOS
MAIN      ENDP                              ;主过程结束
CODE      ENDS                              ;代码段结束
END       START                            ;程序结束
```

3.7.3　循环结构和子程序结构举例

程序中经常会出现某段程序需要反复执行多次，直到满足某些条件时为止，这种程序称为循环结构程序。

在循环程序中，常用计数器（如 CX 寄存器）来控制循环次数。先将计数器置 1 个初值，用来表示循环操作的次数，每执行一次循环操作后，计数器－1，减到 0 时，表示循环结束。

【例】　利用 02 号 DOS 功能，在 CRT（显示器）终端连续输出字符 0～9。

```
DATA      SEGMENT                          ;定义数据段
BUF1      DB       30H                      ;定义首字符'0'
DATA      ENDS                             ;数据段结束
CODE      SEGMENT                          ;定义代码段
          ASSUME   CS:CODE,DS:DATA          ;为段分配段寄存器,指定段功能
MAIN      PROC     FAR                      ;主过程定义
START:    MOV      AX,DATA                  ;程序开始
          MOV      DS,AX                    ;DS 初始化
```

```
            MOV      CX,10                ;计数次数初始化
            MOV      DL,BUF1              ;'0'送入 DL 中
AGAIN：     MOV      AH,02H
            INT      21H
            INC      DL                   ;内容加 1,显示下一个数
            LOOP     AGAIN

            MOV      AH,4CH
            INT      21H                  ;调用 4CH 号 DOS 中断返回 DOS
MAIN        ENDP                          ;主过程结束
CODE        ENDS                          ;代码段结束
            END      START                ;程序结束
```

同时，在前面的程序中，对于显示信息和格式调整（回车和换行）大量用到相同功能的程序段。全加入主程序中使其通读性变差，因此一般可设置为子程序。

【例】 从键盘输入一个字符串，统计其中数字的个数，然后显示实际输入字符数和数字的个数。

```
MLENGTH=128                               ;缓冲区长度
DATA        SEGMENT                       ;数据段
BUFF        DB       MLENGTH              ;定义 0AH 号功能调用所需的缓冲区
            DB       ?
            DB       MLENGTH DUP(0)
MESS0       DB       'Please input：$ '
MESS1       DB       'Length= $ '
MESS2       DB       'Number is= $ '
DATA        ENDS
CODE        SEGMENT                       ;代码段
            ASSUME   CS：CODE,DS：DATA
MAIN        PROC     FAR                  ;主过程定义
START：     MOV      AX,DATA
            MOV      DS,AX                ;设置 DS
            MOV      DX,OFFSET MESS0
            CALL     DISPMESS
            MOV      DX,OFFSET BUFF       ;将 BUFF 的偏移地址传给 DX
            MOV      AH,0AH
            INT      21H
            CALL     NEWLINE
            MOV      BH,0                 ;清数字字符计数器
            MOV      CL,BUFF+1            ;取字符串长度
            XOR      CH,CH
            JCXZ     COK                  ;若字符串长度等于 0,不统计
            MOV      SI,OFFSET BUFF+2     ;指向字符串首字母
AGAIN：     MOV      AL,[SI]              ;取字符
            INC      SI                   ;调整数据指针,指向下一个数据
```

81

	CMP	AL,'0'	;判断是否是数字符
	JB	NEXT	
	CMP	AL,'9'	
	JA	NEXT	;小于 0 或大于 9,取下一字符
	INC	BH	;数字计数加 1
NEXT：	LOOP	AGAIN	
COK：	MOV	DX,OFFSET MESS1	
	CALL	DISPMESS	
	MOV	AL,BUFF+1	;取字符串长度
	XOR	AH,AH	;高位清零
	CALL	DISPAL	;显示字符串长度
	CALL	NEWLINE	
	MOV	DX,OFFSET MESS2	
	CALL	DISPMESS	
	MOV	AL,BH	;取数字符个数
	XOR	AH,AH	
	CALL	DISPAL	;显示数字字符个数
	CALL	NEWLINE	
	MOV	AH,4CH	;返回 DOS
INT	21H		
MAIN	ENDP		;主过程结束
DISPAL	PROC	NEAR	;子程序功能:用十进制数的形式显示 8 位二进制数
	MOV	CX,3	;8 位二进制数最多转换成 3 位十进制数
	MOV	DL,10	
DISP1：	DIV	DL	
	XCHG	AH,AL	;使 AL=余数,AH=商
	ADD	AL,'0'	;得 ASCII 码
	PUSH	AX	;压入堆栈
	XCHG	AH,AL	;交换指令
	MOV	AH,0	
	LOOP	DISP1	
	MOV	CX,3	
DISP2：	POP	DX	
	CALL	ECHOCH	
	LOOP	DISP2	
	RET		
DISPAL	ENDP		
DISPMESS	PROC	NEAR	;调用 DOS 中断,显示提示信息
	MOV	AH,9	
	INT	21H	;显示字符串
	RET		
DISPMESS	ENDP		
ECHOCH	PROC	NEAR	;子程序调用 DOS2 号功能,显示一个字符

```
            MOV      AH,2
            INT      21H
            RET
ECHOCH      ENDP
NEWLINE     PROC     NEAR              ;子程序功能:回车和换行
            PUSH     AX
            PUSH     DX
            MOV      DL,0DH            ;回车符的 ASCII 码是 0DH
            MOV      AH,2              ;显示回车符
            INT      21H
            MOV      DL,0AH            ;换行符的 ASCII 码是 0AH
            MOV      AH,2              ;显示换行符
            INT      21H
            POP      DX
            POP      AX
            RET
NEWLINE     ENDP
CODE        ENDS
            END START
```

习　　题

1. 指令语句和伪指令语句各由哪几个字段组成？哪些字段是必不可少的？

2. 设 DS＝1000H，ES＝2000H，SS＝1500H，SI＝0100H，DI＝0200H，BX＝0300H，BP＝0500H。数据段中变量名为 VAL 的偏移地址值为 00A0H，试说明下列源操作数字段的寻址方式是什么？物理地址值是多少？

(1) MOV　AX，100H

(2) MOV　AX，[BX]

(3) MOV　AX，[SI]

(4) MOV　AX，ES:[BX]

(5) MOV　AX，VAL

(6) MOV　AX，05H [BX]

(7) MOV　AX，[BP]

(8) MOV　AX，[BP] [DI]

(9) MOV　AX，VAL [BX＋SI]

(10) MOV　AX，VAL [BP]

3. 已知：DS＝1000H，BX＝0300H，SI＝03H，内存 10300H～10305H 单元的内容分别为 15H、2AH、3CH、46H、59H、6EH。下列每条指令执行完后 AX 寄存器的内容各是什么？

(1) MOV AX，0300H

(2) MOV AX，[0300H]

(3) MOV AX，BX

(4) MOV AX，[BX]

(5) MOV AX，[BX] [SI]

(6) MOV AX，2 [BX] [SI]

4. 已知程序的数据段定义为：

```
DATA    SEGMENT
BUF1    DB  10H,'AB','$'
BUF2    DB  2DUP(1,2DUP(0))
```

BUF3　DW　3456H，$+2，'AB'，10H

（1）画出示意图，说明变量在内存中如何存放？

（2）设该段段地址为 1300H，下列程序段执行后的各寄存器中的结果是什么？

```
MOV      AX,DATA
MOV      DX,BUF3
XCHG     DL,BUF1
MOV      BX,OFFSET BUF2
MOV      CX,3[BX]
LEA      BX,BUF3
```

5. 设当前 SS＝2100H，SP＝FE00H，AX＝5678H，BX＝1234H，计算当前栈顶的地址是多少？当执行指令段：

```
PUSH     AX
PUSH     BX
POP      AX
```

POP BX 后，试用示意图表示执行指令的过程中，堆栈中的内容和堆栈指针 SP 是怎么变化的？AX 与 BX 的最后存储内容是什么？

6. 如在下列程序段的括号中分别填入以下指令：

（1）LOOP　　NEXT

（2）LOOPE　　NEXT

（3）LOOPNE NEXT

试说明在这三种情况下，程序段执行完后，AX、BX、CX 寄存器的内容分别是什么？

```
START:MOV   AX,01H
      MOV   BX,02H
      MOV   CX,03H
NEXT: INC   AX
      SUB   AX,BX
(               )
```

7. 软中断指令 INT n 中 n 的含义是什么？其值的范围是多少？当 n＝0～4 时，分别定义什么中断？

8. 请列出最少 4 个 DOS 中断 INT 21 的常用功能号，并说明其功能和使用方法。

9. 哪些指令可以使 CF、DF 和 IF 标志直接清零或置 1？

10. 从编写汇编语言源程序到生成可执行文件.exe 需要经过哪些步骤？

11. 给出完整的汇编语言程序设计框架，并说明其中每条伪指令语句的功能。

12. 编写汇编语言程序段，完成如下功能：

（1）从键盘输入一个字符串（小于 10 个），存入以 BUF 命名的变量中。

（2）统计长度并显示。

13. 上题中若字符串长度大于 10 后，怎么进行显示？

14. 某个学生的高数成绩已存放在 AL 中，如果低于 60 分，则显示 F（Fail）；如高于或等于 90 分则显示 G（Good），否则显示 P（Pass）。编写完整的汇编语言程序来实现。

15. 从键盘输入两个一位数，比较其大小并输出较大的数。

16. 从键盘输入一个串字母，存入变量 BUF 中，编写完整的汇编语言程序来实现以下功能。

（1）将其中的小写字母转换成大写字母，大写字母不变，结果存入 BUF 中并显示。

（2）统计其长度并显示。

（3）统计其中字母 A 的个数，并显示。

17. 内存中有一组无符号数，要求编程按从小到大排列。

18. 从汇编语言程序返回 DOS 有哪几种方法？哪一种是最常用的方法？

第4章

存储器

　　存储器是信息存放的载体，计算机的主要组成部分之一，是用来存储程序和数据的部件，存储器实现了计算机的"记忆"功能。使用存储器，计算机才能把要计算和处理的数据以及程序存入计算机，使计算机自动工作。显然存储器的容量越大，存放的信息越多，计算机的性能也就越好。

　　在计算机中，大量的操作是CPU与存储器交换信息。然而，存储器的工作速度相对于CPU要低几个数量级。因此，存储器的工作速度又是影响计算机系统数据处理速度的主要因素。计算机对存储器的要求是：容量大、存取速度快。但容量大、速度快必然使生产成本增加。为了使容量、速度与成本都兼顾，现代计算机系统都采用多级存储器体系结构，包括主存储器（内存）、辅助存储器（外存）以及网络存储器。如图 4.1 所示。

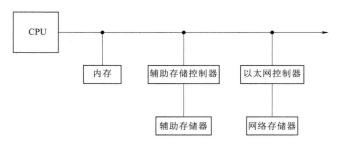

图 4.1　存储层次结构

　　越靠近 CPU 的存储器速度越快（存取时间短），但容量越大，价格较高。主存储器（内存）容量目前一般为几到几十吉字节（GB）。目前所用的有 SDRAM、DDR SDRAM和 RDRAM 等。因为 CPU 的速度远高于内存，因此系统设计时，为了使 CPU 全速运行，在内存和 CPU 之间用了与 CPU 速度几乎相同，但容量小的高速缓冲内存器（Cache，简称缓存）作为一级存储器。计算机运行时将经常访问的代码和数据保存到高速缓冲器中，把不常访问的数据保存到较大容量的二级内存中，这样使存储器系统的价格降低，同时又提供了接近 CPU 零等待的性能。

　　由于内存容量的限制，除部分系统软件必须常驻内存，其他的程序或数据保存于外部存储器。外部存储器的容量不受限制，也称为海量存储器。外部存储器也称为外存，是辅助存储器。外存的特点是大容量，价格较低，所存储的信息既可以修改，也可以保存，但存取速度较慢，要由专用的设备来管理。在微机中，常见的外存有软盘、硬盘、光盘、微缩胶片等。但外存要配置专门的驱动设备才能完成对它的访问功能，比如要配备软盘驱动器、硬盘驱动器、光盘驱动器等驱动设备。目前主流是硬盘，其容量可达太字节（TB），一般都为几百吉字节（GB），如 500GB。

计算机工作时，一般由内存 ROM 中的引导程序启动系统，再从外存中读取系统程序和应用程序，送到内存的 RAM 中，程序运行的中间结果放在 RAM 中，内存不够时也放在外存中，程序结束时将最后结果存入外部存储器。

网络存储器是一种远程的存储方式，文件存储在服务器的磁盘上。

这种多级存储器体系结构较好地解决了存储容量要大、速度要快而成本又要求比较合理的矛盾。本章主要讨论内部存储器以及内部存储器和 CPU 的接口问题。

4.1 内 部 存 储 器 概 述

4.1.1 内部存储器的分类

内存按存储器性质通常分为随机存取存储器（RAM）和只读存储器（ROM）。CPU 能根据 RAM 的地址将数据随机地写入或读出，电源切断后，所存数据全部丢失。通常所说的计算机内存容量有多少字节，均是指 RAM 存储器的容量。ROM 存储器是将程序及数据固化在芯片中，数据只能读出，不能写入，电源关掉，数据也不会丢失，ROM 中通常存储操作系统的程序（BIOS）或用户固化的程序。

内存的容量大小受到地址总线位数的限制。对 8086 系统，地址总线为 20 条，可以寻址内存空间为 1MB；80386 系统，地址总线为 32 条，可以寻址 4GB；Pentium Ⅱ开始微机地址总线达到 36 条，可寻址 64GB。目前所用的微机地址线为 64 条，理论上的可寻址空间就十分巨大了。但在实际使用中，由于内存芯片价格较贵，目前微机系统中配置 4～16GB 的内存容量，这样许多程序和数据要存放在磁盘外存中，使用时再调到内存。正是由于内存的快速存取和容量较小的特点，它用来存放系统软件，如系统引导程序、监控程序或者操作系统中的 ROM BIOS，以及当前要运行的应用软件。

1. 随机存取存储器（Random Access Memory，RAM）

按照集成电路内部结构的不同，RAM 又分为静态 RAM 和动态 RAM 两种。

（1）静态 RAM（Static Ram，SRAM）。静态 RAM 速度非常快，只要电源存在内容就不会自动消失。但它的基本存储电路为 6 个 MOS 管组成 1 位，因此集成度相对来说较低，功耗也较大。

（2）动态 RAM（Dynamic RAM，DRAM）。DRAM 的内容在 10^{-3} s 或 10^{-6} s 之后自动消失，因此必须周期性的在内容消失之前进行刷新（Refresh）。由于它的基本存储电路由一个晶体管及一个电容组成，因此集成度高，成本较低，耗电也少，但需要一个额外的刷新电路。DRAM 运行速度较慢，SRAM 比 DRAM 快 2～5 倍。一般，PC 机的标准存储器都采用 DRAM 组成。

2. 只读存储器（Read Only Memory，ROM）

ROM 按集成电路内部结构的不同，主要有下面四种。

（1）掩膜型 ROM。ROM 中信息是在芯片制造时由厂家写入的，用户无法进行任何修改。

（2）可编程 ROM（Programable ROM，PROM）。将设计的程序固化进去后，ROM

内容不可更改。用户只能写一次，目前也不常用。

（3）可擦除、可编程 ROM（Erasable PROM，EPROM）。可编程固化程序，且在程序固化后可通过紫外光照擦除，以便重新固化新数据。但写入速度较慢，而且需要专用设备。使用时一般情况只作为只读存储器使用。

（4）电可擦除可编程 ROM（Electrically Erasable PROM，EEPROM）。EEPROM 可通过高于普通电压的作用来擦除和重编程（重写）。不像 EPROM 芯片，EEPROM 不需从计算机中取出即可修改。在一个 EEPROM 中，当计算机在使用的时候可频繁地反复编程，因此 EEPROM 的寿命是一个很重要的设计考虑参数。EEPROM 是一种特殊形式的闪存，其应用通常是个人电脑中的电压来擦写和重编程。

EEPROM 常用在接口卡中，用来存放硬件设置数据，也常用在防止软件非法拷贝的"硬件锁"上面，包括现在的 U 盘和闪盘。

4.1.2　存储器的性能指标

性能指标是选用存储器的依据，也最能反映存储器的发展进程。存储器有多项性能指标，如存储容量、存取速度、功耗、可靠性和性能价格比等。存储容量和存取速度直接影响微机系统的整体性能，是最为关键的指标。

1. 存储容量

存储容量是指存储器可容纳的二进制信息总量，一般以字节为计量单位，如 KB、GB、TB 等。系统内存的最大容量还受 CPU 寻址能力的限制，如 8086 用 20 根地址线能寻址 1MB 的内存空间；80386 用 32 根地址线能寻址 4GB；目前的主流的 64 位 CPU 有 40 根甚至 56 根地址线，可寻址更大的存储空间。

2. 存取速度

存储器的存取速率远低于 CPU 的工作速率，会对计算机性能产生很大影响。常用存取时间 T_{AC}（Access Time）来衡量存储器的存取速率。T_{AC} 是指从接收到 CPU 发来的稳定地址信息到完成一次读或写操作所需的最大时间，一般为 $10\sim100$ns。T_{AC} 越小，存取速度越快。

3. 功耗

计算机的性能越好，存储器用量也越大，它所消耗的电能及产生的热量，都是要考虑的重要指标。存储器功耗包括有效（Active）功耗和待机（Standby）功耗。应选择低功耗芯片，用专门的散热装置来保证存储器的性能。

4. 可靠性

存储器的可靠性体现在对温度变化、电磁干扰等的抗干扰能力，以及使用寿命方面。用平均故障间隔时间（Mean Time between Failures，MTBF）来衡量，MTBF 越长则可靠性越高。当前硬盘的 MTBF 可达 100 万小时。此外，掉电保护、恒温措施、抗射线辐射等也属于可靠性设计范围。

5. 性能价格比

因微机系统对不同的存储器要求不同，如：对外存要求容量极大，内存是容量和速度并举，而高速缓存则要求速度非常快，但不一定容量大。因此要在满足上述要求的前提下，选择性能价格比较高的芯片。

4.2 随机存取存储器

4.2.1 随机存取存储器（RAM）的内部结构

一般来说存储器是由大量的存储电路组成的存储体（存储单元有规律的组合体）和相应的外围电路组成。通常由存储矩阵、控制电路、地址译码器和三态数据缓冲器组成。

主要管脚：$\overline{CS}$片选信号端，$\overline{WE}$为写允许信号端，$\overline{OE}$为读允许信号端，数据线，地址线。

1. 存储矩阵

一个基本存储单元存放一位二进制信息，一块存储器芯片中的基本存储单元电路按字节构成位的结构方式排列成矩阵。比如 HM628511 的存储矩阵为 1024 行×32 列×16 块×8bit，其共有 4194304 个基本存储单元。容量为 $2^{19}=512\times1024=512KB$，基本存储单元数据位为 8 位的内存芯片。

2. 控制电路和三态数据缓冲器

存储器读/写操作由 CPU 控制，CPU 送出的高位地址经译码后，送到逻辑制器的 CS 端。$\overline{CS}$信号为片选信号，$\overline{CS}$有效，存储器芯片选中，允许对其进行读/写操作，当读写控制信号 RD、WR 送到存储器芯片的 R/W 端时，存储器中的数据经三态数据缓冲器的输出端送到数据总线上或将数据写入存储器。

3. 地址译码器

CPU 读/写一个存储单元时，先将地址送到地址总线，高位地址经译码后产生片选信号选中芯片，低位地址送到存储器。由地址译码器译码选中所需要的片内存储单元，最后在读/写信号控制下将存储单元内容读出或写入。

存储器芯片内部结构框图根据地址译码的不同有两种基本结构：单译码结构和双译码结构。

（1）单译码结构。在单译码结构中，如图 4.2 所示地址线通过地址锁存器送入译码器进行编译，而译码器的每一条输出线都选择某个固定的存储单元。因此有 N 条地址线时译码器输出线就要有 2^N 条。

例如要选择 1KB 地址空间的内存，那么需要 10 条地址线，而译码器的输出线就要有 1024 根。因此虽然单译码结构逻辑简单、电路较少，但因输出线太多，仅适用于内存较小的情况。

（2）双译码结构。在双译码结构中，如图 4.3 所示，地址线分成行译码和列译码两部分进行译码。若有 N 条地址线，平均分的情况下，行和列有 $N/2$ 条地址线，可以有 $2^{N/2}$ 个输出状态。行和列译码器就有 $2^{N/2}\times2^{N/2}=2^N$ 个输出状态。而译码的输出线只需要 $2^{N/2}+2^{N/2}=2\times2^{N/2}$ 根。如上面要选择 1KB 地址空间的内存，译码器的输出线就只有 $2\times2^5=64$ 根。

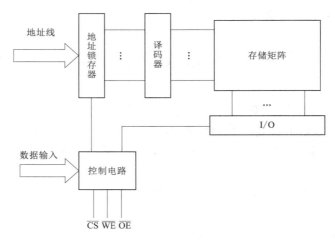

图 4.2　单译码结构存储器

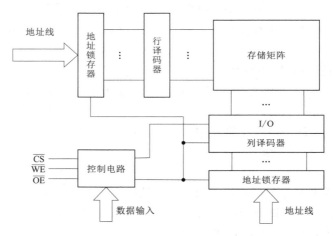

图 4.3　双译码结构存储器

4.2.2　随机存取存储器（RAM）的分类

1. 静态随机存取存储器（SRAM）

SRAM 存储一位信息的单元电路可以用双极型器件构成，也可用 MOS 器件构成。双极型器件构成的电路存取速度快，但工艺复杂，集成度低，功耗大，一般较少使用这种电路，一般采用 MOS 器件构成的电路。使用静态 RAM 的优点是访问速度快，工作稳定，不需要进行刷新，外部电路简单，但基本存储单元所包含的管子数目较多，且功耗也较大，适合在小容量存储器中使用。例如 Cache 就是由 SRAM 组成。典型的静态 RAM 芯片有 2114（1K×4bit），6116（2K×8bit），6264（8K×8bit），62128（16K×8bit），62256（32K×8bit）等。

2. 动态随机存取存储器（DRAM）

动态 RAM 与静态 RAM 一样，由许多基本存储单元按行和列排列组成矩阵。最简单的动态 RAM 的基本存储单元是一个晶体管和一个电容，因而集成度高，成本低，耗电少。但它是利用电容存储电荷来保存信息的，电容通过 MOS 管的栅极和源极会缓慢放电而丢失信息，必须定时对电容充电，也称作刷新。另外，为了提高集成度，减少引脚的封装数，DRAM 的地址线分成行地址和列地址两部分，因此一般采用双译码结构。

动态 RAM 需要配置刷新逻辑电路，在刷新周期中，存储器不能执行读/写操作，但由于它的单片上的高位密度（单管可组成）和低功耗（每个存储单元功耗为 0.05mW，而静态 RAM 功耗为 0.2mW），以及价格低廉等优点，使之在组成大容量存储器时作为主要使用器件。

目前，PC 机上广泛使用的内存条为 SDRAM（同步动态随机存取存储器）和 DDR - SDRAM（双数据率同步动态 RAM），其中 DDR - SDRAM 为当今存储器的主流产品。在需要获得更高性能的 PC 机中，可采用 RDRAM（Rambus DRAM），当然价格也更高了。典型的动态 RAM 芯片有 2164（64K×8bit）和 414265（64K×8bit）。

4.3 只 读 存 储 器

只读存储器（ROM）存储的内容一般不会改变，断电时也不会丢失，使用时可随时将内容读出。ROM 器件具有结构简单、位密度比读/写存储器高、非易失性和可靠性高等特点，一般用来存放系统启动程序，常驻内存的监控程序、参数表、字库等，用户设计的单片机或单板机系统中也可用它来存放用户程序。ROM 根据信息写入的方式分为 4 种，包括掩膜型 ROM，可编程只读存储器（PROM），可擦除、可编程只读存储器（EPROM），电可擦除可编程只读存储器（EEPROM）。

4.3.1 掩膜型 ROM 和可编程 ROM（PROM）

1. 掩膜型 ROM

掩膜型 ROM 中信息是厂家根据用户给定的程序或数据对芯片图形掩膜进行两次光刻而决定的。这类 ROM 可由二极管、双极型晶体管和 MOS 型晶体管构成，每个存储单元只用一个耦合元件，集成度高。MOS 型 ROM 功耗小，但速度比较慢，微机系统中用的 ROM 主要是这种类型，双极型 ROM 速度比 MOS 型快，但功耗大，只用在速度要求较高的系统中。

在数量较少时，掩膜型 ROM 造价很贵，如果进行批量生产，就相当便宜了。适用于计算机系统开发完成后，大批量使用。

2. 可编程 ROM（PROM）

可编程只读存储器的内容可以由用户编写，但只允许编程一次。PROM 由二极管矩阵组成，用可熔金属丝连接存储单元发射极，出厂时所有管子的熔丝都是连着的。写入时，利用外部引脚输入地址，对其中的二极管进行选择，使某些二极管上通以足够大的电流，把所选定回路的熔丝烧断，这些被烧断的二极管代表"0"，未烧断的二极管代表"1"，从而实现了一次性信息存储，不能再进行修改。PROM 价格与生产批量无关，但造价比较贵，非批量使用时可用 PROM，批量使用时用掩膜型 ROM 比较便宜。

这两种 ROM 主要应用于较早时期，目前已经基本淘汰。在此不做进一步讨论。

4.3.2　可编程、可擦除 ROM（EPROM）

掩膜型 ROM 和 PROM 中的内容一旦写入，就无法改变，而 EPROM 却允许用户根据需要对它编程，且可以多次进行擦除和重写，因而当 EPROM 问世就得到了广泛的应用。

实现 EPROM 的技术是浮栅雪崩注入式技术，因此数据一经写入能经过 10 年后仍能保持 70％的电荷，因此可以作为只读存储器长期保存信息。

EPROM 芯片上有一个石英窗口，当紫外光源照到石英窗口上，电路浮置栅上的电荷就会形成光电流泄漏走，使电路恢复起始状态，从而把写入的信息擦去，这样又可对 EPROM 重新编程。但 EPROM 写入过程很慢，所以仍然作为只读存储器使用。

MOS 型的 EPROM 在初始状态下，所有的位均为"1"，写入时只能将"1"改变为"0"，用紫外光照后才能将"0"变为"1"，CMOS 器件则相反。一般光照时间为 15 分钟左右，视具体器件型号而定，同时光照时间过长，也会影响器件使用寿命。典型芯片有27128（16K×8bit）、27256（32K×8bit）、27512（64K×8bit）等。

EPROM 尽管可以擦除后重新进行编程，但擦除时需用紫外线光源，使用起来仍然不太方便。逐渐被电可擦除可编程 ROM（EEPROM）所替代。

4.3.3　电可擦除可编程 ROM（EEPROM）

电可擦除可编程 ROM，简称 EEPROM（E^2PROM），它的外形、管脚和功能与EPROM 相似，仅擦除过程不需要用紫外线光源，而是利用电来擦除数据。主要管脚：$\overline{CE}$（片选端）和 $\overline{OE}$（输出允许端）为低电平时，V_{pp}（编程高电压端）加＋4～＋6V 电压，输出端便会出现读得的数据。

EEPROM 有 4 种工作方式，即读方式、写方式、字节擦除方式和整体擦除方式。

在读方式时，从地址端输入所要读取的存储单元的地址，这是常用的工作方式——读方式。

在写方式时，从地址端输入要写入的地址，数据输入端为要写入的数据，CE 和 OE端为高电平，V_{pp} 加＋21V 电压，此时可编程写入。

在字节擦除方式下，由地址端输入要擦除的字节地址，$\overline{CE}$ 为低电平，$\overline{OE}$ 为高电平，V_{pp} 加上＋21V 电压，数据端则要加上 TTL 高电平，可对指定字节进行擦除。

在整体擦除方式下，可使整片 EEPROM 回到初始状态。在此方式下，$\overline{OE}$ 端要加上＋9～＋15V 高电平，V_{pp} 端加＋21V 电压，数据端加上 TTL 高电平。典型芯片有 28C128（16K×8bit）、28C256（32K×8bit）、28C512（64K×8bit）等。

4.4　CPU 与存储器的连接

在 CPU 对存储器进行读写操作时，首先在地址总线上给出地址信号，然后发出相应的读或写控制信号，最后才能进行数据总线数据交换，所以 CPU 与存储器的连接包括地址线、数据线和控制线的连接等三个部分。

4.4.1 存储器在连接时要面对的问题

1. CPU 总线的负载能力

一般来说，CPU 总线的直流负载能力可带一个 TTL 负载，目前存储器基本上是 MOS 电路，直流负载很小，主要负载是电容负载。因此在小型系统中，CPU 可以直接和存储器芯片相连；在较大的系统中，考虑到 CPU 的驱动能力，必要时应加上数据缓冲器（例如 74LS245）或总线驱动器来驱动存储器负载。

2. CPU 的时序和存储器存取速度之间的配合

CPU 在取指令和读/写操作数时，有它自己固定的时序，应考虑选择何种存储器来与 CPU 时序相配合。处理这个问题应以 CPU 的时序为基准，从 CPU 的角度提要求。

例如，存储芯片读取时间应小于 CPU 从发出地址到要求数据稳定的时间间隔；存储芯片从片选有效到输出稳定的时间应小于系统自片选有效到 CPU 要求数据稳定的时间间隔。如果没有满足要求的存储芯片，或者出于价格因素而选用速度较慢的存储芯片时，则应提供外部电路，以产生 READY 信号，迫使 CPU 插入等待时钟 T_w。

比如 2114-2 的读取时间最大为 200ns，而 CPU 要求从地址有效到数据稳定的时间间隔为 150ns，则不能使用 2114-2，可选用比它快的芯片。如果出于价格因素，一定要用 2114-2，则需要设计 READY 产生电路，以便插入 T_w。

3. 存储器的地址分配和片选

内存分为 ROM 区和 RAM 区，RAM 又分为系统区和用户区。每个芯片的片内地址，由 CPU 的低位地址来选择。一个存储器系统由多片芯片组成，片选信号由 CPU 的高位地址译码后取得。应考虑采用何种译码方式，实现存储器的芯片选择。

4. 控制信号的连接

8086 CPU 与存储器交换信息时，提供了 M/$\overline{\text{IO}}$、RD、WR、ALE、READY、WAIT、DT/$\overline{\text{R}}$ 和 DEN 几个控制信号，这些信号与存储器要求的控制信号如何连接才能实现所需要的控制功能。

5. 存储器芯片选用的问题

存储器芯片的选用不仅和存储结构相关，而且和存储器接口设计直接相关。采用不同类型、不同型号的芯片构造的存储器，其接口的方法和复杂程度不同。一般应根据存储器的存放对象、总体性能、芯片的类型和特征等方面综合考虑。

（1）对芯片类型的选用。存储芯片类型的选择与对存储器总体性能的要求以及用来存放的具体内容相关，高速缓冲存储器是为了提高 CPU 访问存储器速度而设置的，存放的内容是当前 CPU 访问最多的程序和数据，要求既能读出又能随时更新，所以是一种可读可写的高速小容量存储器。一般选用双极型 RAM 或者高速 MOS 静态 RAM 芯片。

主存储器要兼顾速度和容量两方面性能，存放的内容一般既有永久性的程序和数据，又有需要随时修改的程序和数据，故通常由 ROM 和 RAM 两类芯片构成。其中，对 RAM 芯片类型的选择又与容量要求相关，当容量要求不太大（如 64KB 以内）时用静态 RAM 组成较好，因为静态 RAM 状态稳定，不需要动态刷新，接口简单。相反，当容量要求很大时适合于用动态 RAM 组成，因为动态 RAM 比静态 RAM 集成度高、功耗小、价格低。对 ROM 芯片的选择则一般从灵活性考虑，选用 EPROM、E^2PROM 的较多。

（2）对芯片型号的选用。芯片类型确定之后，在进行具体芯片型号选择时，一般应考虑存取速度、存储容量、结构和价格等因素。

存取速度最好选用与 CPU 时序相匹配的芯片。否则，若速度慢了，则需增加时序匹配电路；若速度太快，又将使成本增加，造成不必要的浪费。存储芯片的容量和结构直接关系到系统的组成形式、负载大小和成本高低。一般在满足存储系统总容量的前提下，应尽可能选用集成度高、存储容量大的芯片。这样不仅可降低成本，而且有利于减轻系统负载、缩小存储模块的几何尺寸。以静态 RAM 芯片为例，一片 6116（2K×8bit）的价格比 4 片 6114（1K×4bit）便宜得多，一片 6264（8K×8bit）的价格又比 4 片 6116 的价格便宜得多。

4.4.2　存储器的地址连接方法

ROM 或 RAM 芯片的引脚都包括地址线、数据线、读/写控制线和片选信号线。只有片选信号$\overline{CS}$有效时，才可能对该芯片进行操作。

一个存储器系统通常由许多存储器芯片组成，对存储器的寻址必须有两个部分，通常是将低位地址线连到所有存储器芯片，实现片内寻址，例如 HM628511 容量为 512K×8bit，其地址空间为 512KB＝2^{19}，因此片内寻址将使用 19 条地址线来完成。将高位地址线通过译码器后输出作为芯片的片选信号线，实现片间寻址。地址线的连接决定了存储器的地址分配，常用的片选控制译码方法有线选法、全译码法、部分译码法和混合译码法等。

1. 线选法

当存储器容量不大，所使用的存储芯片数量不多，而 CPU 寻址空间远远大于存储器容量时，可用高位地址中剩余的某条地址线直接作为芯片的片选信号线，这种方法称为线选法。其特点是连接简单，每一根地址线选通一块芯片。

【例】　假定某微机系统的存储容量为 16KB，而 CPU 寻址空间为 1MB（即地址总线为 20 位），所用芯片容量为 4KB（即片内地址为 12 位）。其线选法连接如图 4.4 所示。

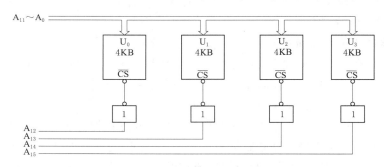

图 4.4　线选法结构示意

图中所用芯片容量为 4KB，所需地址线仅为 A_0～A_{11}，因此线选法从高 8 位地址中任选 4 位作为 4 块存储芯片的片选控制信号，图中选用 A_{12}～A_{15} 作为 U_0～U_3 的片选信号。则 U_0～U_3 的地址分配见表 4.1。

从图 4.1 和表 4.1 中可以看出，线选法虽然连线简单，无须专门的译码电路。但有两个缺点：

表 4.1 线选法结构存储器地址分配

芯片	地址	内存地址范围							
		A_{15}	A_{14}	A_{13}	A_{12}	$A_{11} \sim A_8$	$A_7 \sim A_4$	$A_3 \sim A_0$	十六进制地址码
U_0	起始地址	0	0	0	1	0000	0000	0000	1000H
	终止地址	0	0	0	1	1111	1111	1111	1FFFH
U_1	起始地址	0	0	1	0	0000	0000	0000	2000H
	终止地址	0	0	1	0	1111	1111	1111	2FFFH
U_2	起始地址	0	1	0	0	0000	0000	0000	4000H
	终止地址	0	1	0	0	1111	1111	1111	4FFFH
U_3	起始地址	1	0	0	0	0000	0000	0000	8000H
	终止地址	1	0	0	0	1111	1111	1111	8FFFH

(1) 地址不连续。以 U_1 和 U_2 为例，U_1 的终止地址为 2FFFH，但 U_2 的起始地址为 4000H。

(2) 地址不唯一。线选法没有使用全部地址线，存在空闲地址线。以图 4.4 为例，$A_{16} \sim A_{19}$ 空闲，可以任意取值"0"或"1"，导致地址重叠。

当 $A_{16} \sim A_{19}$ 全为"0"时，20 位地址码为 02000H；$A_{16} \sim A_{19}$ 全为"1"时，20 位地址码为 F2000H，都选通 U_1 芯片的第一个内存单元。

总之，线选法简单，节省译码电路，但地址分配重叠，且地址空间不连续，在存储容量较小且不要求扩充的系统中，线选法是一种简单经济的方法。

2. 全译码法

全译码法是对全部地址总线进行译码，当有 16 根地址线时，可直接寻址 64KB 单元。8086 中有 20 根地址线，可直接寻址 1MB 单元。

【例】 假设一个微机系统的 RAM 地址采用全译码法进行连接，如图 4.5 所示，$U_0 \sim$

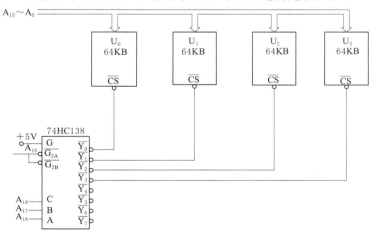

图 4.5 全译码法结构示意

U_3 是容量为 64KB（即片内地址为 16 位）的 RAM 芯片，74HC138 是 3～8 线译码器，其选通端 G 为高电平，且 $\overline{G_{2A}}$ 和 $\overline{G_{2B}}$ 皆为低电平时选通。

图中所用芯片容量为 64KB，所需地址线仅为 A_0～A_{15}，余下 A_{16}～A_{19} 为高 4 位地址线，因此使用这 4 个信号线来进行不同芯片的选择。图中选用了 74HC138 来作译码器，输出内存芯片的片选信号。因此 A_{16}～A_{18} 连接其信号输入端 A、B、C。采用 A_{19} 来连通 $\overline{G_{2A}}$ 和 $\overline{G_{2B}}$。则 U_0～U_3 的地址分配见表 4.2。

表 4.2 　　　　　　　　　　　　　全译码法结构存储器地址分配

芯片	地　址	内　存　地　址　范　围								
		A_{19}	A_{18}	A_{17}	A_{16}	A_{15}～A_{12}	A_{11}～A_8	A_7～A_4	A_3～A_0	十六进制地址码
U_0	起始地址	0	0	0	0	0000	0000	0000	0000	00000H
	终止地址	0	0	0	0	1111	1111	1111	1111	0FFFFH
U_1	起始地址	0	0	0	1	0000	0000	0000	0000	10000H
	终止地址	0	0	0	1	1111	1111	1111	1111	1FFFFH
U_2	起始地址	0	0	1	0	0000	0000	0000	0000	20000H
	终止地址	0	0	1	0	1111	1111	1111	1111	2FFFFH
U_3	起始地址	0	0	1	1	0000	0000	0000	0000	30000H
	终止地址	0	0	1	1	1111	1111	1111	1111	3FFFFH

由图 4.5 可知，采用全译码方法选择地址，译码电路比较复杂，但所得的地址是唯一的、连续的，并且便于内存扩充。

3. 部分译码法

部分译码法是将高位地址线中的几位经过译码后作为片选信息，如图 4.6 所示。对被选芯片而言，未参与译码的高位地址信号（图中 A_{19}）可是 0 或 1，因此每个存储单元将对应多个地址。编程时将一般未参与的地址位设为 0。

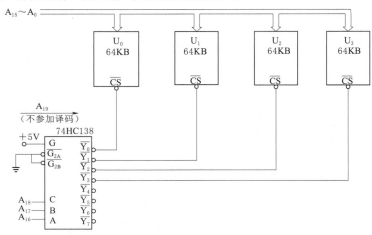

图 4.6 部分译码法结构示意

部分译码法的可寻址空间比线选法范围大，比全译码法的地址空间要小。部分译码方式的译码器比较简单，但地址扩展受到一定的限制，并且出现地址重叠区。使用不同信号作片选控制信号时，它们的地址分配也将不同，此方式经常应用在设计较小的微机系统中。

总之，CPU 与存储器相连时，将低位地址线连到存储器所有芯片的地址线上，实现片内选址。将高位地址线单独选用（线选法）或经过译码器（部分译码或全译码）译码输出控制芯片的选片端，以实现芯片间寻址。连接时要注意地址分布及重叠区。

4.4.3　存储器的数据线及控制线的连接

1. 地址线的连接

8086 CPU 有 20 位地址线，可寻址 1MB 的存储空间；8086 CPU 数据线有 16 位，可以读/写一个字节，也可读/写一个字。与 8086 CPU 相连的存储器是用 2 个 512KB 的存储体组成的，它们分别称为低位（偶地址）存储体和高位（奇地址）存储体，用 A_0 和 $\overline{BHE}$ 信号分别来选择 2 个存储体，用 $A_{19} \sim A_1$ 来选择存储体体内的地址。

（1）字节访问。若 $A_0 = 0$ 选中偶地址存储体，它的数据线连到数据总线低 8 位 $D_7 \sim D_0$；若 $\overline{BHE} = 0$ 选中奇地址存储体，它的数据线连到数据总线高 8 位 $D_{15} \sim D_8$。若读写一个字，A_0 和 $\overline{BHE}$ 均为 0，2 个存储体全选中。

（2）字访问。当 CPU 进行 16 位的字访问时，设低字节的地址为 n，则高字节的地址为 $n+1$。前面提过若地址 n 为偶数，即 $A_0 = 0$，为对准的字；若地址 n 为奇数，即 $A_0 = 1$，为非对准的字。

当 CPU 访问对准的字时，由 $A_0 = 0$ 选中偶体中的地址为 n 的单元，低字节数据通过 $D_7 \sim D_0$ 传送；同时由 $\overline{BHE} = 0$ 选中奇体中的地址为 $n+1$ 的单元，高字节数据通过 $D_{15} \sim D_8$ 传送。这样，两个字节的数据在一个总线周期中同时进行读或写操作。

当 CPU 访问非对准的字时，即地址 n 为奇数，要由两个总线周期完成一个字的读或写操作。第一个总线周期发出 $A_0 = 1$ 和 $\overline{BHE} = 0$，访问奇体中的地址为 n 的单元，低字节数据通过 $D_{15} \sim D_8$ 传送；第二个总线周期发出 $A_0 = 0$ 和 $\overline{BHE} = 1$，访问偶体中的地址为 $n+1$ 的单元，高字节数据通过 $D_7 \sim D_0$ 传送。

2. 控制信号的连接

8086 CPU 与存储器芯片连接的控制信号主要有地址锁存信号 ALE、读选通信号 $\overline{RD}$、写选通信号 $\overline{WR}$、存储器或 I/O 选择信号 $M/\overline{IO}$、数据允许输出信号 DEN、数据收发控制信号 $DT/\overline{R}$、准备好信号 READY。在最小模式系统配置中，数据线和地址线经过地址锁存器 8282 及数据收发器 8286 输出。

下面举一个 ROM、RAM 与 CPU 连接的例子。

【例】　要求用 EEPROM 芯片 28C256（32K×8bit）、静态 RAM 芯片 62256（32K×8bit）和译码器 74HC138 构成 64K 字 ROM 和 64K 字 RAM 的存储器系统，系统配置为最小模式。图 4.7 给出了系统连接图。

由于 ROM 芯片和 RAM 芯片容量为 32K×8bit，片内地址选择需要 15 条地址线，因

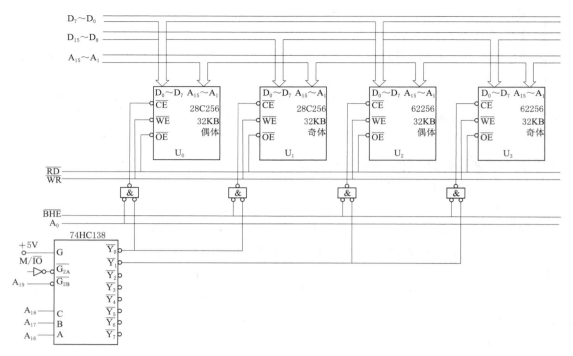

图 4.7 奇体、偶体结构示意

此用 $A_{15} \sim A_1$ 来进行选择。用 $A_{18} \sim A_{16}$ 输入译码器 74HC138 得到输出与 A_0 和 $\overline{BHE}$ 经与非门进行二次译码,来选择两组 ROM 芯片,这样可以保证存储器系统地址连续。同时 $M/\overline{IO}$ 经反向器连接 74HC138 译码器 $\overline{G_{2A}}$ 端,而 A_{19} 连接 74HC138 译码器 $\overline{G_{2B}}$ 端。

当 $M/\overline{IO}=1$,$A_{19} \sim A_{16}=0000$ 时,74HC138 译码器选通,并且 $\overline{Y_0}=0$。$\overline{Y_0}$ 与 A_0 信号同时输入门电路。当 $\overline{Y_0}=A_0=0$ 时,选通 U_0 内存片 (ROM 偶体)。并且 $\overline{Y_0}=0$,$\overline{BHE}=0$ ($A_0=1$) 时,选通 U_1 内存片 (ROM 奇体)。

同理,当 $M/\overline{IO}=1$,$A_{19} \sim A_{16}=0001$ 时,74HC138 译码器选通。并且 $\overline{Y_1}=0$,$\overline{Y_1}$ 与 A_0 信号同时输入门电路,当 $\overline{Y_1}=A_0=0$ 时,选通 U_2 内存片 (RAM 偶体)。并且 $\overline{Y_1}=0$,$\overline{BHE}=0$ ($A_0=1$) 时,选通 U_3 内存片 (RAM 奇体)。

上例中内存所占空间地址为 00000H~1FFFFH,共计 128KB,其中 ROM 所占地址空间为 00000H~0FFFFH,共计 64KB。U_0 是偶存储体,U_1 是奇存储体。RAM 所占地址空间为 10000H~1FFFFH,共计 64KB。U_2 是偶存储体,U_3 是奇存储体。容易看出上例的 ROM 和 RAM 的地址是连续的。

4.5 基于 Proteus 的 8086 内存接线仿真

4.5.1 Proteus 仿真软件

Proteus 仿真软件是英国 Lab Center Electronics 公司出版的 EDA 工具软件,中国总代理为广州风标电子技术有限公司。它不仅具有其他 EDA 工具软件的仿真功能，还能仿真单片机及外围器件。它是目前比较好的仿真单片机及外围器件的工具。

Proteus 从原理图布图、代码调试到单片机与外围电路协同仿真，一键切换到 PCB 设计，真正实现了从概念到产品的完整设计。是目前世界上唯一将电路仿真软件、PCB 设计软件和虚拟模型仿真软件三合一的设计平台，其处理器模型支持 8051、HC11、PIC10/12/16/18/24/30/DsPIC33、AVR、ARM、8086 和 MSP430 等，2010 年又增加了 Cortex 和 DSP 系列处理器，并持续增加其他系列处理器模型。在编译方面，它也支持 MASM32、IAR、Keil 和 MATLAB 等多种编译器。

在本书采用汉化版的 Proteus 8. X 系列的开发软件来实现 8086 中软硬件例子的设计。

4.5.2　Proteus 内存接线仿真实例

在 Proteus 仿真平台环境中可以进行存储单元的读/写仿真测试，特别在单步运行状态下能直观地查看线路中信号的变化和内存各芯片的逐步写入过程。图 4.8 是在 Proteus 中设计的采用 62256 芯片构成的 RAM 存储器电路。

本设计中采用了 3 片锁存器（74LS373）来对 20 位地址信号进行锁存，在数据传送过程中保证操作单元的选通。74LS373 的功能为：当两个片选信号 LE 为高电平且 $\overline{\text{OE}}$ 为低电平时，输入端（D 端）的信号送入输出端（Q 端），其情况输出端数据不变。在图中 LE 连接 CPU 的地址锁存信号 ALE，$\overline{\text{OE}}$ 端接地。因此当 CPU 的地址锁存信号有效时，此 3 片芯片工作，将地址信号送入锁存器中。

62256 芯片是 32K 的 RAM，片内地址选用 15 根地址线 $A_1 \sim A_{15}$ 来作为片内地址，利用 A_0 和 $\overline{\text{BHE}}$ 信号来选择奇偶体库，剩余的 4 根地址线 $A_{16} \sim A_{19}$ 通过 74HC/LS138 译码器进行地址译码（全译码）来选通内存芯片。根据电路图可知当 $A_{19}A_{18}A_{17}A_{16}$ 为 0010 时且 $M/\overline{\text{IO}}$ 为 1 时，译码芯片 74HC138 的输出端 $\overline{Y}_2$ 有效，因此当 $\overline{Y}_2$ 有效且 $A_0 = 0$ 时选中内存芯片 U_3（偶体库），其物理首地址为 20000H；当 $\overline{Y}_2$ 有效且 $A_0 = 1$ 时选中内存芯片 U_4（奇体库）其物理首地址为 20001H。

本设计中实现 RAM 中数据输入（写操作）的汇编语言程序代码：

第 4 章数字资源▶

```
CODE        SEGMENT
            ASSUME    CS:CODE
START:      MOV       AX,2000H        ;设计图中 RAM 首地址为 2000H:0000H
            MOV       DS,AX
            MOV       DS:[0000H],AX   ;模型缺陷设置语句,否则第一个字节
                                       写有误
            MOV       SI,00H          ;计数指针
            MOV       CX,10H          ;计数次数
            MOV       DL,10H          ;置数据初值
SIM:        MOV       [SI],DL
            INC       DL
            INC       SI
            LOOP      SIM
ENDLESS:    JMP       ENDLESS
```

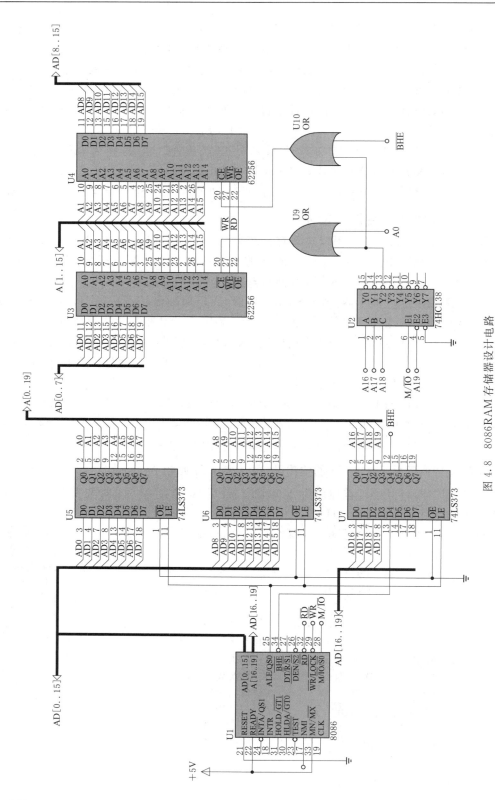

图 4.8 8086 RAM 存储器设计电路

```
CODE      ENDS
END       START
```

程序功能：把 10H 到 1FH 这 16 个数连续送入内存中进行存储。数据存入首地址为 2000H:0000H，其中 U_3 芯片设计为存储器偶体，U_4 芯片设计为存储器奇体。因此运行程序后，偶体中存入 10H、12H、14H、16H、18H、1AH、1CH、1EH。奇体中存入 11H、13H、15H、17H、19H、1BH、1DH、1FH。运行结果如图 4.9 和图 4.10 所示。

Memory Contents - U3

```
0000   10 12 14 16 | 18 1A 1C 1E | 00 00 00 00 | 00 00 00 00 | 00 00 00 00 | 00 00 00 00 | 00 00 00 00 | 00 00 00 00
0034   00 00 00 00 | 00 00 00 00 | 00 00 00 00 | 00 00 00 00 | 00 00 00 00 | 00 00 00 00 | 00 00 00 00 | 00 00 00 00
0068   00 00 00 00 | 00 00 00 00 | 00 00 00 00 | 00 00 00 00 | 00 00 00 00 | 00 00 00 00 | 00 00 00 00 | 00 00 00 00
009C   00 00 00 00 | 00 00 00 00 | 00 00 00 00 | 00 00 00 00 | 00 00 00 00 | 00 00 00 00 | 00 00 00 00 | 00 00 00 00
00D0   00 00 00 00 | 00 00 00 00 | 00 00 00 00 | 00 00 00 00 | 00 00 00 00 | 00 00 00 00 | 00 00 00 00 | 00 00 00 00
0104   00 00 00 00 | 00 00 00 00 | 00 00 00 00 | 00 00 00 00 | 00 00 00 00 | 00 00 00 00 | 00 00 00 00 | 00 00 00 00
```

图 4.9 RAM 存储器偶体存储单元内容

Memory Contents - U4

```
0000   11 13 15 17 | 19 1B 1D 1F | 00 00 00 00 | 00 00 00 00 | 00 00 00 00 | 00 00 00 00 | 00 00 00 00 | 00 00 00 00
0034   00 00 00 00 | 00 00 00 00 | 00 00 00 00 | 00 00 00 00 | 00 00 00 00 | 00 00 00 00 | 00 00 00 00 | 00 00 00 00
0068   00 00 00 00 | 00 00 00 00 | 00 00 00 00 | 00 00 00 00 | 00 00 00 00 | 00 00 00 00 | 00 00 00 00 | 00 00 00 00
009C   00 00 00 00 | 00 00 00 00 | 00 00 00 00 | 00 00 00 00 | 00 00 00 00 | 00 00 00 00 | 00 00 00 00 | 00 00 00 00
00D0   00 00 00 00 | 00 00 00 00 | 00 00 00 00 | 00 00 00 00 | 00 00 00 00 | 00 00 00 00 | 00 00 00 00 | 00 00 00 00
0104   00 00 00 00 | 00 00 00 00 | 00 00 00 00 | 00 00 00 00 | 00 00 00 00 | 00 00 00 00 | 00 00 00 00 | 00 00 00 00
```

图 4.10 RAM 存储器奇体存储单元内容

4.6 高速缓冲存储器

4.6.1 高速缓冲存储器的产生

1. 产生原因

微机系统中的内部存储器通常采用动态 RAM 构成，具有价格低、容量大的特点。但由于动态 RAM 采用 MOS 管电容的充放电原理来存储信息，其存取速度相对于 CPU 的信息处理速度来说较低。DRAM 芯片存取时间在 $100\sim200ns$ 之间，随着 CPU 速度的不断提高，DRAM 的速度难以满足 CPU 的要求。一般情况下，CPU 访问存储器时要插入等待周期，对高速 CPU 来说这是一种极大的浪费。两者速度的不匹配，影响了微机系统的整体运行速度，并限制了计算机性能的进一步发挥和提高。

静态 RAM 的访问周期可达 $20\sim40ns$，目前已有 10ns 的器件。CPU 工作在 16MHz 时，使用 40ns 的 SRAM 足以在两个时钟周期内完成访问存储器的操作，也就是说总线访问可以在零等待的情况下完成。它且有价格高、容量小、速度与 CPU 同级的特点。

2. 存储器访问的局部性

微机系统进行信息处理的过程就是执行程序的过程，这时 CPU 需要频繁地与内存进行数据交换，包括取指令代码及数据的读写操作。通过对大量典型程序的运行情况分析，结果表明，在一个较短的时间内，取指令代码的操作往往集中在存储器逻辑地址空间的很小范围内（因为在多数情况下，指令是顺序执行的，因此指令代码地址的分布就是连续的，再加上循环程序段和子程序段都需要重复执行多次，因此对这些局部存储单元的访问就自然具有时间上集中分布的倾向）；数据读写操作的这种集中性倾向虽不如取指令代码那么明显，但对数组的存储和访问以及工作单元的选择也可以使存储器单元相对集中。这种对局部范围的存储器单元的访问比较频繁，而对此范围以外的存储单元访问相对甚少的现象，称为程序访问的局部性。

4.6.2　高速缓冲存储器结构及性能

1. 高速缓冲存储器性能

高速缓冲存储器主要性能指标是 Cache 的命中率，它是指 CPU 所要访问的信息在 Cache 中的比率。相应地将所要访问的信息不在 Cache 中的比率称为失效率。Cache 的命中率除了与 Cache 的容量有关外，还与地址映像的方式有关。

目前，Cache 存储器容量主要有 256KB 和 512KB 等。这些大容量的 Cache 存储器，使 CPU 访问 Cache 的命中率高达 90%～99%，大大提高了 CPU 访问数据的速度，提高了系统的性能。

为了追求高速，Cache 采用性能最好的 SRAM 构成，全部功能由硬件实现。对程序员是透明的，即用户感觉不到 Cache 的存在。有了 Cache，计算机就具有了如图 4.11 所示的三级存储系统。慢速大容量（例如 500GB）的硬盘或光盘构成计算机外存（M3），用来保存大量的程序和数据；足够大小的 DRAM（例如 16GB）构成计算机主存（M2），存放从辅存调入的、正在被执行的程序和数据；容量较小但速度很高的 SRAM（例如 512KB）构成了 Cache（M1），在 CPU 和主存间起高速缓冲作用。CPU 通过 Cache 访问主存，也可直接与主存打交道。在结构上，Cache 可集成到 CPU 芯片里，也可做在主板上。此外还可以有二级或三级结构，它们比一级 Cache 容量更大些，能进一步提高命中率。

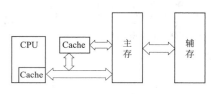

图 4.11　计算机的三级存储系统

缓存的级别按照数据读取顺序以及它们与 CPU 结合的紧密程度来区分，每级缓存中存储的数据都是下一级缓存的一部分。CPU 读取一个数据时，从一级缓存开始逐级向下查找，在一级 Cache 中找不到的话，继续搜索二级 Cache，甚至三级 Cache。依然找不到时，才到内存中读取。三级缓存的技术难度和制造成本是递减的，因此容量是相对递增的。

2. Cache 的三级结构和特点

（1）L1 Cache（一级缓存）。一级缓存最早出现在 20 世纪 80 年代的 Intel CPU 芯片中，它集成在 CPU 内核旁，其容量和结构对 CPU 性能影响较大。不过 L1 Cache 均由写回式静态 RAM 组成，速度要与 CPU 接近，结构较复杂，又受 CPU 管芯面积限制，容量不能太大。

在主存和 CPU 之间增加了一个容量相对较小的双极型静态 RAM 作为高速缓冲存储器 Cache，为了实现 Cache 与主存之间的数据交换，系统中还相应地增加了辅助的硬件电路，如图 4.12 所示。

管理这两级存储器的部件为 Cache 控制器，CPU 与主存之间的数据传输必须经过 Cache 控制器进行。Cache 控制器将来自 CPU 的数据读写请求，转向 Cache 存储器，如果数据在 Cache 中，则 CPU 对 Cache 进行读/写操作，称为一次命中。命中时，CPU 从 Cache 中读/写数据。

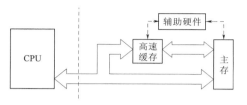

图 4.12　Cache 主存结构示意

由于 Cache 速度与 CPU 速度相匹配，因此不需要插入等待状态，故 CPU 处于零等待状态，也就是说 CPU 与 Cache 达到了同步，因此，有时称高速缓存为同步 Cache；若数据不在 Cache 中，则 CPU 对主存操作，称为一次失败。失败时，CPU 必须在其总线周期中插入等待周期 T_w。

在这种存储体系中，所有的程序代码和数据仍然都存放在主存中，Cache 存储器只是在系统运行过程中，动态地存放了主存中的一部分程序块和数据块的副本，这是一种以块为单位的存储方式。块的大小称为"块长"，块长一般取一个主存周期所能调出的信息长度。

假设主存的地址码为 n 位，则其共有 2^n 个单元，将主存分块（Block），每块有 M 个字节，则一共可以分成 $2^n/M$ 块。Cache 也由同样大小的块组成，由于其容量小，所以块的数目小得多，也就是说，主存中只有一小部分块的内容可存放在 Cache 中。

（2）L2 Cache（二级缓存）。二级缓存是从 486 时代开始的，它是 CPU 和主存间的真正缓冲器，因此其容量是提高 CPU 性能的关键。它分为芯片内置和外置两种。随着 CPU 制造工艺的迅速发展，二级缓存也能轻易地集成进 CPU 内核，因此不宜用是否集成在 CPU 内部来定义一、二级缓存。二级缓存还分异步和同步两种。

CPU 工作时，首先在第一级 Cache（微处理器内的 Cache）中查找数据，如果找不到，则在第二级 Cache（主机板上的 Cache）中查找。若数据在第二级 Cache 中，Cache 控制器在传数据的同时，修改第一级 Cache；如果数据既不在第一级 Cache 也不在第二级 Cache 中，Cache 控制器则从主存中获取数据，同时将数据提供给 CPU 并修改两级 Cache。两级 Cache 结构，提高了命中率，加快了处理速度，使 CPU 对 Cache 的操作命中率高达 98% 以上。

（3）L3 Cache（三级缓存）。最早是针对 L2 Cache 内置的 CPU，在主板上进一步外置了容量的缓存，速度与 DRAM 相当，被称为 L3 Cache。在拥有三级缓存的计算机中，CPU 只需要从内存中调用约 5% 的数据，效率的提高更加显著。目前 L3 缓存都已设计成采用 Cache 和主存配合使用的存储结构，可以解决存储器系统的容量、存取速度及单位成本之间的矛盾，即在主存和 CPU 之间设置高速缓冲存储器 Cache，把正在执行的指令代码单元附近的一部分指令代码或数据从主存装入 Cache 中，供 CPU 在一段时间内使用。由于存储器访问的局部性，在一定容量 Cache 的条件下，可以做到使 CPU 大部分取指令代码及进行数据读写的操作都只要通过访问 Cache，而不是访问主存而实现。

3. Cache 的特点

（1）Cache 的读写速度几乎能够与 CPU 进行匹配，所以微机系统的存取速度可以大大提高。

（2）Cache 的容量相对主存来说并不是太大，所以整个存储器系统的成本并没有上升很多。

采用了 Cache 主存存储结构以后，整个存储器系统的容量及单位成本与主存相当，而存取速度与 Cache 的读写速度相当，这就很好地解决了存储器系统的上述三个方面性能之间的矛盾。

4.6.3 高速缓冲存储器基本操作性能

1. Cache 的基本操作

（1）读操作。当 CPU 发出读操作命令时，要根据它产生的主存地址分两种情形：一种是需要的数据已在 Cache 存储器中，那么只需直接访问 Cache 存储器，从对应单元中读取信息到数据总线；另一种是所需要的数据尚未装入 Cache 存储器，CPU 在从主存读取信息的同时，由 Cache 替换部件把该地址所在的那块存储内容从主存复制到 Cache 中。Cache 存储器中保存的字块是主存相应字块的副本。

（2）写操作。当 CPU 发出写操作命令时，也要根据它产生的主存地址分两种情形：

1）命中时，不但要把新的内容写入 Cache 存储器中，还必须同时写入主存，使主存和 Cache 内容同时修改，保证主存和副本内容一致，这种方法称写直达法或称通过式写法（Write - Through，简称通写法）。

2）未命中时，许多微机系统只向主存写入信息，而不必同时把这个地址单元所在的主存中的整块内容调入 Cache 存储器。

（3）Cache 的数据更新。在高速缓冲存储器系统中，主存储器与 Cache 中的数据可能由于一个被修改了，而另一个未修改而不一致。所以必须有一个数据更新系统来保持两个存储器内容的一致性。要保证将更新的内容写入与之相关的主存储块中，主存储器的修改方式有通写式和回写式两种。

1）通写式。Cache 中的数据块一经修改，立即将其写入主存储器相关存储块中，使主存储器始终保持 Cache 中的最新内容。优点是简单，不必担心更新内容的丢失；缺点是每次对 Cache 的修改同时要写入主存储器，使总线操作频繁，影响系统性能。可以改进成缓冲通写法，用一个缓冲器存放写入主存的数据，以减少 CPU 等待时间。

2）回写式。当 Cache 中的数据块被其他数据替换时，才将 Cache 中的数据写回到主存储器。与通写方式相比，回写式减少了写存储器的次数，一个更新后的 Cache 缓存块，只要它未与其他主存储块相关联，就不必写到主存储器，当然它的 Cache 控制器要复杂一些。

2. 地址映像及其方式

主存与 Cache 之间的信息交换，是以数据块的形式来进行的，为了把信息从主存调入 Cache，必须应用某种函数把主存块映像到 Cache 块，称作地址映像。当信息按这种映像关系装入 Cache 后，系统在执行程序时，应将主存地址变换为 Cache 地址，这个变换过程叫作地址变换。

根据不同的地址对应方法，地址映像的方式通常有直接映像、全相联映像和组相联映像三种。

（1）直接映像。每个主存块映像到 Cache 中的一个指定块的方式称为直接映像。在直接映像方式下，主存中某一特定存储块只可调入 Cache 中的一个指定位置，如果主存中另一个存储块也要调入组。

直接映像的优点是硬件简单、成本低。缺点是不够灵活，主存的若干块只能对应唯一的 Cache 块，即使 Cache 中还有空位，也不能利用。

（2）全相联映像（Associative Mapping）。采用全相联映像时，Cache 的某一块可以和任一主存块建立映像关系，而主存中某一块也可以映像到 Cache 中任一块位置上。由于 Cache 的某一块可以和任一主存块建立映像关系，所以 Cache 的标记部分必须记录主存块块地址的全部信息。

采用全相联映像方式时，主存地址由标记（主存块号）和块内地址两部分组成。CPU 在访问存储器时，为了判断是否命中，主存地址的标记部分需要和 Cache 的所有块的标记进行比较。为了缩短比较的时间，将主存地址的标记部分和 Cache 的所有块的标记同时进行比较。如果命中，则按块内地址访问 Cache 中的命中块（其标记与主存地址给出的标记相同）；如果未命中，则访问主存。

全相联映像的优点是灵活，Cache 利用率高。缺点有两个：一是标记位数增加了（需要记录主存块块地址的全部信息），使得 Cache 的电路规模变大，成本变高；二是比较难以设计和实现（通常采用"按内容寻址的"相联存储器）。因此，只有小容量 Cache 才采用这种映像方式。

（3）组相联映像。组相联映像是全相联映像和直接映像的一种折中方案。这种方法将存储空间分成若干组，各组之间是直接映像，而组内各块之间则是全相联映像。在组相联映像方式下，主存中存储块的数据可调入 Cache 中一个指定组内的任意块中。它是上述两种映像方式的一般形式，如果组的大小为 1 就变成了直接映像；如果组的大小为整个 Cache 的大小就变成了全相联映像。组相联映像方法在判断块命中以及替换算法上都要比全相联映像方法简单，块冲突的概率比直接映像方法的低，其命中率介于直接映像和全相联映像方法之间。

3. 替换策略

主存与 Cache 之间的信息交换，是以存储块的形式来进行的，主存的块长与 Cache 的块长相同，但由于 Cache 的存储空间较小，主存的存储空间较大，因此，Cache 中的一个存储块要与主存中的若干个存储块相对应，若在调入主存中一个存储块时，Cache 中相应的位置已被其他存储块占有，则必须去掉一个旧的字块，让位给一个新的字块，这称为替换策略或替换算法。

常用的替换策略包括先进先出（FIFO）策略和近期最少使用（LRU）策略。

（1）先进先出（FIFO）策略。FIFO（First In First Out）策略总是把一组中最先调入 Cache 存储器的字块替换出去，它不需要随时记录各个字块的使用情况，所以容易实现，开销小。

（2）近期最少使用（LRU）策略。LRU（Least Recently Used）策略是把一组中近期最少使用的字块替换出去，这种替换策略需随时记录 Cache 存储器中各个字块的使用情况，以便确定哪个字块是近期最少使用的字块。LRU 替换策略的平均命中率比 FIFO 要高，并且当分组容量加大时，能提高该替换策略的命中率。

LRU 策略的一种实现方法是：对 Cache 存储器中的每一个字块都附设一个计数器，记录其被使用的情况。每当 Cache 中的一块信息被命中时，比命中块计数值低的信息块的计数器均加 1，而命中块的计数器则清零。显然，采用这种计数方法，各信息块的计数值总是不相同的。一旦不命中的情况发生时，新信息块就要从主存调入 Cache 存储器，以替换计数值最大的那片存储区。这时，新信息块的计数值为 0，而其余信息块的计数值均加 1，从而保证了那些活跃的信息块（即经常被命中或最近被命中的信息块）的计数值要小，而近来越不活跃的信息块的计数值越大。这样，系统就可以根据信息块的计数值来决定先替换谁。

4. 影响 Cache 性能的因素

（1）Cache 规模大小：规模越大，其内存保存的信息也越多，命中率就越高，但相应成本也越高。

（2）关联方式：根据统计四路相联的 Cache 比二路相联的 Cache 未命中率减少 25％，比直接映象 Cache 未命中率减少 40％。因此增加 Cache 相联的路数可以增加 Cache 的命中率，但系统复杂度和系统成本增加，操作速度有所下降。

（3）Cache 行大小：当每次 Cache 行不命中而进行 Cache 数据更新时，要由 Cache 从主存储器读取数据。一方面，Cache 行越大，填充 Cache 行的数据越多，所需时间也越长。另一方面，可用的有效数据越多，其命中率也越高。

（4）速度：Cache 存储器和 Cache 控制逻辑本身的存取速度不同，配置速度高的Cache，使整机性能提高。

（5）配置：给处理机系统增加诸如写保护、总线监视以及多处理协调等配置，可以加快 Cache 操作速度，但也增加了系统成本及复杂性。

表 4.3 给出了一级 Cache 在不同配置下的命中率，表中数字是统计得出的最低命中率，命中率还和软件程序有关，仅供参考。

表 4.3　　　　　　　　　　　　　　　一级 Cache 命 中 率

规模大小	关联方式	Cache 行大小	命中率/％
8KB	直接映像	4B	73
16KB	直接映像	4B	81
32KB	直接映像	4B	86
32KB	二路相联	4B	87
32KB	直接映像	8B	91
64KB	直接映像	4B	88
64KB	二路相联	4B	89
64KB	四路相联	4B	89
64KB	直接映像	8B	92
64KB	二路相联	8B	93

规模大小	关联方式	Cache 行大小	命中率/%
128KB	直接映像	4B	89
128KB	二路相联	4B	89
128KB	直接映像	8B	93

Pentium 片内 Cache 总容量为 16KB，其中 8KB 为数据 Cache，8KB 为指令 Cache。这两个 Cache 对应用软件来说是透明的，均采用二路相联映象技术。8KB 指令 Cache 和数据 Cache 又被进一步分成 128 个 Cache 子块，每个子块包括两个 Cache 行，每个 Cache 行大小为 32 位。数据 Cache 支持 MESI（Modified/Exclusive/Shard/Invalid，修改/独占/共享/无效）写回 Cache 一致性协议，指令 Cache 内具有内在的写保护功能，能防止代码被破坏。

Pentium Pro CPU 芯片还配置一个 256KB 的二级 Cache 芯片，当芯片内不命中时，二级 Cache 提供所需的指令和数据，二级 Cache 是指令和数据统一为一体的 Cache，一般大小有 256KB、512KB、1MB 等，它们采用四路相联的体系结构。

4.7 PC 微机的存储器

外部存储器种类很多，常用的外存包括软盘、硬盘、光盘、磁带机及存储卡等。

4.7.1 磁盘

1. 软盘

在微机系统中大都配有软盘驱动器，利用软盘存放各种信息资料。

（1）软盘片分类。软盘片通常由聚酯薄膜作基膜，表面涂上一层磁性介质而成。软盘片是圆形的，它分为一个一个磁道，最外面一圈是 0 磁道，向里是一圈一圈的同心圆，也就是一个一个的磁道，每个磁道分为一段一段的扇区，扇区中有固定的字节数，用以记录数据。

（2）软盘驱动器软盘系统分成两大部分，软盘适配器（控制卡）和软盘驱动器。其中软盘适配器是系统与磁盘驱动器的接口，适配器提供驱动器各种信号，实现对驱动器的读写操作。早期的适配器使用专用的大规模集成电路芯片，产生对驱动器的各种信号。由于软盘容量增大，记录密度提高，适配器不断发展，有的集成做在系统机的主板上，有的一块大规模集成芯片上提供了多种接口使用的适配器。磁盘驱动器是一个相对独立的部件，可以拆装，通过电缆与适配器相连接。主要由三大部分组成。

1）读写系统。用于对软盘片的读写操作，由电子电路予以实现。

2）磁头定位系统。软盘驱动器有一个磁头，利用磁头读写软盘上的"1"和"0"信息，软盘上分成一个个磁道，每个磁道上存放若干个字节信息。若要读写信息，必须移动磁头对磁道进行寻址及定位，这一部分由电子电路及机械动作部件构成。定位系统速度及定位的精度是主要的指标。

3）主轴驱动系统。一般由步进电动机与驱动电路构成。保证软盘片一定的速度稳定运转，以便于定位于寻找的磁道，进行读写操作。

2. 硬盘

硬盘是电脑主要的存储媒介之一，由一个或者多个铝制或者玻璃制的碟片组成。碟片外覆盖有铁磁性材料。硬盘有固态硬盘（SSD，新式硬盘）、机械硬盘（HDD，传统硬盘）、混合硬盘（Hybrid Hard Disk，HHD）。SSD 采用闪存颗粒来存储，HDD 采用磁性碟片来存储，HHD 是把磁性硬盘和闪存集成到一起的一种硬盘。绝大多数硬盘都是固定硬盘，被永久性地密封固定在硬盘驱动器中。

硬盘存储容量大，存取速度高，是微机系统配置中必不可少的部件。硬盘与系统的连接与软盘系统类似。硬盘驱动器通过硬盘适配器与系统接口。硬盘适配器提供两种常用的接口总线标准：一种是 IDE 集成电子驱动接口，另一种是 SCSI 小型计算机系统接口标准。

4.7.2　光盘

光盘大致分为三种：只读型光盘、一次性写入光盘、可擦写型光盘。只读型光盘一般是用于软件厂商发布软件，在软件制造工厂就将软件或其他信息写入光盘中，用户买到手中的光盘只能读出其中的信息，而不能对光盘上的信息进行更改，一般容量为 650MB。一次性写入光盘在市场上可以买到，一般是用户自己购买后，配以可读写光驱，自己向光盘中写入想要写的信息，一般是用于备份数据，也可以写入自己开发的商品化应用软件用于出售。一次性写入光盘一定要配备光盘刻录机才能进行写操作，普通的 CD - ROM 是不能向光盘上写东西的。可擦写型光盘可以对光盘反复进行读写操作，现在已经越来越多地应用在各个领域，它实际上在 Windows、UNIX 等操作系统中就被认为是一块可移动的硬盘，市场上销售的可擦写型光盘存储容量现在可以达到 10GB 以上，是一种很好的、方便的移动存储介质，当然它也必须配备专用的可擦写光驱，并且价格相对要贵许多。评价光驱主要是看速度，同时要看传动机构和精密电动机的质量，以及避震和纠错能力。

光盘只读存储器 CD - ROM（Compact Disk - Read Only Memory）是一种实用、廉价的存储介质。作为一种外部存储器，CD - ROM 光盘具有如下优点：

（1）存储容量大，一张 CD - ROM 的容量可达到 650MB，相当于 470 张 1.44MB 的软盘。

（2）可靠性高，易于保存。由于是通过激光束对光盘记录的信息进行识别，没有磨损，光盘也没有受潮及发霉的问题，可靠性高，信息保存时间可达 50 年左右。

（3）可随时读取，查询方便。

（4）信息存储密度高，单位成本低。

（5）光盘可存储各种数据信息。例如，数字音频、视频、文字、图形等。

光盘驱动器的接口有两种类型：第一种 SCSI 小型计算机系统接口总线，用于计算机与光盘驱动器、磁盘驱动器等外设的连接。第二种为 IDE 标准，这也是目前光盘驱动器的接口标准。

4.7.3　存储卡

由于集成电路技术的迅猛发展，存储器芯片的集成度越来越高。在智能设备和仪器中，出现了半导体存储器构成的外部存储卡，这种存储器卡是一块包括外围控制电路在内的存储器芯片，具有高可靠性、高集成度、使用方便等优点。

1. EEPROM 卡

核心部分由 EEPROM 构成。

（1）简单 IC 卡，基于串行 EEPROM，存储容量介于几百到几千字节之间，结构简单，引线接点少，可靠且价格低廉，现已在银行、通信、邮政、电力、医疗等各个部门广泛使用。简单 IC 卡一般采用异步串行通信工作方式，采用的接口总线有两种。

1）I2C 接口总线。采用串行传输，集成互联总线形式，采用三线互联，一条是时钟线 CLK，一条是信号线 SDA，一条是公共地线。

2）ISO/IEC 7816 - 3 接口总线。

（2）智能 IC 卡。智能 IC 卡的重要特征是 IC 卡内包括微处理器（一般是单片微型机）、RAM、ROM 和 EEPROM 等，实质上是把一个小的微机系统集中做在一个卡上，该卡具有智能分析、判断等功能。在这种情况下，智能 IC 卡插入设备和仪器后，读写设备与智能 IC 卡之间进行通信，也就是两个微机间的数据通信。卡内有了微处理器，就可以进行各种信号变换及处理。包括加密、识别及身份认定等各种安全措施可以加到智能卡上。智能 IC 卡与读写设备连在一起，可以实现各种复杂的操作。

2. SRAM 卡

SRAM 卡读写速度极快，存储容量大，广泛应用于内存及高速缓存（Cache），但是其信息具有易失性，一旦断电后信息就消失。SRAM 卡内必须集成电池，以保证不间断地供电，因此要求 SRAM 功耗尽可能小，而供电电池的容量要大。目前采用的锂电池容量为 165mAh。SRAM 卡的保持电流为 $1\mu A/MB$，采用电池供电，保持时间可达 41250 小时，为 4～5 年时间。

3. 闪存卡

由于闪存卡体积小巧，数据存取可靠性高，存取速度快，又无须任何控制器，因而有可能取代所有的磁介质外存。目前，闪存卡（Flash Card）已经被用作数字相机以及便携式计算机等产品的外部存储器。目前广泛使用的移动设备 U 盘就属于闪存系列。

习　　题

1. 计算机的内存由哪两类存储器组成？请说明它们各自的主要特点。

2. 计算机外存的主要特点和用途是什么？试举出 3 种外存的名称，简单说明它们是怎样存储数据的，并比较它们的特点。

3. 试从功耗、容量、价格优势、使用是否方便等几个方面，比较静态 RAM 和动态 RAM 的优缺点，并说明这两类存储器芯片的典型用途。

4. 常用的片选控制译码方法有哪几种？试分析其优缺点和应用场合。

5. 试说出闪存的 3 项技术特点，并举出至少 5 个采用闪存的计算机设备或电子产品的名称。

6. PROM、EPROM 和 EEPROM 存储器的共同特点是什么？它们在功能上的主要不同之处在哪里？试举例说明它们各自的用途。

7. 什么是 Cache？它处在计算机中的什么位置上？其作用是什么？

8. 为什么要保持 Cache 内容与主存内容的一致性？一般采用哪些方法来保持 Cache 和主存中内容的一致性？

9. 在一个有 20 位地址线的系统中，采用 2K×4bit 的 SRAM 芯片构成容量为 8KB×8bit 的存储器，要求采用全译码方式，请画出该存储器系统的示意图。请回答：共需要_____块 RAM 芯片；必须将地址线_____～_____直接连到每个存储器芯片上；并用地址线_____～_____作为地址译码器的输入；需要译码器产生_____个片选信号。

10. 在一个有 20 位地址线的系统中，采用 16K×8bit 的 SRAM 芯片构成容量为 64K×8bit 存储器，请回答：

（1）共需要几块 RAM 芯片？

（2）要求采用全译码法，将地址线 A_0～A_{13} 直接连到每个存储器芯片上，并用地址线作为地址译码器的输入，请画出该存储器系统的示意图。

11. 用 8K×8bit 的 RAM 存储器芯片，构成 32K×8bit 的存储器。存储器的起始地址为 20000H，要求各存储器芯片的地址连续，用 74LS138 作译码器，系统中只用到地址总线 A_{18}～A_0，采用部分译码法设计译码器电路。试画出硬件连线图，并列表说明每块芯片的地址范围。

12. 现有 EPROM 芯片 2732（4K×8bit），以及 3～8 译码器 74LS138，各种门电路若干，要求在 8088 CPU 上扩展容量为 16K×8bit EPROM 内存，要求首地址为 20000H。请回答：

（1）2732 的芯片地址线、数据线位数是多少？

（2）组成 16K×8bit 需要多少片 2732 芯片？

（3）写出各芯片的地址范围。

（4）画出存储扩展图。

13. 存储器的偶地址体和奇地址体之间用什么信号区分？怎样区分？

14. 要求在 Proteus 的仿真软件上用 2 片静态 RAM 芯片 62256（32K×8bit），首地址为 80000H，译码器 74HC138 构成 32K×16bit 的奇偶体存储器系统，系统配置为最小模式。设计其硬件电路，并编程实现在首地址开始后 10 个单元中存入数字字符 0～9。

第 5 章

基本输入输出接口

外部设备是微机系统的重要组成部分，微机通过它们与外界进行数据交换。各种外部设备通过输入输出接口（简称 I/O 接口）与系统相连，并在接口电路的支持下实现数据传送和操作控制。

本章介绍 I/O 接口的概述、简单 I/O 接口芯片、I/O 接口与 CPU 交换数据的三种控制方式、三种控制方式的比较和基于 Proteus 实例仿真。

5.1 I/O 接 口 概 述

I/O 接口电路是计算机和外设之间传送信息的部件，每个外设部件都要通过相应的接口与系统总线相连，实现与 CPU 之间的数据交换。接口技术专门研究 CPU 和外设之间的数据传送方式、接口电路的工作原理和使用方法等。

5.1.1 输入/输出信息

CPU 与 I/O 设备之间传送的信息可分为数据信息、状态信息和控制信息三类。

1. 数据信息

CPU 和外设交换的基本信息是数据。数据信息大致可分为三种类型。

（1）数字量。数字量是用二进制形式表述的数据、图形、文字等信息，通常以并行的 8 位或 16 位进行传输。

（2）模拟量。模拟量是连续变化的物理量，如温度、湿度、压力、流量等。数字计算机对连续变化的模拟量无法直接接收和处理，这些物理量一般通过传感器先变成电压或电流，经过放大、调理，由模/数转换器进行由模拟信号到数字信号的转换，最后通过 I/O 接口和总线送给计算机。

（3）开关量。开关量可表示成两个状态，如开关的接通和断开、电机的运转和停止、阀门的打开和关闭、三极管的导通和截止等。开关量用一位二进制数就可以表示不同状态信息，多位二进制则可以表示多个开关量信息。

2. 状态信息

状态信息反映了外设当前所处的工作状态，是外设发送给 CPU 用来协调 CPU 和外设之间交互的信息。对于输入设备来说，通常用准备好（READY）信号来表示输入数据是否准备就绪。若准备就绪，CPU 就可接收数据，否则 CPU 等待。对于输出设备来说，通常用忙（BUSY）信号表示输出设备是否处于空闲状态。若为空闲，则可接收 CPU 送来的信息，否则 CPU 等待。

3. 控制信息

控制信息是 CPU 发送给外设的命令，以控制外设的工作，如对外设进行初始化、控制外设的启动和停止等。

5.1.2　I/O 接口的主要功能

1. 对输入输出数据进行缓冲和锁存

在微机中 CPU 通过接口与外设交换信息。因为输入接口连接在数据总线上，只有当 CPU 从该接口输入数据时才允许选定的输入接口将数据送到总线上由 CPU 读取，其他时间不得占用总线。因此一般使用三态缓冲器（三态门）作输入接口，如 74LS244，当 CPU 不选中该接口时，三态缓冲器的输出为高阻。

输出时，CPU 通过总线将数据传送到输出接口内的数据寄存器中，然后由外设读取。在 CPU 向它写入新数据之前该数据将保持不变。数据寄存器一般由锁存器实现，如 74LS373。

2. 对信号的形式和数据的格式进行变换

由计算机直接处理的信号为一定范围内的数字量、开关量和脉冲量，它与外设所使用的信号可能不同。所以，在输入输出时，必须将它们转变成适合对方的形式。

3. 对 I/O 端口进行寻址

在一个微机系统中，通常会有多个外设。而在一个外设的接口电路中，又可能有多个端口（Port），每个端口用来保存和交换不同信息。每个端口必须有各自的端口地址以便 CPU 访问。因此，接口电路中应包含地址译码电路使 CPU 能够寻址到每个端口。

4. 提供联络信号

I/O 接口处在 CPU 和外设之间，既要面向 CPU 进行联络，又要面向外设进行联络。联络的目的是使 CPU 与外设之间数据传送的速度匹配。联络的具体内容有状态信息、控制信息和请求信息。

5.1.3　I/O 接口的结构

每个 I/O 接口内部一般由 3 类寄存器组成，CPU 与外设进行数据传输时，各类信息在接口中进入不同的寄存器，一般称这些寄存器为 I/O 端口，每一个端口有一个端口地址。I/O 接口结构如图 5.1 所示。

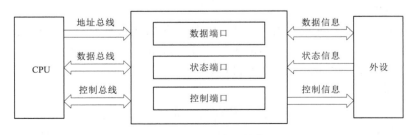

图 5.1　I/O 接口结构

数据端口：用于数据信息输入/输出的端口。CPU 通过数据接收端口输入数据，有的能保存外设发往 CPU 的数据；CPU 通过数据输出端口输出数据，一般能将 CPU 发往外设的数据锁存。

状态端口：CPU通过状态端口了解外设或接口部件本身的状态。

控制端口：CPU通过控制端口发出控制命令，以控制接口部件或外设的动作。

5.1.4 I/O的寻址方式

为了区分接口电路的各个寄存器，系统为它们分配不同的地址，称为I/O端口地址，以便对它们进行寻址。在不同的微机系统中，I/O端口的地址编排有两种形式：一是存储器映像方式，即I/O端口与内存统一编址方式；二是I/O端口独立编址方式。

1. 存储器映像方式（或统一编址方式）

统一编址方式下，存储单元和I/O端口的地址属于同一个地址空间，把一个I/O端口看成存储器的一个单元，每个I/O端口占用一个地址。在这种系统中，CPU用同样的指令对I/O端口和存储器单元进行读写访问，如图5.2所示。采用统一编址方式的有Motorola的M6800系列、MCS51单片机等。

优点：访问内存和I/O端口的指令统一，指令多，不用专门的指令和控制信号区分对I/O端口和内存的访问，灵活方便，有利于提高端口数据的处理能力。

缺点：I/O端口占用了主存地址，相对减少了主存的可用范围。

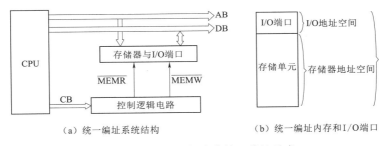

（a）统一编址系统结构   （b）统一编址内存和I/O端口

图5.2 I/O端口与内存统一编址示意

2. I/O端口独立编址（I/O映射）方式

在I/O端口独立编址（I/O映射）方式下，主存地址空间和I/O端口地址空间相互独立，分别编址，即I/O端口的地址和内存的地址不在同一个地址空间内。CPU通过指令来区分是访问I/O端口还是存储单元，同时需要相应的控制电路和控制信号来分别访问内存和I/O端口。

优点：主存和I/O端口的地址可用范围都比较大。采用单独的I/O指令，使程序中I/O操作和其他操作便于区分，逻辑清晰，便于理解。

缺点：I/O指令的功能一般比较弱，在I/O操作中必须借助CPU的寄存器进行中转和进一步分析处理。由于采用了专用的I/O操作时序及I/O控制信号，因而增加了微处理器本身控制逻辑的复杂性。

80x86系列微处理器采用独立的I/O编址方式：

（1）CPU通过M/$\overline{\text{IO}}$来区分对内存还是对I/O操作，如图5.3（a）所示。

（2）如图5.3（b）所示，CPU使用地址总线中$A_0 \sim A_{19}$来寻址内存空间，最大内存空间是1M个字节；CPU使用地址总线中$A_0 \sim A_{15}$来寻址I/O口，最大I/O空间是64K

个字节端口（或 32K 个字端口）。若用直接寻址方式寻址外设，可寻址 256 个端口，用 $A_0 \sim A_7$ 译码。若用 DX 间接寻址外设，端口地址是 16 位的，用 $A_0 \sim A_{15}$ 译码，可寻址 64K 个端口。

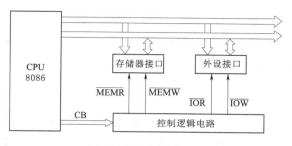

（a）独立编址系统结构

（b）独立编址内存和 I/O 端口

图 5.3　I/O 端口与内存独立编址示意

（3）I/O 寻址通常采用的是部分译码。对于 8086 系统而言，最低端的地址线 A_0 往往不参与译码，用它来选择其中的偶地址作为 I/O 地址。

目前的微机系统中，系统为主板保留了 1024 个端口，分配了最低端的 1024 个地址（0000H～03FFH）。2^{10} 以上的地址（0400H～FFFFH）作为用户扩展使用。用户在设计扩展接口时，应注意避免使用系统占用的端口地址。

3. 8086 I/O 端口访问指令

（1）当端口地址在 00H～FFH 内，可用端口直接寻址方式。直接寻址方式的字节和字读写指令如下。

字节输入指令：IN　AL,port

字节输出指令：OUT　port,AL

字输入指令：IN　AX,port

字输出指令：OUT　port,AX

（2）当端口地址在 0100H～FFFFH 内，必须用 DX 寄存器间接寻址方式，指令如下。

字节输入指令：IN　AL,DX

字节输出指令：OUT　DX,AL

字输入指令：IN　AX,DX

字输出指令：OUT　DX,AX

4. 端口译码

80x86 系列微处理器采用 I/O 端口独立编址方法，提供 I/O 读/写控制信号，有专门的 I/O 指令用于访问 I/O 端口。I/O 端口的寻址通过译码电路实现，译码电路有部分译码和全译码两种主要方式。

【例】 部分译码 I/O 端口译码电路硬件如图 5.4 所示，其端口地址分配见表 5.1。

表 5.1　　　　　　　　　　部分译码法端口地址分配

输出端	A_{15}	A_{14}	A_{13}	A_{12}	A_{11}	A_{10}	A_9	A_8	A_7	A_6	A_5	A_4	A_3	A_2	A_1	A_0	地址范围
IO_0	0	0	0	0	0	0	0	1	1	0	0	0	×	×	×	×	0180H～018FH
IO_1	0	0	0	0	0	0	0	1	1	0	0	1	×	×	×	×	0190H～019FH

续表

输出端	A15	A14	A13	A12	A11	A10	A9	A8	A7	A6	A5	A4	A3	A2	A1	A0	地址范围
IO_2	0	0	0	0	0	0	0	1	1	0	1	0	×	×	×	×	01A0H~01AFH
IO_3	0	0	0	0	0	0	0	1	1	0	1	1	×	×	×	×	01B0H~01BFH
IO_4	0	0	0	0	0	0	0	1	1	1	0	0	×	×	×	×	01C0H~01CFH
IO_5	0	0	0	0	0	0	0	1	1	1	0	1	×	×	×	×	01D0H~01DFH
IO_6	0	0	0	0	0	0	0	1	1	1	1	0	×	×	×	×	01E0H~01EFH
IO_7	0	0	0	0	0	0	0	1	1	1	1	1	×	×	×	×	01F0H~01FFH

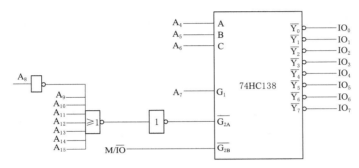

图 5.4 部分译码法端口地址译码电路原理

【例】 全译码 I/O 端口译码电路硬件如图 5.5 所示。图 5.5 所示的全译码电路的译码输出为 $\overline{Y_0}\sim\overline{Y_7}$ 的端口地址分别为 02E0H~02EFH，其端口地址分配见表 5.2。

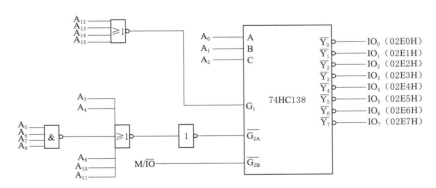

图 5.5 全译码法端口地址译码电路原理

表 5.2　　　　　　　　　　全译码法端口地址分配

输出端	A15	A14	A13	A12	A11	A10	A9	A8	A7	A6	A5	A4	A3	A2	A1	A0	地址范围
IO_0	0	0	0	0	0	0	1	0	1	1	1	0	0	0	0	0	02E0H
IO_1	0	0	0	0	0	0	1	0	1	1	1	0	0	0	0	1	02E1H
IO_2	0	0	0	0	0	0	1	0	1	1	1	0	0	0	1	0	02E2H
IO_3	0	0	0	0	0	0	1	0	1	1	1	0	0	0	1	1	02E3H
IO_4	0	0	0	0	0	0	1	0	1	1	1	0	0	1	0	0	02E4H

续表

输出端	A_{15}	A_{14}	A_{13}	A_{12}	A_{11}	A_{10}	A_9	A_8	A_7	A_6	A_5	A_4	A_3	A_2	A_1	A_0	地址范围
IO_5	0	0	0	0	0	0	1	0	1	1	1	0	0	1	0	1	02E5H
IO_6	0	0	0	0	0	0	1	0	1	1	1	0	0	1	1	0	02E6H
IO_7	0	0	0	0	0	0	1	0	1	1	1	0	0	1	1	1	02E7H

5.2　简单 I/O 接口芯片

在外设接口电路中，经常需要对传输过程中的信息进行缓冲、锁存以及增大驱动能力，能实现上述功能的接口芯片最简单的就是缓冲器、锁存器和数据收发器等，下面介绍几种典型芯片。

5.2.1　锁存器 74LS373

74LS373 是由 8 个 D 触发器组成的具有三态输出和驱动的锁存器，74LS373 逻辑电路及引脚如图 5.6 所示。当使能端 G 有效时，将输入端（D 端）数据打入锁存器；当输出允许端$\overline{OE}$有效时，将锁存器中锁存的数据送到输出端 Q；当 $\overline{OE}=1$ 时，输出为高阻。常用的锁存器还有 74LS273、Intel 8282 等。

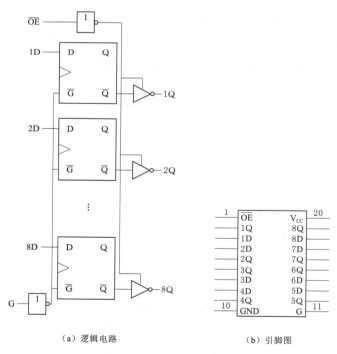

（a）逻辑电路　　　　　　　（b）引脚图

图 5.6　74LS373 锁存器

5.2.2　缓冲器 74LS244

74LS244 是一种三态输出的缓冲器（或称单向线驱动器），74LS244 逻辑电路及引脚如图 5.7 所示。内部线驱动器分为两组，分别有 4 个输入端（$1A_1 \sim 1A_4$，$2A_1 \sim 2A_4$）和 4 个输出端（$1Y_1 \sim 1Y_4$，$2Y_1 \sim 2Y_4$），分别由使能端 $\overline{1G}$、$\overline{2G}$ 控制。当 $\overline{1G}$ 为低电平，$1Y_1 \sim 1Y_4$ 的电平与 $1A_1 \sim 1A_4$ 的电平相同；当 $\overline{2G}$ 为低电平，$2Y_1 \sim 2Y_4$ 的电平与 $2A_1 \sim 2A_4$ 的电平相同；当 $\overline{1G}$（或 $\overline{2G}$）为高电平时，输出 $1Y_1 \sim 1Y_4$（或 $2Y_1 \sim 2Y_4$）为高阻态。常用的缓冲器还有 74LS240、74LS241 等。

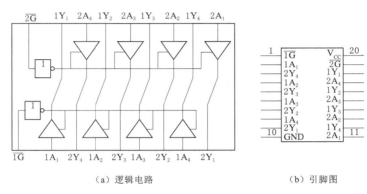

（a）逻辑电路   （b）引脚图

图 5.7   74LS244 逻辑电路及引脚

5.2.3 数据收发器 74LS245

74LS245 是一种三态输出的数据收发器（或称双向线驱动器），74LS245 逻辑电路及引脚如图 5.8 所示。16 个三态门每两个三态门组成一路双向驱动。由 $\overline{G}$、DIR 两个控制端控制，$\overline{G}$ 控制驱动器有效或高阻态；当 $\overline{G}$ 端有效时，DIR 控制。

驱动器的驱动方向，DIR＝0 时，驱动方向为 B→A；DIR＝1 时，驱动方向为 A→B。74LS245 真值见表 5.3。常用的数据收发器还有 74LS243、Intel 8686、Intel 8287 等。

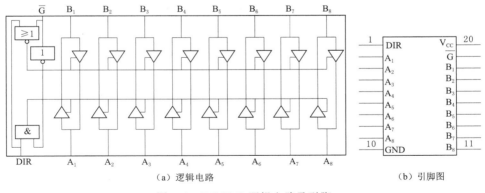

（a）逻辑电路   （b）引脚图

图 5.8   74LS245 逻辑电路及引脚

表 5.3   74LS245 真 值

使能 $\overline{G}$	方向控制 DIR	传送方式	使能 $\overline{G}$	方向控制 DIR	传送方式
0	0	B→A	1	X	隔开
0	1	A→B			

5.2.4　7/8 段数码管

LED（Light Emitting Diode）7/8 段数码管的主要部分是发光二极管，如图 5.9 所示。7 段发光管按顺时针分别称为 a、b、c、d、e、f、g，有的产品还附带小数点 h，则为 8 段数码管。LED7/8 段数码管有共阴极和共阳极两种结构。通过 7/8 个发光段的不同组合，可显示 0～9、A～F 和小数点以及某些特殊字符。

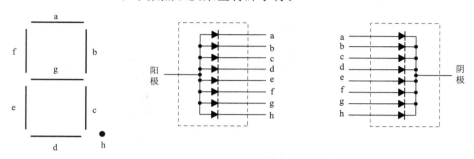

图 5.9　7/8 段数码管结构

当共阳极或共阴极 LED 的 8 段发光管按表 5.4 所示方式与数据端口连接时，将 LED 显示数字 0～F 的编码顺序排列，定义为一个数据表（段码表），可以对 8 段数码管输出段码来显示相应的字型。如要显示字符"1"，只需使 b 和 c 两段亮，其他段暗。表 5.5 为共阳极 8 段数码管段码表或字型码表，表 5.6 为共阴极 8 段数码管段码表。表中十六进制一列为被显示的十六进制数，字型码一列为向数据端口输出的字型控制信息。

表 5.4　　　　　　　　　　　　　8 段数码管与数据端口连接关系

D_7	D_6	D_5	D_4	D_3	D_2	D_1	D_0
dp	g	f	e	d	c	b	a

表 5.5　　　　　　　　　　　　　　　共阳极 8 段数码管字型

十六进制	字型码	十六进制	字型码
00H	C0H	08H	80H
01H	F9H	09H	90H
02H	A4H	0AH	88H
03H	B0H	0BH	83H
04H	99H	0CH	C6H
05H	92H	0DH	A1H
06H	82H	0EH	86H
07H	F8H	0FH	8EH

由于发光二极管发光时，通过的平均电流为 10～20mA，而通常的输出锁存器不能提供这么大的电流，所以 LED 各段一般需要接驱动电路。

表 5.6

共阴极 8 段数码管字型

十六进制	字型码	十六进制	字型码
00H	3FH	08H	7FH
01H	06H	09H	67H
02H	5BH	0AH	77H
03H	4FH	0BH	7CH
04H	66H	0CH	39H
05H	6DH	0DH	5EH
06H	7DH	0EH	79H
07H	07H	0FH	71H

点亮数码管有静态和动态两种方法。所谓静态显示，就是当数码管显示某一个字符时，相应的发光二极管恒定地导通或截止。这种显示方式每一个数码管都需要有一个 8 位输出口控制，而当系统中数码管较多时，用静态显示所需的 I/O 口太多。一般采用动态显示方法，所谓动态显示就是一位一位地轮流点亮各位数码管（扫描），对于每一位数码管来说，每隔一段时间点亮一次。数码管的亮度既与导通电流有关，也与点亮时间和间隔时间的比例有关。调整电流和时间参数，可实现亮度较高较稳定的显示。这种显示方法需有两类控制端口，即位控制端口和段控制端口。位控制端口控制哪个数码管显示，段控制端口决定要显示的代码。此端口所有数码管共用，因此，当 CPU 输出一个显示代码时，各数码管的输入段都收到此代码。但是，只有位控制码中选中的数码管才得到导通而显示。

5.3 CPU 与外设之间的数据传输方式

在微机控制外设工作期间，最基本的操作是数据传输。但各种外设的工作速度相差很大，如何解决 CPU 与各种外设之间的速度匹配，以确保数据传输过程的正确和高效是很重要的问题。通常 CPU 与外设之间信息交换的方式可分为三种：①程序控制方式（无条件传输方式、条件传输方式）；②中断方式；③直接存储器存取（DMA）方式。

5.3.1 程序控制方式

程序方式指微机系统与外设之间的数据传输过程是在程序的控制下进行的。其特点是以 CPU 为中心，通过执行预先编制的输入/输出程序实现数据传输。程序方式可分为无条件传输和条件传输两种方式。

1. 无条件传输方式

无条件传输方式是指传输数据过程中，发送/接收数据一方不查询判断对方的状态，进行无条件的数据传输。这种传输方式程序设计简单，一般用于能够确信外设已经准备就绪的场合。如读取开关的状态、控制 LED 的显示等。

【例】 硬件如图 5.10 所示，不断扫描开关 S_i，当开关闭合时，点亮相应的 LED_i，74LS244 和 74LS273 的共用端口地址为 1E0H 时，用 5.1 节图 5.4 中的部分译码电路端口

IO_6（1E0H），提供端口地址。这样就可以从 74LS244 的端口地址 1E0H 读入开关信息，从相同的地址端口对 74LS273 写入 LED 的字型显示控制信息。

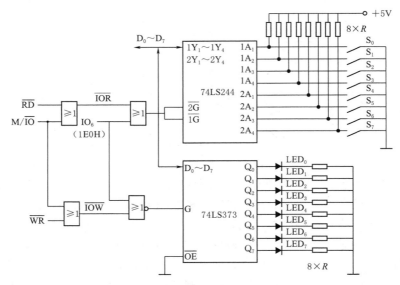

图 5.10　无条件传送接口举例 1

分析：开关 S_i 闭合时，输入为低电平"0"，而点亮相应LED_i，则 74LS373 的相应位 Q_i 输出为高电平"1"，此时输入 S_i 与输出 Q_i 的关系相反。编写程序时，若采取先读入开关状态，再分析每一位的状态，然后决定LED_i的亮灭，则该程序显得非常烦琐。而利用输入位与相应输出位为取反关系来编程，则使控制程序更为简便。具体程序如下：

```
CODE      SEGMENT
          ASSUME   CS:CODE
          MAIN     PROC FAR
START:    PUSH     DS
          MOV      AX,0
          PUSH     AX
AGAIN:    MOV      AH,01H        ;读键盘缓冲区字符
          INT      16H
          CMP      AL,1BH        ;若为"Esc"键,则退出
          JZ       EXIT
          MOV      DX,01E0H
          IN       AL,DX         ;读取开关状态
          NOT      AL            ;取反
          OUT      DX,AL         ;输出控制 LED
          JMP      AGAIN
EXIT:     RET                    ;返回 DOS
MAIN      ENDP
CODE      ENDS
          END      START
```

【例】　硬件如图 5.11 所示，程序不断扫描开关 K_i，并根据 4 位开关 $K_3 \sim K_0$ 的状态组合值，即 0000～1111，在 8 段数码管上显示对应的十六进制数码符号"0"～"F"，端口译码电路同图 5.5 全译码电路。

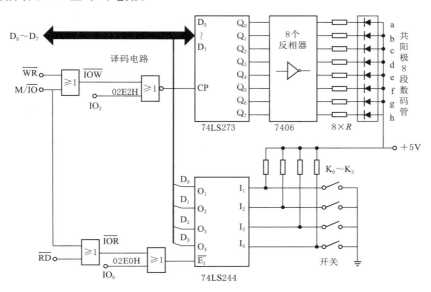

图 5.11　无条件传送接口举例 2

分析：共阳极 8 段数码管结构如图 5.11 所示，8 段数码管的控制信息 $Q_7 \sim Q_0$ 经反相后控制 LED_i 显示指定的字符，所以经反相后的共阳极 8 段数码管的段码表同共阴极段码表，见表 5.6。用 74LS244 作为输入口，读入开关 $K_3 \sim K_0$ 的状态，74LS244 的端口地址假设为 02E0H（可由 5.1 节图 5.5 中的全译码电路端口 IO_0 提供），通过对 74LS244 的端口进行读操作，读入 $K_3 \sim K_0$ 的开关信息到 CPU 的 $D_3 \sim D_0$，利用读入的信息 $D_3 \sim D_0$ 从程序的段码表中查询要显示字符的段码。74LS273 的端口地址假设为 02E2H（可由 5.1 节图 5.5 中的全译码电路端口 IO_2 提供），将查到的断码通过对 74LS273 的端口 02E2H 进行写操作，将段码信息锁入 74LS273 中，经反相后驱动 LED_i 显示指定的字符。相应程序段如下：

```
PORTA      EQU       02E0H
PORTB      EQU       02E2H
DATA       SEGMENT
TABLEDB    3FH,06H,5BH,4FH,66H,6DH,7DH,07H
           DB 7FH,67H,77H,7CH,39H,5EH,79H,71H
                                              ;0～F 数码管段码
DATA       ENDS
CODE       SEGMENT
           ASSUME    CS:CODE;DS:DATA
START:     LEA       BX,TABLE              ;取 7 段码表基地址
           MOV       AH,00H                ;AX 的高字节为 00H
GO:        MOV       AH,1                  ;读键盘缓冲区字符中断号
```

```
            INT       16H
            CMP       AL,1BH                      ;若为"Esc"键,则退出
            JZ        EXIT
            MOV       DX,PORTA                    ;开关接口的端口地址为 PORTA
            IN        AL,DX                       ;读入开关状态
            AND       AL,0FH                      ;保留低 4 位
            MOV       SI,AX                       ;作为 8 段码表的表内位移量
            MOV       AL,[BX+SI]                  ;取 8 段码
            MOV       DX,PORTB                    ;8 段数码管接口的地址为 PORTB
            OUT       DX,AL                       ;将相应的段码输出控制 8 段数码管显示字符
            JMP       GO
    EXIT:   MOV       AH,4CH
            INT       21H                         ;返回 DOS
    CODE    ENDS
            END       START
```

2. 条件传输方式

条件传输方式也称为查询传输方式。使用这种方式,CPU 不断读取并测试外设的状态。如果外设处于"准备好"状态(输入设备)或"空闲"状态(输出设备),则 CPU 执行输入指令或输出指令与外设交换信息,否则等待外设状态改变。因此,接口电路中除数据端口外,还必须有状态端口。所以,条件传输方式外设应提供设备状态信息,接口需要提供状态端口。这种方式优点是软件比较简单;缺点是 CPU 效率低,数据传送的实时性差,速度较慢。这种方式适用于外设并不总是准备好,而且对传送速率、传送效率要求不高的场合。对于条件传输来说,一个条件传输数据的过程一般由三个环节组成:①CPU 从接口中读取状态字;②CPU 检测状态字的相应位是否满足"就绪"条件,如果不满足,则转①;③如状态位表明外设已处于"就绪"状态,则传输数据。

【例】　查询传输方式的接口电路和工作流程分别如图 5.12 和图 5.13 所示。

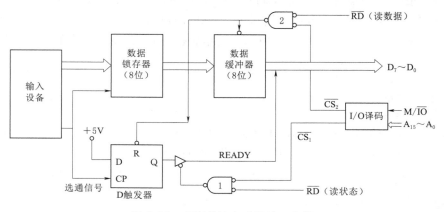

图 5.12　查询传输方式的接口电路

由图 5.12 可见,接口电路包含状态端口和输入数据端口两部分,分别由 I/O 端口译码器的两个片选信号 $\overline{CS_1}$、$\overline{CS_2}$ 和 $\overline{RD}$ 信号控制。状态端口由一个 D 触发器和一个三态门

（通常是三态缓冲器中的一路）构成。输入数据端口由一个 8 位锁存器和一个 8 位缓冲器构成，它们可以被分别选通。

当输入设备准备好数据后，就向 I/O 接口电路发一个选通信号。此信号有两个作用：一是将外设的数据打入接口的数据锁存器中，二是使接口中的 D 触发器的 Q 端置 1。CPU 首先执行 IN 指令读取状态口的信息，这时 M/$\overline{\text{IO}}$ 和 $\overline{\text{RD}}$ 信号均变低。M/$\overline{\text{IO}}$ 为低，使 I/O 译码器输出低电平的状态口片选信号 $\overline{\text{CS}_1}$。$\overline{\text{CS}_1}$ 和 $\overline{\text{RD}}$ 经门 1 相与后的低电平输出，使三态缓冲器开启，于是 Q 端的高电平经缓冲器（1 位）传送到数据线上的 READY（D_0）位，并被读入累加器。程序检测到 READY 位为 1 后，便执行 IN 指令读数据口。这时 M/$\overline{\text{IO}}$ 和 $\overline{\text{RD}}$ 信号再次有效，先形成数据口片选信号 $\overline{\text{CS}_2}$，$\overline{\text{CS}_2}$ 和 $\overline{\text{RD}}$ 经门 2 输出低电平。它一方面开启数据缓冲器，将外设送到锁存器中的数据经 8 位数据缓冲器送到数据总线上后进入累加器；另一方面将 D 触发器清零，一次数据传送完毕。接着就可以开始下一个数据的传送。当规定数目的数据传送完毕后，传送程序结束，程序将开始处理数据或进行别的操作。

设：状态口的地址为 PORT_S1，输入数据口的地址为 PORT_IN，传送数据的总字节数为 COUNT_1，则查询传输方式输入数据的程序段为

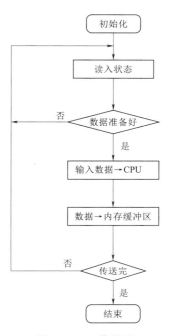

图 5.13 工作流程

```
            MOV    BX,0000H        ;初始化地址指针 BX
            MOV    CX,COUNT_1      ;字节数
READ_S1:    IN     AL,PORT_S1      ;读入状态位
            TEST   AL,01H          ;数据准备好否？
            JZ     READ_S1         ;否,循环检测
            IN     AL,PORT_IN      ;已准备好,读入数据
            MOV    [BX],AL         ;存到内存缓冲区中
            INC    BX              ;修改地址指针
            LOOP   READ_S1         ;未传送完,继续传送
            ……                    ;已传送完
```

【例】 查询传输方式的打印机接口电路如图 5.14 所示，分析打印机接口电路的工作原理，并写出接口控制程序。

分析：打印机采用条件传输方式与 CPU 交换数据，接口电路有两个端口地址：状态端口和数据端口。状态端口由一个 D 触发器和一个三态门（通常是三态缓冲器中的一路）构成。外设状态端口地址为 3FAH，状态位接 CPU 数据线的第 5 位，第 5 位（D_5）为状态标志（=1 忙，=0 准备好）；输出数据端口由一个 8 位锁存器构成，端口地址为 3F8H，打印机准备好时，可以利用该端口将要打印的字符 ASCII 码通过 74LS373 送给打印机打印，3F8H 端口写入数据的同时通过 D 触发器的 S 端会使状态标志置 1；外设把数

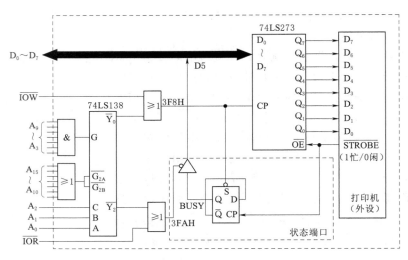

图 5.14　查询式输入方式的打印机接口电路

据读走后又把它置 0，如此循环。

打印子程序为

```
PORTA       EQU        03FBH
PORTB       EQU        03F8H
DATA        SEGMENT
TABLE       DB         'Hello World'
            DB         0DH,0AH          ;回车,换行符的 ASCII 码
LENGTH      EQU        $-TABLE
DATA        ENDS
CODE        SEGMENT
            ASSUME     CS:CODE,DS:DATA
START:      LEA        SI,TABLE         ;取要打印字符串首地址
            MOV        CX,LENGTH        ;打印字节长度给 CX
NEXT:       MOV        DX,PORTA         ;从 3FB 端口读入状态信息
            IN         AL,DX
            TEST       AL,20H           ;查 D₅=1  BUSY=1(忙)?
            JNZ        NEXT
            MOV        AL,[SI]          ;D₅=0,打印机空闲
            INC        SI               ;打印字符串指针地址加 1
            MOV        DX,PORTB
            OUT        DX,AL            ;从 3F8H 端口送出数据
            LOOP       NEXT
            MOV        AH,4CH           ;返回 DOS
            INT        21H
CODE        ENDS
            END        START
```

5.3.2　中断方式

为了使 CPU 和外设以及外设和外设之间能并行工作，以提高系统的工作效率，充分

发挥 CPU 高速运算的能力，在计算机系统中引入了中断控制系统，利用中断来实现 CPU 与外设之间的数据传输方式即为中断传输方式。

在中断传输方式下，当输入设备将数据准备好或输出设备可以接收数据时，便可向 CPU 发出中断请求，使 CPU 暂时停止执行当前程序，而去执行一个数据输入/输出的中断服务程序，与外设进行数据传输操作，中断服务程序执行完后，CPU 又返回继续执行原来的程序。这样在一定程度上实现了主机与外设的并行工作。同时，若某一时刻有几个外设发出中断请求，CPU 可根据预先安排的优先顺序，按轻重缓急处理几个外设的请求，这样在一定程度上也可实现几个外设的并行工作。

利用中断方式进行数据传输，CPU 不必花费大量时间在两次输入或输出过程间对接口进行状态测试和等待，从而大大提高了 CPU 的效率。

5.3.3　直接存储器存取（DMA）方式

在程序控制的传送方式中，所有传送均通过 CPU 执行指令来完成，而 CPU 指令系统只支持 CPU 和内存或外设间的数据传输。如果外设要和内存进行数据交换，即使使用效率较高的中断传送，也免不了要走外设→CPU→内存这条路线或相反的路线，这样限制了传输的速度。若 I/O 设备的数据传输速率较高（如硬盘驱动器），那么 CPU 和这样的外设进行数据传输时，即使尽量压缩程序查询方式或中断方式中的非数据传输时间，也仍然不能满足要求。为此，提出了在外设和内存之间直接进行数据传输的方式，即 DMA 方式。

DMA 方式是指不经过 CPU 的干预，直接在外设和内存之间建立起数据传输的方式。一次 DMA 传输需要执行一个 DMA 周期（相当于一个总线读或写周期）。实现 DMA 方式，需要一个专门的接口器件来协调和控制外设接口和内存之间的数据传输，这个专门的接口器件称为 DMA 控制器（DMAC）。DMA 方式数据的传输速度基本上取决于外设和内存的速度，因此能够满足高速外设数据传输的需要。

在采用 DMA 方式进行数据传输时，当然也要利用系统的数据总线、地址总线和控制总线。系统总线原来是由 CPU 控制管理的。在用 DMA 方式进行数据传输时，DMAC 向 CPU 发出申请使用系统总线的请求，当 CPU 同意并让出系统总线控制权后，DMAC 接管系统总线，实现外设与内存之间的数据传输。传输完毕，将总线控制权交还给 CPU。DMAC 是一个专用接口电路，在系统中的连接如图 5.15 所示。

DMA 方式操作的基本方法有三种：

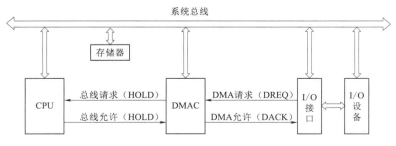

图 5.15　DMAC 与系统的连接

（1）CPU 停机方式。指在 DMA 传送时，CPU 停止工作，不再使用总线。该方式比较容易实现，但由于 CPU 停机，可能影响到某些实时性很强的操作，如中断响应等。

（2）周期挪用方式。利用窃取 CPU 不进行总线操作的周期来进行 DMA 传送。这一方式不影响 CPU 的操作，但需要复杂的时序电路，而且数据传送过程是不连续的和不规则的。

（3）周期扩展方式。该方式需要专门时钟电路的支持，当传送发生时，一方面，该时钟电路向 CPU 发送加宽的时钟信号，CPU 在加宽时钟周期内操作不往下进行；另一方面，仍向 DMAC 发送正常的时钟信号，DMAC 利用这段时间进行 DMA 传送。

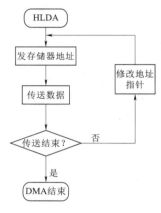

图 5.16　8086 系统 DMA 的
工作流程

8086 CPU 支持 DMA 控制方式，其工作流程图如图 5.16 所示。DMAC 通过 CPU 的引脚 HOLD 和 HLDA 实现从 CPU 获得总线控制权，或者将控制权返回给 CPU。

DMA 方式的工作过程：

（1）CPU 设置 DMAC 的工作方式，将存贮区首址/传送字节传送至 DMAC 内部 Reg。

（2）外设向 DMAC 发出 DMA 请求，DMAC 向 CPU 发出 HOLD 信号，请求 CPU 让出总线控制权。

（3）CPU 接收到 HOLD 信号后，在当前总线周期结束后发出 HLDA 信号，暂停正在执行的程序，且放弃对总线的控制。

（4）DMAC 回应外设，表示响应该请求。

（5）DMAC 向存储器送存储单元地址，并分别向外设及内存送$\overline{\text{IOR}}$及$\overline{\text{MEMW}}$，完成一次字节传送。

（6）DMAC 中数据长度计数器减 1，地址变化，重复（5），直到传送完毕。

（7）DMA 结束，DMAC 撤销 DMA 请求，CPU 再次恢复对总线控制权。

5.3.4　数据传输方式比较

1. 程序控制方式

（1）无条件传输方式。

特点：接口简单，不考虑控制问题时只有数据端口。

应用：一般用于纯电子部件的输入输出，以及完全由 CPU 决定传输时间的场合和外部设备与 CPU 能同步工作的场合。

（2）条件传输方式。

特点：接口较简单，比无条件传输接口多一个状态端口。在传送过程中，若外设数据没有准备好，则 CPU 一般在查询、等待，而不能做其他事情。CPU 的效率低下。

应用：理论上可用于所有的外设，但是因查询等待等原因，主要应用在 CPU 负担不重、允许查询等待的场合。

2. 中断方式

特点：比前两种方式接口电路复杂一些，而 CPU 效率大大提高。但是每传送一次数据，CPU 都要执行一次中断服务程序。在中断服务程序中，除执行 IN 和 OUT 端口读写指令外，还要进行保护断点、保护标志寄存器、保护某些通用寄存、恢复、返回等一些工作，95％的时间是额外开销，从而使得传送效率并不太高。

应用：特别适合速度中等的外设和单次数据量的较大的传输。

3. 直接存储器存取（DMA）方式

特点：需要 DMA 控制器和 I/O 接口电路，在 4 种方式中硬件最为复杂，往往接口电路还具有中断功能。在 DMAC 的控制下，外设和存储器（也可外设与外设、存储器与存储器之间）直接进行数据传送，而不必经过 CPU，完全靠硬件进行，传送速度基本取决于外设与存储器的速度，从而使传送效率大大提高。

应用：特别适合高速外设的批量传输。

5.4　Proteus 仿真实例

5.4.1　开关状态读入和 LED 显示系统仿真实例

1. 整体结构及系统的功能

利用 Proteus 构建的 8 位开关状态采集和 LED 显示的仿真系统结构如图 5.17 所示。系统结构包括 8086 CPU 地址锁存和译码、开关信息采集及显示两个组成部分。仿真系统通过地址译码电路给出端口地址，系统用一个输入端口采集 8 路开关量信息，用另一个输出端口控制 8 个 LED 亮和灭来表示对应的开关位的闭合和断开。

2. 地址锁存与译码电路

构建的仿真系统的地址锁存和译码的电路采用部分译码法，如图 5.18 所示。8086 CPU 的 16 根地址和数据复用引脚、4 根地址和状态复用引脚以及 $\overline{BHE}$ 引脚通过三片 74LS373 进行锁存获得 20 根地址线 $A_0 \sim A_{19}$ 和 $\overline{BHE}$ 信号输出，译码电路实际只使用了低 16 根地址 $A_0 \sim A_{15}$。译码电路主要使用一片 74LS138 译码器产生 8 个端口地址，即 $IO_0 \sim IO_7$，参与第一阶段译码的地址信号为 $A_4 \sim A_{15}$，从电路连接关系可以看出端口地址分配关系与 5.1 节中的表 5.1 相同。

3. 开关量采集和 LED 显示电路

仿真系统的 8 位开关量采集和 LED 显示电路如图 5.19 所示。这部分由一个输入端口和一个输出端口组成，输入端口由 74HC245 芯片实现，输出端口由 74LS373 芯片实现。74HC 245 的引脚 $B_0 \sim B_7$ 分别与开关 $K_0 \sim K_7$ 连接，74HC 245 的引脚 $A_0 \sim A_7$ 与 8086 CPU 的 $AD_0 \sim AD_7$ 连接。74HC 245 与 IO_6

第 5 章 数字
资源 1 ▶

连接，端口地址为 01E0H，通过 I/O 读实现 8 位开关量的状态读入到 CPU 内部寄存器。74LS373 的引脚 $Q_0 \sim Q_7$ 分别与 $LED_0 \sim LED_7$ 的正极连接，74LS373 的引脚 $D_0 \sim D_7$ 与 8086 CPU 的 $AD_0 \sim AD_7$ 连接。74LS373 也与 IO_6 连接，端口地址同样为 01E0H，通过 I/O 写指令访问 74LS373 端口，利用 CPU 内部寄存器输出控制信号控制 8 个 LED 的亮和灭。

4. 代码设计

代码设计的主要思想为：

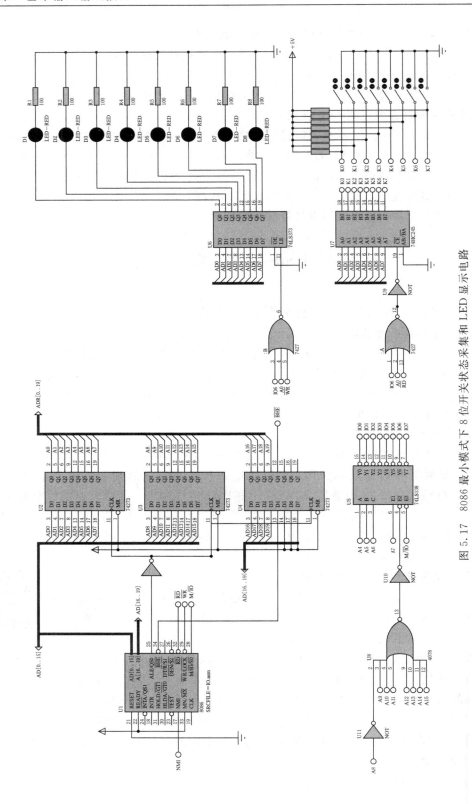

图 5.17　8086 最小模式下 8 位开关状态采集和 LED 显示电路

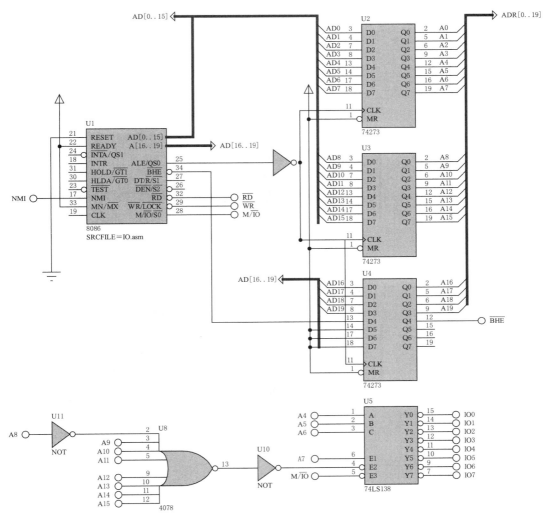

图 5.18 地址锁存和部分地址译码电路原理

（1）输入端口读入开关量信息。某个开关量闭合时，该开关量的状态值为 0，否则为 1，所以 8 位开关 $K_7 \sim K_0$ 的状态量组合值的范围为 0000 0000 ～ 1111 1111，表示开关全闭至全开的所有 256 种组合，利用 IN 指令从输入端口 IO_6 读入开关信息。

（2）通过输出端口 IO_6 写操作控制 $LED_7 \sim LED_0$ 的亮或灭来表示开关 $K_7 \sim K_0$ 闭合或断开。将读入的开关量信息取反后通过输出端口控制 $LED_7 \sim LED_0$ 亮或灭。

参考代码及注释如下：

```
CODE       SEGMENT    'CODE'
           ASSUME     CS:CODE
START:     MOV        AX,00H
L1:        MOV        DX,01E0H        ;IO6 输入端口地址送 DX
           IN         AL,DX           ;读入开关状态
           NOT        AL              ;读入开关量取反
```

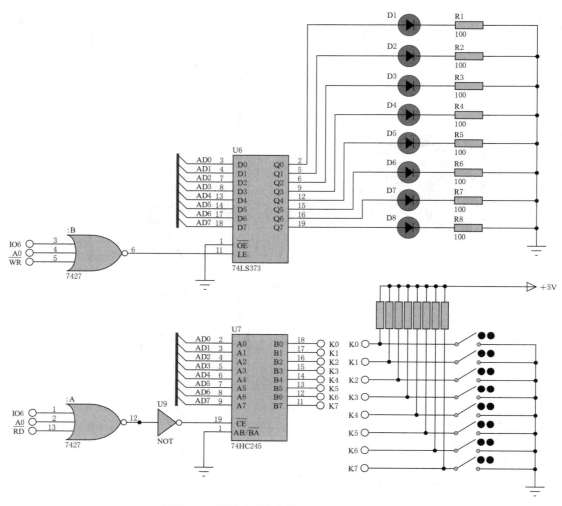

图 5.19　开关通断状态读入和 LED 显示电路

```
           MOV         DX,01E0H        ;输出端口 IO₆ 地址送 DX
           OUT         DX,AL           ;控制信息输出到输出端口,控制 LED 亮、灭
           JMP         L1              ;循环采集和显示
ENDLESS:
           JMP         ENDLESS
CODE       ENDS
           END         START
```

5. 仿真实例

　　仿真系统搭建完后,就可以通过改变各种条件进行仿真分析,观察仿真演示及结果。仿真开始前,将开关 K₃ 和 K₅ 设置成闭合状态,其他开关设置成断开状态,然后开始运行仿真系统。仿真开始后可以看到 LED₃ 和 LED₅ 显示亮的状态,其他 LED 显示灭的状态,如图 5.20 所示。可以通过设置不同的开关状态组合观察仿真结果 LED 的亮灭组合是否正确。仿真系统是硬件和软件结合进行系统仿真的,除了改变硬件设置,也可以改变软

件中的指令来观察仿真动态演示和结果。例如本实例中如果没有 NOT 这条指令，其他条件不变，重新运行仿真模型，观察仿真结果 LED 的亮、灭状态，请思考为什么？

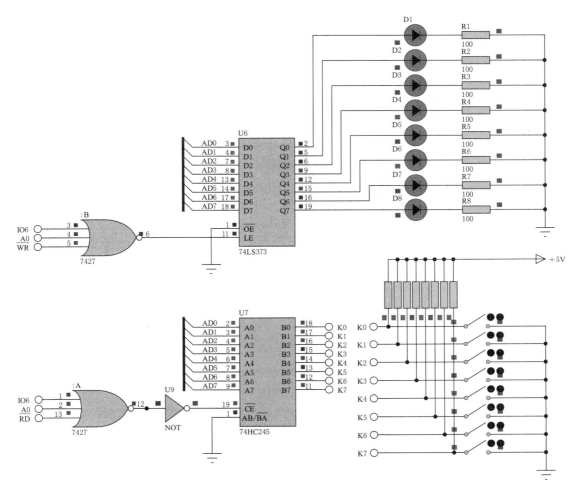

图 5.20 仿真实例 1

5.4.2 4 位开关状态读入和 8 段数码管十六进制字符显示系统仿真实例

1. 整体结构及系统的功能

利用 Proteus 构建的 4 位开关状态的读入和 8 段数码管十六进制字符显示的仿真系统结构如图 5.21 所示。系统结构包括 8086 CPU 地址锁存和译码、开关信息采集及字符显示两个组成部分。仿真系统通过地址译码电路给出端口地址，系统用一个输入端口采集 4 路开关量信息，用另一个输出端口控制一个 8 段数码按开关量状态组合对应的十六进制字符显示。

第 5 章 数字资源 2 ▶

2. 地址锁存与译码电路

构建的仿真系统的地址锁存和译码的电路与 5.4.1 实例相同，如图 5.18 所示。端口

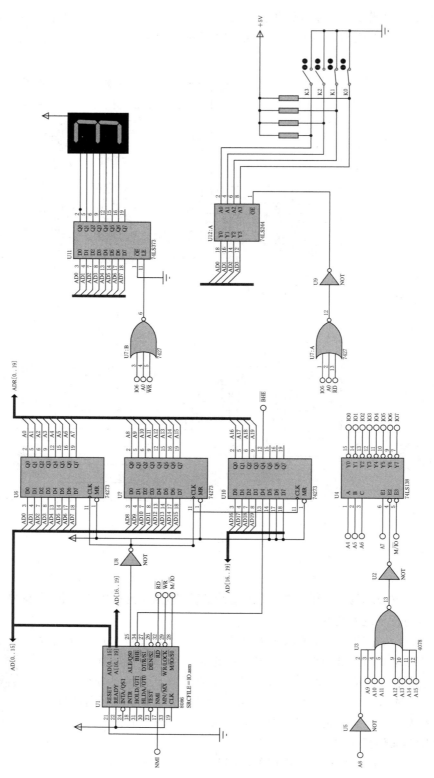

图 5.21　80806 最小模式下 4 位开关状态的接口电路

地址分配关系见表5.1。

3. 开关量采集和 8 段数码管显示电路

仿真系统的 4 位开关量采集和 8 段数码管显示电路如图 5.22 所示。这部分由一个输入端口和一个输出端口组成,输入端口由 74LS244 芯片实现,输出端口由 74LS373 芯片实现。74LS244 的引脚 $A_0 \sim A_3$ 分别与开关 $K_3 \sim K_0$ 连接,74LS244 的引脚 $Y_0 \sim Y_3$ 与 8086 CPU 的 $AD_0 \sim AD_3$ 连接。74LS244 与 IO_5 连接,端口地址为 01D0H,通过 I/O 读实现 4 位开关量的状态读入到 CPU 内部寄存器。74LS373 的引脚 $Q_0 \sim Q_7$ 与共阳极 8 段数码管连接关系见表 5.4,74LS373 的引脚 $D_0 \sim D_7$ 与 8086 CPU 的 $AD_0 \sim AD_7$ 连接。74LS373 与 IO_6 连接,端口地址同样为 01E0H,通过 I/O 写指令访问 74LS373 端口,利用 CPU 内部寄存器输出控制信号控制 8 段数码管字符显示。

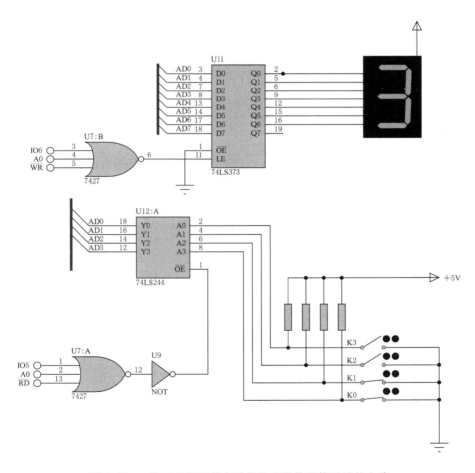

图 5.22　4 位开关通断状态采集和 8 段数码管显示的电路

4. 代码设计

代码设计的主要思想为:

（1）输入端口读入开关量信息。某个开关量闭合时，该开关量的状态值为 0，否则为 1，所以 4 位开关 $K_3 \sim K_0$ 的状态量组合值的范围为 0000～1111，表示开关全闭至全开的所有 16 种组合，利用 IN 指令从输入端口 IO_6 读入开关信息。

（2）利用读入的 4 位开关量组合对应的二进制值（0000～1111）查 8 段数码管的段码表，获得 4 位开关量组合对应的十六进制字符显示的段码值。

（3）通过输出端口 IO_6 控制 8 段数码管按十六进制字符显示 4 位开关状态量组合值。

参考代码及注释如下：

```
IOIN    EQU       01D0H
IOUT    EQU       01E0H
DATA    SEGMENT
TABLE   DB        0C0H,0F9H,0A4H,0B0H
        DB        99H,92H,82H,0F8H,80H
        DB        90H,88H,83H,0C6H,0A1H,
                  86H,8EH                    ;0~F 的共阳极数码管段码表
        NUMDB?
DATA    ENDS
CODE    SEGMENT   'CODE'
        ASSUME    CS:CODE,DS:DATA
START：MOV        AX,DATA
        MOV       DS,AX
GO：    MOV       DX,IOIN                     ;输入端口 IO6 地址送给 DX
        IN        AL,DX                       ;从输入读端口读入开关状态
        AND       AL,0FH                      ;低 4 位保留开关信息,高 4 位清零
        MOV       AH,00H                      ;AX 高 8 位赋 0,AL 扩展为 16 位 AX
        MOV       SI,AX                       ;AX 赋给查表变址指针 SI
        MOV       BX,OFFSET TABLE             ;段码表首地址给基址寄存器 BX
        MOV       AL,[BX+SI]                  ;基址加变址查 8 段码数码管段码表
        MOV       DX,IOUT                     ;输出端口地址送 DX
        OUT       DX,AL                       ;段码送数码管显示开关组合值
        JMP       GO
ENDLESS：
        JMP       ENDLESS
CODE    ENDS
        END       START
```

5. 仿真实例

仿真系统搭建完后，就可以通过改变各种条件进行仿真分析，观察仿真演示及结果。仿真开始前将开关 K_3 和 K_2 设置成闭合状态，其他设置成断开状态，这时开关 $K_3 \sim K_0$ 组合状态为 1100，即十六进制的 0CH。然后开始运行仿真系统，仿真开始后可以看到 8 段数码管显示 "C" 字符，如图 5.23 所示。可以通过设置不同的开关状态组合观察仿真结果 8 段数码管显示的字符是否正确。

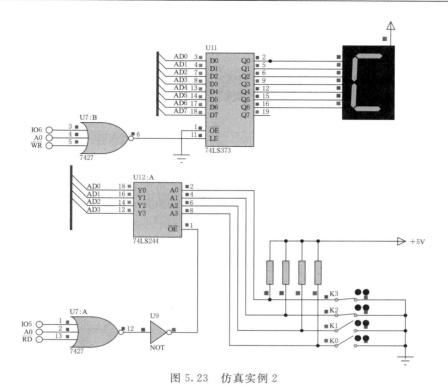

图 5.23 仿真实例 2

习　题

1. CPU 与外设间传送的信息有哪几种类型？

2. 为什么要在 CPU 与外设之间设置 I/O 接口？简述 I/O 的接口的功能。

3. 什么是端口？通常有哪几类端口？

4. 计算机对 I/O 端口编址时通常采用哪两种方法？在 80x86 系统中，采用哪一种方法？

5. CPU 与外设之间的数据传输方式有哪些？这些方式各有什么优缺点？

6. 请修改 5.1.4 中两个例题的译码电路的连接方式，分析并给出修改后的端口地址。

7. 现有一输入设备，其数据端口地址为 FDE0H，状态端口地址为 FDE2H，当其 D_0 位为 1 时表明输入数据准备好。试采用查询输入方式，编程实现从该设备读取 100 个字节数据并保存到 4000H:4200H 开始的内存中。

8. 5.3.1 第 2 个例题中，如果接口电路中 8 段数码管前不接 8 个反向器，接口程序不做任何修改，那么相同的开关状态组合对应的 8 段数码管显示的字符如何改变？如果要保证相同的开关组合 8 段数码管显示的字符不变，接口程序如何修改？

9. 5.3.1 中第 4 个例题中，查询方式接口电路中，如果用 74LS244 来实现状态端口，接口电路如何修改？接口程序如何修改？

10. 参考 5.4.1 和 5.4.2 仿真实例，将 5.4.2 仿真实例的接口电路修改成采集 8 位开关状态信息，并用两个 8 段数码管分别显示高 4 位开关信息对应的十六进制数和低 4 位开关信息对应的十六进制数，并设计仿真程序进行仿真验证。

第6章

8255A 并行接口及其应用

各种外部设备通过输入/输出接口（I/O Interface）与系统相连，并在接口电路的支持下实现数据传送和操作控制。接口电路的组态（工作状态）可由微处理器的指令来控制和设定，这样的接口芯片称为可编程接口芯片。随着超大规模集成电路技术的发展，已有各种通用和专用的接口芯片问世。8255A 是应用广泛的可编程并行接口芯片，使用方便，通用性强。

计算机中处理的数据是数字量，而工程实际中需要处理的是连续变化的物理量，也称为模拟量。为了使计算机能够处理这些模拟量，需要实现模拟量与数字量之间的转换。模/数转换器（A/D 转换器或 ADC）能实现从模拟量到数字量之间的转换，数/模转换器能实现从数字量到模拟量之间的转换。

本章先介绍 8255A 的工作原理，然后通过实例详细说明 8255A 在开关电路、8 段 LED 显示器中的应用，接着介绍 D/A 转换器和 A/D 转换器的工作原理及 A/D 并行接口接口电路，包括 8255A 与 ADC0809 接口实现多通道数据采集的实例。

6.1 8255A 的 工 作 原 理

Intel 8255A 是一个广泛用于微机系统的、具有 24 条 I/O 引脚的、可编程并行的接口芯片。8255A 采用双排直插式封装，使用单一＋5V 电源，全部输入输出与 TTL 电平兼容。

6.1.1 8255A 内部结构及引脚功能

1. 8255A 内部结构

8255A 的内部结构如图 6.1（a）所示，由 4 部分组成。

（1）数据总线缓冲器。数据总线缓冲器是一个双向三态的 8 位数据缓冲器，8255A 通过它与系统总线相连。输入数据、输出数据、CPU 发给 8255A 的控制字都是通过这个缓冲器进行的。

（2）数据端口 A、端口 B、端口 C。8255A 有三个 8 位数据端口，即端口 A、端口 B、端口 C。设计人员可通过编程使它们分别作为输入端口或输出端口。不过，这三个端口有各自的特点。

端口 A 对应一个 8 位数据输入锁存器和一个 8 位数据输出锁存器/缓冲器。用端口 A 作为输入或输出时，数据均受到锁存。端口 B 和端口 C 均对应一个 8 位输入缓冲器和一个 8 位数据输出锁存器/缓冲器。

在使用中，端口 A 和端口 B 常常作为独立的输入或者输出端口。端口 C 除了可以做独立的输入或输出端口外，还可配合端口 A 和端口 B 的工作。具体说，端口 C 可分成两个 4 位的端口，分别作为端口 A 和端口 B 的控制信号和状态信号。

（3）A 组控制和 B 组控制。这两组控制电路一方面接收 CPU 发来的控制字并决定 8255A 的工作方式；另一方面接收来自读/写控制逻辑电路的读/写命令，完成接口的读/写操作。A 组控制电路控制端口 A 和端口 C 的高 4 位的工作方式和读/写操作。B 组控制电路控制端口 B 和端口 C 的低 4 位的工作方式和读/写操作。

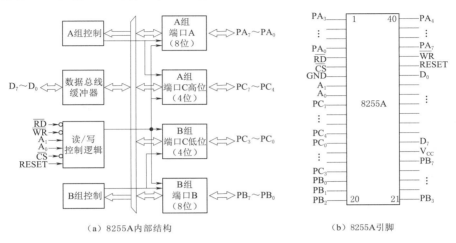

（a）8255A 内部结构 （b）8255A 引脚

图 6.1　8255A 内部结构及引脚

（4）读/写控制逻辑。读/写控制逻辑负责管理 8255A 的数据传输过程。它接收译码电路的 $\overline{CS}$ 和来自地址总线的 A_1、A_0 信号，以及控制总线的 RESET、$\overline{RD}$、$\overline{WR}$ 信号，将这些信号进行组合后，得到对 A 组控制部件和 B 组控制部件的控制命令，并将命令发给这两个部件，以完成对数据信息、状态信息和控制信息的传输。

2. 8255A 引脚功能

8255A 芯片除电源和地引脚以外，其他引脚可分为两组，引脚如图 6.1（b）所示。

（1）8255A 与外设连接引脚。8255A 与外设连接有 24 条双向、三态数据引脚，分成三组，$PA_7 \sim PA_0$、$PB_7 \sim PB_0$、$PC_7 \sim PC_0$，分别对应于 A、B、C 三个数据端口。

（2）8255A 与 CPU 连接引脚。

$D_7 \sim D_0$：双向、三态数据线。

RESET：复位信号，高电平有效。复位时所有内部寄存器清除，同时 3 个数据端口被设为输入。

$\overline{CS}$：片选信号，低电平有效。该信号有效时，8255A 被选中。

$\overline{RD}$：读信号，低电平有效。该信号有效时，CPU 可从 8255A 读取输入数据或状态信息。

$\overline{WR}$：写信号，低电平有效。该信号有效时，CPU 可向 8255A 写入控制字或输出数据。

A_1，A_0：片内端口选择信号。8255A 内部有三个数据端口和一个控制端口。8255A 的 $\overline{CS}$、$\overline{RD}$、$\overline{WR}$、A_1、A_0 控制信号和传送操作之间的关系见表 6.1。

表 6.1　　　　　　　　　　　　**8255A 的控制信号和传送操作的对应关系**

$\overline{CS}$	$\overline{RD}$	$\overline{WR}$	A_1	A_0	执行的操作
0	0	1	0	0	读端口 A
0	0	1	0	1	读端口 B
0	0	1	1	0	读端口 C
0	0	1	1	1	非法状态
0	1	0	0	0	写端口 A
0	1	0	0	1	写端口 B
0	1	0	1	0	写端口 C
0	1	0	1	1	写控制端口
1	×	×	×	×	未选通

6.1.2　8255A 控制字

8255A 有两个控制字：方式选择控制字和端口 C 置位/复位控制字。这两个控制字共用一个地址，即控制端口地址。用控制字的 D_7 位来区分这两个控制字，$D_7 = 1$ 为方式选择控制字；$D_7 = 0$ 为端口 C 置位/复位控制字。

1. 方式选择控制字

方式选择控制字的格式如图 6.2 所示。$D_0 \sim D_2$ 用来对 B 组的端口进行工作方式设定，$D_3 \sim D_6$ 用来对 A 组的端口进行工作方式设定。最高位为 1，是方式选择控制字标志。

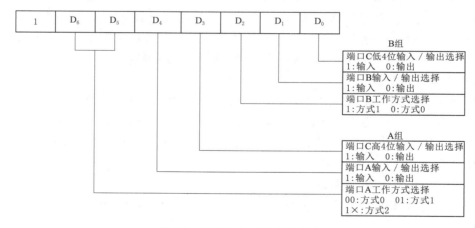

图 6.2　8255A 方式选择控制字

2. 端口 C 置位/复位控制字

端口 C 置位/复位控制字的格式如图 6.3 所示。$D_3 \sim D_1$ 三位的编码与端口 C 的某一位相对应，D_0 决定置位或复位操作。最高位为 0，是端口 C 置位/复位控制字标志。

6.1.3　8255A 工作方式

1. 方式 0——基本输入输出

方式 0 下，每一个端口都作为基本的输入口或输出口，端口 C 的高 4 位和低 4 位以

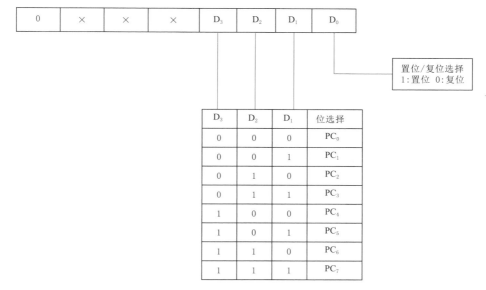

图 6.3　8255A 端口 C 置位/复位控制字

及端口 A、端口 B 都可独立地设置为输入口或输出口。4 个端口的输入/输出有 16 种组合。

8255A 工作于方式 0 时，CPU 可采用无条件读写方式与 8255A 交换数据，也可采用查询方式与 8255A 交换数据。采用查询方式时，可利用端口 C 作为与外设的联络信号。

2. 方式 1——选通输入输出

方式 1 下三个端口分为 A、B 两组；端口 A、端口 B 仍作为输入口或输出口；端口 C 分成两部分，一部分作为端口 A 和端口 B 的联络信号，另一部分仍可作为基本的输入或输出口。

（1）方式 1 输入。端口 A、端口 B 都设置为方式 1 输入时的情况及时序如图 6.4 所示。PC_3、PC_4、PC_5 作为端口 A 的联络信号，PC_0、PC_1、PC_2 作为端口 B 的联络信号。

$\overline{STB}$：选通输入，低电平有效。该信号有效时，输入数据被送入锁存端口 A 或端口 B 的输入锁存器/缓冲器中。

IBF：输入缓冲器满，高电平有效。该信号由 8255A 发出，作为 $\overline{STB}$ 信号的应答信号。该信号有效时，表明输入缓冲器中已存放数据，可供 CPU 读取。IBF 由 $\overline{STB}$ 信号的下降沿置位，由 $\overline{RD}$ 信号的上升沿复位。

INTR：中断请求信号，高电平有效。当 IBF 和 INTE 均为高电平时，INTR 变为高电平。INTR 信号可作为 CPU 的查询信号，或作为向 CPU 发出中断请求的信号。$\overline{RD}$ 的下降沿使 INTR 复位，上升沿又使 IBF 复位。

INTE：中断允许信号。端口 A 用 PC_4 的置位/复位控制，端口 B 用 PC_2 的置位/复位控制。需特别说明的是，对 INTE 信号的设置，虽然使用的是对端口 C 的置位/复位操作，但这完全是 8255A 的内部操作，对已作为 $\overline{STB}$ 信号的引脚 PC_4、PC_2 的逻辑状态没有影响。

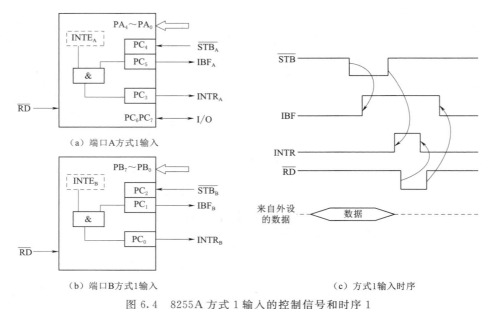

（a）端口 A 方式 1 输入

（b）端口 B 方式 1 输入

（c）方式 1 输入时序

图 6.4　8255A 方式 1 输入的控制信号和时序 1

（2）方式 1 输出。端口 A、端口 B 都设置为方式 1 输出时的情况如图 6.5 所示。PC_3、PC_6、PC_7 作为端口 A 的联络信号，PC_0、PC_1、PC_2 作为端口 B 的联络信号。

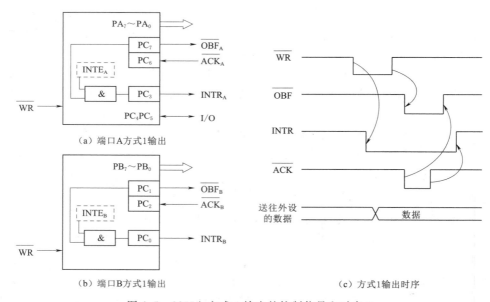

（a）端口 A 方式 1 输出

（b）端口 B 方式 1 输出

（c）方式 1 输出时序

图 6.5　8255A 方式 1 输出的控制信号和时序 2

$\overline{OBF}$：输出缓冲器满，低电平有效。该信号有效时，表明 CPU 已将待输出的数据写入到 8255A 的指定端口，通知外设可从指定端口读取数据。该信号由 $\overline{WR}$ 的上升沿置为有效。

$\overline{ACK}$：响应信号，低电平有效。该信号由外设发给 8255A，有效时，表示外设已取走 8255A 的端口数据。

INTR：中断请求信号，高电平有效。当输出缓冲器空（$\overline{OBF}=1$），中断允许 INTE＝1 时，INTR 变为高电平。INTR 信号可作为 CPU 的查询信号，或作为向 CPU 发出中断请求的信号。$\overline{WR}$ 的下降沿使 INTR 复位。

INTE：中断允许信号。端口 A 用 PC_6 的置位/复位控制，端口 B 用 PC_2 的置位/复位控制。

3. 方式 2——双向选通输入输出

方式 2 为双向传输方式。8255A 的方式 2 可使 8255A 与外设进行双向通信，既能发送数据，又能接收数据。可采用查询方式和中断方式进行传输。

方式 2 只适用于端口 A，端口 C 的 $PC_7 \sim PC_3$ 配合端口 A 的传输，其联络信号如图 6.6 所示。$INTE_1$ 为输出中断允许，由 PC_6 置位/复位；$INTE_2$ 为输入中断允许，由 PC_4 置位/复位。

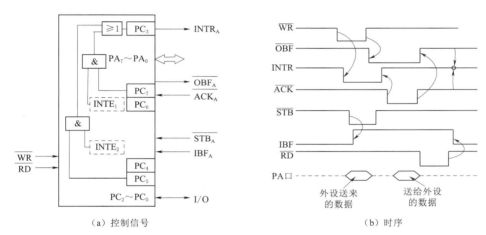

（a）控制信号　　　　　　　　（b）时序

图 6.6　8255A 方式 2 的控制信号和时序 3

当端口 A 工作于方式 2，端口 B 工作于方式 0 时，$PC_7 \sim PC_3$ 作为端口 A 的联络信号，$PC_0 \sim PC_2$ 可工作于方式 0；当端口 A 工作于方式 2，端口 B 工作于方式 1 时，$PC_7 \sim PC_3$ 作为端口 A 的联络信号，$PC_0 \sim PC_2$ 作为端口 B 的联络信号。端口 A 方式 2 和端口 B 方式 1 时，端口 C 各位的功能见表 6.2。

表 6.2　　　　　　　　　　端口 A 方式 2 和端口 B 方式 1 时端口 C 的功能

端口 C	端口 A 方式 2 和端口 B 方式 1	
	输入	输出
PC_7		$\overline{OBF_A}$
PC_6		$\overline{ACK_A}$
PC_5		IBF_A
PC_4		$\overline{STB_A}$
PC_3		$INTR_A$

续表

端口 C	端口 A 方式 2 和端口 B 方式 1	
	输入	输出
PC₂	$\overline{STB_B}$	$\overline{ACK_B}$
PC₁	IBF_B	$\overline{OBF_B}$
PC₀	INTR_B	

6.1.4 8255A 应用举例

【例】 由 8255A 的 A 口输出控制一个共阳极 LED 8 段数码管，由 C 口的 $PC_7 \sim PC_4$ 输入四位 DIP 开关 $K_3 \sim K_0$ 的状态值。开关断开，则该位开关状态值为 1，否则为 0。根据四位开关的状态的组合值，在 8 段数码管上显示对应的十六进制字符。LED 数码管由 8 个发光二极管组成 7 段数码和小数点，结构如图 5.9 所示，系统的硬件连接结构如图 6.7 所示，完成 8255A 的初始化和 LED 显示的接口控制程序。

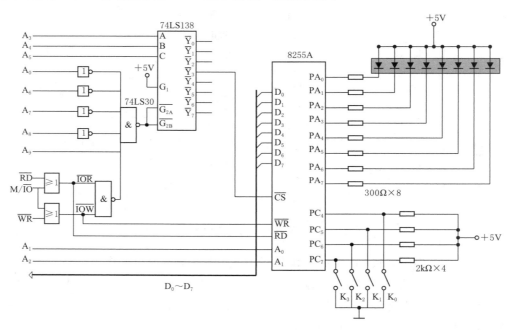

图 6.7 8255A 方式 0 控制 LED 显示接口硬件电路

8255A 的 C 口 $PC_7 \sim PC_4$ 接 4 个开关 $K_3 \sim K_0$，A 口的 8 位经电阻接一个 8 段数码管。当开关全闭合时，即 $K_3 K_2 K_1 K_0 = 0000$ 时显示 0，到开关全断开即 $K_3 K_2 K_1 K_0 = 1111$ 时，显示 F，共有 16 种状态，显示十六进制数字 0，1，…，A，…，F。

本例利用一片 8255A 控制一个 8 段数码管，采用共阳极方式，位控制端共阳极接高电平。显示某个字符，只要其对应的段控制位输出低电平，即"0"，这些 LED 就亮，亮的 LED 段构成要显示的字型。共阳极 8 段数码管显示的字符 0～F 的字型的段码表见表 6.3。

(1) 确定 8255A 端口地址。从图 6.7 的译码电路可知，8255A 的数据线 $D_7 \sim D_0$ 与

8086 的低 8 位数据线 $D_7 \sim D_0$ 相连，这时 8255A 的 4 个端口地址都应为偶地址，A_0 必须总等于 0，用地址线 A_2、A_1 来选择片内的 4 个端口。8255 的 A 口地址为 0218H，B 口地址为 021AH，C 口地址为 021CH，D 口地址为 021EH。

（2）确定 8255A 方式控制字。从接口图中可以看出，对 8255A 的工作方式要求：A 口方式 0 输出，$PC_7 \sim PC_4$ 输入；B 口方式 0 输出，$PC_3 \sim PC_0$ 则设定为输出。根据图 6.8 的方式，控制字定义可设定控制字为 10001000B，即 88H。

表 6.3 共阳极 8 段数码管字型码

十六进制	字型码	十六进制	字型码
00H	C0H	08H	80H
01H	F9H	09H	90H
02H	A4H	0AH	88H
03H	B0H	0BH	83H
04H	99H	0CH	C6H
05H	92H	0DH	A1H
06H	82H	0EH	86H
07H	F8H	0FH	8EH

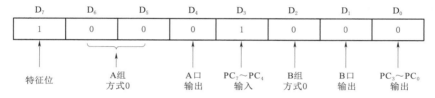

图 6.8 8255A 方式控制字设定

根据上面的分析，对 8255A 进行初始化的程序如下：

```
MOV   AL,88H           ;将控制字送给 AL
MOV   DX,021EH         ;将 D 口控制端口地址赋给 DX
OUT   DX,AL            ;将初始化控制字送给控制端口
```

实现题目中接口功能的程序主要部分如下：

```
PORTA    EQU      0218H
PORTB    EQU      021AH
PORTC    EQU      021CH
PORTD    EQU      021EH
DATA     SEGMENT
TAB      DB       0C0H,0F9H,0A4H,0B0H,99H,92H,82H,0F8H
         DB       80H,90H,88H,83H,0C6H,0A1H,86H,8EH
                                  ;字型段码表
DATA     ENDS
CODE     SEGMENT
         ASSUME  CS:CODE;DS:DATA
```

```
START:    LEA    BX,TAB
          MOV    AH,00H
          MOV    AL,88H
          MOV    DX,PORTD
          OUT    DX,AL              ;初始化 8255
GO:       MOV    AH,1               ;读键盘缓冲区字符
          INT    16H
          CMP    AL,1BH             ;若为"Esc"键,则退出
          JZ     EXIT
          IN     AL,PORTC           ;读开关状态
          MOV    CL,4
          SHR    AL,CL              ;高 4 位移至低 4 位
          XOR    AH,AH;             ;AH 清零
          MOV    SI,AX              ;字型表位移量
          MOV    AL,[BX+SI]         ;从字型表中取段码
          MOV    DX,PORTA
          OUT    DX,AL              ;从 8255A 的端口 A 显示输出
          JMP    GO
EXIT:     MOV    AH,4CH
          INT    21H                ;返回 DOS
CODE      ENDS
          END    START
```

【例】　在两台计算机之间利用 8255A 的端口 A 实现并行数据传送。A 机的 8255A 采用方式 1 发送数据,B 机的 8255A 采用方式 0 接收数据。A 机 8255A 工作于方式 1 输出,且 A 机 PC_3 作为向 CPU 提出传送数据的申请信号,PC_6 和 PC_7 作为与 B 机传送数据的联络信号。B 机 8255A 工作于方式 0 输入,PC_4 方式 0,作为 A 机准备好的输出状态位,PC_0 方式 0 输出,作为 B 机通知 A 机数据接收结束的联络信号。两机的 CPU 与 8255A 接口之间均采用查询方式交换数据,如图 6.9 所示。试编程实现将 A 机缓冲区 0300:0000H 开始的 1024 个字节数据发送至 B 机,并存放于 B 机从 0400:0000H 开始的缓冲区中。设两机 8255A 的端口地址均为 300H~306H 之间的偶地址,300H 为端口 A 地址,302H 为端口 B 地址,304H 为端口 C 地址,306H 为端口 D 地址。

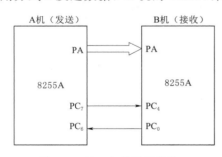

图 6.9　8255A 并行通信接口

A 机发送程序段:
```
          MOV    DX,306H
          MOV    AL,0A0H
          OUT    DX,AL              ;8255A 初始化,端口 A 方式 1 输出
          MOV    AL,0DH
          OUT    DX,AL              ;使 PC6(INTEA)=1,允许 PC3 作为中断输出
          MOV    AX,300H
```

```
          MOV      DS,AX
          MOV      BX,0
          MOV      CX,1024
NEXT：     MOV      DX,304H
WAIT1：    IN       AL,DX              ;查询 PC₃(INTRₐ)=1?
          TEST     AL,08H
          JZ       WAIT1
          MOV      DX,300H            ;发送数据
          MOV      AL,[BX]            ;读取待发送的数据
          OUT      DX,AL              ;通过端口 0 输出传输数据
          INC      BX                 ;数据地址加1,指向下一个数
          LOOP     NEXT
```

B 机接收程序段：

```
          MOV      DX,306H
          MOV      AL,98H
          OUT      DX,AL              ;8258A 初始化,端口 A 方式 0 输入
          MOV      AL,01H
          OUT      DX,AL              ;使 PC₀(ACK̄)=1
          MOV      AX,0400H           ;设置数据段的段地址
          MOV      DS,AX
          MOV      BX,0               ;设置接收数据存入偏移地址指针
          MOV      CX,1024            ;接收数据的长度
NEXT：     MOV      DX,304H
WAIT1：    IN       AL,DX              ;查询 PC₄(OBF̄)=0?
          TEST     AL,10H
          JNZ      WAIT1
          MOV      DX,300H            ;接收并保存数据
          IN       AL,DX
          MOV      [BX],AL
          INC      BX
          MOV      DX,306H            ;产生ACK̄信号
          MOV      AL,00H
          OUT      DX,AL
          NOP
          NOP
          MOV      AL,01H
          OUT      DX,AL
          LOOP     NEXT
```

6.2 数 据 采 样 与 保 持

6.2.1 概述

当用计算机来构成数据采集或过程控制等系统时，所要采集的外部信号或被控制对象

的参数，往往是温度、压力、流量、声音和位移等连续变化的模拟量。但是，计算机只能处理不连续的数字量，即离散的有限值。因此，必须用模数转换器即 A/D 转换器 (Analog to Digital Converter，ADC)，将模拟信号变成数字量后，才能送入计算机进行处理。计算机处理后的结果，也要经过数模转换器即 D/A 转换器 (Digital to Analog Converter，DAC)，转换成模拟量后，进行记录、显示或者驱动执行部件，达到控制的目的。

一个包含 A/D 和 D/A 转换器的实时闭环控制系统的框图如图 6.10 所示。

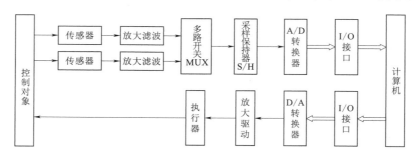

图 6.10　包含 A/D 和 D/A 的实时闭环控制系统

在图 6.10 中，A/D 和 D/A 转换器分别是模拟量输入和模拟量输出通路中的核心部件，后面两节将对它们作较详细的讨论。如果将图 6.10 所示的实时闭环系统中的 D/A 转换通路去掉，则成了一个将现场模拟信号变为数字信号，并送计算机进行处理的数据采集系统。反之，若系统中只包含 D/A 转换通路，就构成了一个程序控制系统。

在实际应用中，自外界输入的各种非电量模拟信号，一般都要如图 6.10 所示的结构，先由传感器把它们转换成模拟电流或电压信号后，才能被进一步处理和加到 A/D 转换器去转换成数字量。

传感器的种类很多，同一种物理量可以用几种不同的传感器来测量。同一种传感器，根据它们的特性又可分成不同的型号。例如，室温和体温常用热敏电阻测量。如果测量的是工业窑炉的炉温，则可选用各种热电偶。压力可以用压阻式、压电式、振动式等压力传感器来测量，若测量人体血压，则应采用专门的血压传感器。此外，还有流量传感器、位移传感器、光电传感器等各种不同功能的传感器。

大多数传感器产生的信号都很微弱，通常只有 μV 或 mV 量级，必须用高输入阻抗的运算放大器对它们进行放大，使它们达到一定的幅度（通常为几伏量级）。必要时还要进行滤波，选取信号中一定频率范围内的成分，去掉各种干扰和噪声。若信号的大小与 A/D 转换器的输入范围不一致，还需进行电平转换。所有这些在数字化之前的处理称为信号的预处理。

在实时控制或多路数据采集系统中，常常要同时测量几路甚至几十路信号，若每路使用一个 A/D 转换器，由于它们的价格较高，会显著增加成本。为此，常采用多路开关对被测信号进行切换，使各路信号共用一个 A/D 转换器，这样还能减小系统的体积和功耗。多路切换的方法有两种：一种是如图 6.10 所示，外加多路模拟开关 MUX (Multiplexer) 实现多路信号的切换；另一种是选用内部带多路转换开关的 A/D 转换器。例如，后面将要介绍的 ADC0809，就是带有 8 路模拟开关的 A/D 转换器。D/A 通道中也可以使用多路开关，不过由于 D/A 转换器比较便宜，实际系统中较少使用多路开关。

若模拟信号变化比较缓慢，可以直接加到 A/D 转换器的输入端；如果信号变化较快，为了保证模数转换的正确性，还需要使用采样保持器。

6.2.2 采样、量化和编码

模拟信号经预处理后从多路开关输出时，信号幅度已达到几伏的数量级，还必须经过采样、量化和编码的过程才能成为数字量。

1. 采样和量化

采样就是按相等的时间间隔 t 从电压信号上截取一个个离散的电压瞬时值，这些值都有精确的大小。严格地讲，必须用无穷多位小数才能真正表示出它们的电压值，但实际上只能把这些采集下来的电压瞬时值表示到一定的精度。

如图 6.11 所示，有一个被采样的信号电压的幅度范围为 $0\sim7V$，若把它们分为 8 层，

包括电平 0V 在内，每个分层为 1V，然后看每个采样处于哪个分层之中，该分层的起始电平就是这个采样的数字量。例如，t_0 时刻采样的实际值为 3.7V，它处于 $3\sim4V$ 分层中，因此它的数字量就是 3；其余依次类推。这个过程称为量化。每个分层所包含的最大电压值与最小电压值之差为 1V，它被称为量化单位，用 q 表示。显然，量化单位越小，一定范围内的电压值被分的层数就越多，

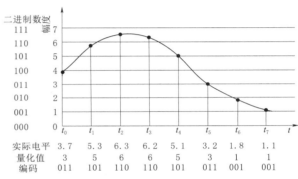

图 6.11 模拟电压信号被量化的例子

	实际电平	量化值	编码
t_0	3.7	3	011
t_1	5.3	5	101
t_2	6.3	6	110
t_3	6.2	6	110
t_4	5.1	5	101
t_5	3.2	3	011
t_6	1.8	1	001
t_7	1.1	1	001

采样值的数字量与实际电平之间的误差也越小，精度也就越高。

A/D 转换器输出的数字量，可采用若干种代码表示。图 6.11 中采用二进制编码。即用 $000\sim111$ 分别表示数字量 $0\sim7$。

从量化过程可以看到，t 越小，采样率 f_s 越高，每秒内采集的点数就越多，采得的值便越接近原信号。但若 f_s 太大，模数转换实现起来就比较困难，成本也会显著提高。

在对模拟信号进行采样时，为了与计算机表示数的方法一致，分层数必须是 2^n。例如，图 6.11 中的分层数为 $2^3=8$，或 $n=3$。实际的 A/D 转换器，n 通常为 8、10、12、16 等。为简单起见，常用位数 n 来表示 A/D 转换器的分辨率（Resolution），它表明 A/D 转换器能分辨最小量化信号的能力。

每个 A/D 转换器都有一个允许的最大输入电压范围，通常还有一个参考电压 V_R 输入引脚，在输入电压值范围内改变 V_R 的值，可以设定 A/D 转换器能够转换的电压范围，即指定量程。

例如，一个 8 位的 A/D 转换器，它将把输入电压信号分成 $2^8=256$ 层，若量程为 $0\sim5V$，那么能分辨的最小的量化信号电平，即量化单位为

$$q=\frac{\text{电压量程范围}}{2^n}=\frac{5.0V}{256}\approx0.019V=19mV$$

q 正好是 A/D 输出的数字量中最低位 LSB＝1 时所对应的电压值，因而也称为 1LSB。

2. 编码

经采样和量化后，模拟量转化成了数字量，数字量可以用不同的代码来表示，这就是数字量的编码。编码的形式有好几种，如二进制码、BCD 码、ASCII 码等。各器件采用的编码方式在制造过程就固定好了，有些器件可通过外部连线，选择几种编码方式。最常用的编码形式有自然二进制编码和双极性二进制编码两种，下面仅介绍自然二进制编码。

前面已经讲到，量化过程是先将一个由参考电压 V_R 设定的满量程（FSR）电压值分成 2^n 等分，然后将采样所得的模拟量与这些分层进行比较，看落在哪个分层范围内，便量化成相应的数字量。输入模拟量与满量程相比得到的是一个分数，若以满量程为 1，则这个比值总是小于 1 的小数。为此，数据转换中常用二进制小数形式表示数字量，这就是自然二进制码，或称为自然二进制小数码。

n 位自然二进制小数码表示一个小数 N 的形式是：

$$N = d_1 2^{-1} + d_2 2^{-2} + \cdots + d_n 2^{-n}$$

式中：d_i 为系数，取值只有 0 或 1 两种可能，表示二进制小数中第 i 位上的数码；2^{-n} 为小数中各位上的加权，第 1 位加权最大。当 $d_i = 1$ 时，它对 N 的贡献（加权）最大，等于 1/2，它被称为最高有效位 MSB；最右边的第 n 位的加权最小，等于 $1/2^n$，被称为最小有效位 LSB，实际上就等于量化单位 q。

采用自然二进制编码时，小数点不必表示出来。例如，二进制小数 0.110101 被记作 110101。根据上面的式子，它可转换成十进制小数：

$$N = 1 \times 0.5 + 1 \times 0.25 + 0 \times 0.125 + 1 \times 0.0625 + 0 \times 0.03125 + 1 \times 0.015625$$
$$= 0.828125 = 82.8125\%$$

也就是说，二进制码 110101 所表示的模拟量是满量程的 82.8125%。如果用 V_R 表示参考电压，即满量程值，用 V_X 表示实际模拟电压值，则

$$V_X = V_R \times N$$

当 $V_R = +10V$ 时，数字量 110101 表示模拟电压为 $V_X = 10V \times 0.828125 = 8.28125V$；而当 $V_R = +5V$ 时，它表示的模拟电压为 $V_X = 5V \times 0.828125 = 4.140625V$。可见，A/D 转换器的量程不同，同一个数字量所表示的模拟量大小也不一样。如前所述，可以通过改变 A/D 和 D/A 转换器的参考电压，来改变它们的量程。

若已知参考电压 V_R 和模拟电压 V_X，也可以计算出 V_X 的数字量 N 来。例如，当 $V_R = +5V$，$V_X = 1.0V$ 时，V_X 的数字量为

$$N = V_X / V_R = 1.0V / 5.0V = 0.2$$

将它转换成二进制小数，结果为 0.2 = 0.00110010，由于在机器中小数点不表示出来，所以用 00110010 或 32H 来表示 V_X 的数字量。

表 6.4 列出了在满量程 FSR 分别为 5V 和 10V 的情况下，4 位二进制小数码的表示方法。

从表 6.4 可知，数字量的最大值（全 1 或满码）并不等于满量程电压，它等于 FSR × $(1 - 2^{-n})$，也就是说，它比满量程小 1LSB。例如，在 FSR = +5V 时，满码 1111 表示 $5V \times (1 - 2^{-4}) = 4.6875V$。如果用的是 12 位 A/D 转换器，满码为 1111 1111 1111，它对应的电压值为 $5V \times (1 - 2^{-12}) = 4.9988V$。

表 6.4   4 位 （n＝4）二进制小数码的表示

输入模拟量	二进制小数	输出数码	对应电压	
			FSR＝＋5V	FSR＝＋10V
0	0.0000	0000	0.000	0.000
1/16FSR	0.0001	0001	0.312	0.625
2/16FSR	0.0010	0010	0.625	1.250
3/16FSR	0.0011	0011	0.937	1.875
⋮	⋮	⋮	⋮	⋮
15/16FSR	0.1111	1111	4.687	9.375

要是 A/D 转换器允许输入双极性信号，如 ±5V，为了表示 V_X 的极性，还可以用双极性码来表示数字量。D/A 转换是 A/D 转换的逆过程，量化和编码的原理对 D/A 也是适用的。

6.2.3　采样保持器

1. 采样过程

将模拟信号转换成离散信号的采样过程可以用图 6.12 形象地表示。

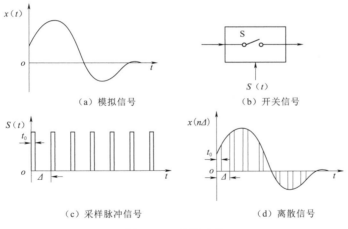

（a）模拟信号　　　　　　（b）开关信号

（c）采样脉冲信号　　　　　（d）离散信号

图 6.12　采样过程

图 6.12 中，连续的模拟信号 $x(t)$ 加到采样器的输入端，采样器的输出受采样脉冲 $S(t)$ 的控制，采样脉冲是一种周期为 Δ、宽度为 t_0 的矩形脉冲序列。每当采样脉冲出现时，开关 S 接通 t_0 秒，输入模拟信号可以通过采样器到达输出端；采样脉冲消失时，S 断开，采样器无输出。这样，从采样器输入的连续模拟信号在采样脉冲的调制下，在输出端得到宽度为 t_0、周期为 Δ 的脉冲序列 $x(n\Delta)$，脉冲序列的幅度被 $x(t)$ 所调制，这个过程就是采样。$x(n\Delta)$ 序列就是采样所得的离散模拟量，这些离散量出现的重复频率就是采样脉冲的频率 f_s，f_s 也称为采样率，其值为 $1/\Delta$。

一个模数转换器完成一次模数转换，要进行量化、编码等操作，每种操作均需花费一定的时间，这段时间称为模数转换时间 t_c。在转换时间 t_c 内，若输入模拟信号比较平坦，

即 $x(t)$ 的变化量 Δx 很小，可认为 $\Delta x \approx 0$。这样，由采样过程引入的误差可以忽略不计。在这种情况下，模数转换器可直接与采样器的输出端相连。一般将采样开关制作在 A/D 转换器内部，使采样器和转换器合为一体。

当 $x(t)$ 变化速率较高时，在转换过程中，输入模拟量有一个可观的 Δx，结果将会引入较大的误差。也就是说，在 A/D 转换过程中，加在转换器上的电平在波动，这样，就很难说输出的数字量表示 t_C 期间输入信号上哪一点的电压值，在这种情况下就要用采样保持器来解决这个问题。

2. 采样保持器

使用采样保持器可以将采样和保持这两个过程分开，即在采样开关与模数转换器之间加接一个电压保持器，采样保持电路和它的输入输出波形如图 6.13 所示。

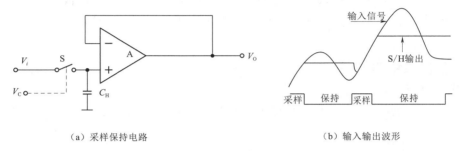

（a）采样保持电路   （b）输入输出波形

图 6.13   采样保持电路和输入输出波形

最基本的采样保持器电路如图 6.13（a）所示，它由模拟开关 S，保持电容 C_H 和缓冲放大器 A 组成。假设控制信号 V_C 中的高电平为采样命令，在它作用期间，S 合上，输入模拟信号 V_i 通过开关 S 向保持电容 C_H 充电。由于缓冲放大器的跟随特性，这期间输出电压 V_O 跟随输入电压 V_i 而变化。当采样脉冲命令结束后，开关 S 断开，电容 C_H 上的电压能在一段时间内保持基本不变，缓冲放大器的输出电压 V_O 便被保持在开关断开前瞬间的值，从而实现了采样和保持的功能。采样保持器的输入输出波形如图 6.13（b）所示。

6.3　数 模 转 换 原 理

6.3.1　D/A 转换器的基本原理

D/A（数模）转换器是一种把数字量转换为模拟量的线性电子器件，将输入的二进制数字量转换成模拟量，以电压或电流的形式输出，用于驱动外部执行机构。

D/A 转换常用的方法是加权电阻网法和 T 形电阻网法。加权电阻网法要求电阻的种类比较多，制作工艺比较复杂，特别是在集成电路中，受到电阻间阻值差异的限制，从而制约了 D/A 转换位数的增加（上限为 5 位）。T 形电阻网中电阻种类比较少，制作比较容易，目前大部分使用这种方法。

1. 运算放大器

在工业控制系统中，一般需要两个环节来实现数字量到模拟量的转换：一个环节是把数字量转换成模拟电流，这一步由 D/A 转换器完成；另一个环节是将模拟电流转换成模拟电压，这一步由运算放大器完成。有些 D/A 转换集成电路芯片中包含运算放大器，有的没有，这时就需要外界运算放大器。

（1）运算放大器的特点。

1）开环放大倍数很高，正常情况下所需的输入电压非常小。

2）输入阻抗很高，输入端相当于将一个很小的电压加在一个很大的阻抗上，因此输入电流极小。

3）输出阻抗很小，所以驱动能力强。

（2）运算放大器的原理。运算放大器有两个输入端：一个和输出端同相，称为同相端，用"＋"表示；另一个和输出端反相，称为反相端，用"－"表示。

如图 6.14（a）所示，同相端接地，反相端为输入端时，由于 V_i 很小，则输入点的电位近似于地电位，且输入电流也非常小，可以假定其为 0，把这种特殊的情况称为"虚地"。

如图 6.14（b）所示为带反馈电阻的运算放大器，G 点为运算放大器的虚地点，输入端有一个输入电阻 R_i，输出端有一个反馈电阻 R_o，因而输入电流为

$$I_i = \frac{V_i}{R_i}$$

由于运算放大器的输入阻抗极大，可认为运算放大器的电流几乎为 0，这样输入电流 I_i 全部流过了 R_o，因此 R_o 上的电压降就是输出电压 V_o，即

$$V_o = -R_o \cdot I_i = -R_o \cdot \frac{V_i}{R_i}$$

因此，带反馈电阻的运算放大器的放大倍数为

$$\frac{V_o}{V_i} = -\frac{R_o}{R_i}$$

如图 6.14（c）所示，输出端有一个反馈电阻 R_F，若输入端有 n 个支路，则输出电压 V_o 与输入电压 V_i 的关系为

$$V_o = -R_F \sum_{k=1}^{n} \frac{1}{R_k} V_i$$

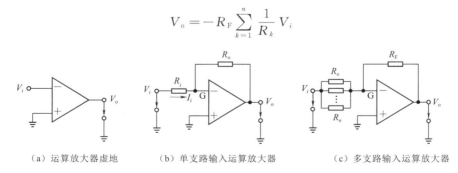

（a）运算放大器虚地　　　（b）单支路输入运算放大器　　　（c）多支路输入运算放大器

图 6.14　运算放大器的原理

2. 加权电阻网

数字量是由一位一位的数位构成的，每个数位都代表一定的权，如二进制 10000101

的第 7 位、第 2 位和第 0 位为 1，其余位为 0，这 8 个位的权从高位到低位分别是 2^7、2^6、2^5、2^4、2^3、2^2、2^1、2^0。该二进制数按权相加之后就得到了十进制数 133。数字量要转换成模拟量，必须把每位上的代码按权转换成对应的模拟分量，再把各模拟分量相加，所得到的总的模拟量便对应于给出的数字量。

加权电阻网 D/A 转换就是用一个二进制数的每位代码产生一个与其相应权成正比的电压（或电流），然后将这些电压（或电流）叠加起来，就可得到该二进制数所对应的模拟量电压（或电流）信号。加权电阻网 D/A 转换器由权电阻、位切换开关、运算放大器组成，如图 6.15 所示。

设 $V_{REF} = -10V$，由图 6.15 中的开关状态可以看出，$b_3 \sim b_0$ 为 1101，则

$$I_0 = V_{REF}/(8R), \quad I_2 = V_{REF}/(2R), \quad I_3 = V_{REF}/R$$

即

$$I_{out1} = I_0 + I_2 + I_3 = V_{REF} \times (1/8 + 1/2 + 1)/R = 1.625 V_{REF}/R$$

根据基尔霍夫电流定律，得

$$I_{RF} = -I_{out1}$$

若取 $R_F = R/2$，则

$$V_{out} = I_{RF} \times R_F = -0.8125 V_{REF} = 8.125V$$

在加权电阻网中，若采用独立的权电阻，那么对于一个 8 位的 D/A 转换器，需要 8 个阻值相差很大的电阻（R，$2R$，$4R$，$\cdots$，$128R$）。由于电路对这些电阻的误差要求较高，因此制造工艺的难度相应增加。

3. T 形电阻网

T 形电阻网 D/A 转换器由位切换开关、R - $2R$ 电阻网络、运算放大器及参考电压组成，如图 6.16 所示。使用了 T 形电阻网后，整个网络中只有 R 和 $2R$ 两种电阻。

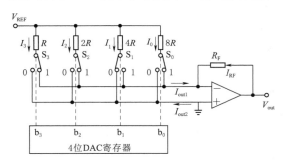

图 6.15　加权电阻网 D/A 转换器原理

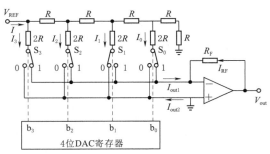

图 6.16　T 形电阻网 D/A 转换器原理

这种转换方法与加权电阻网法的主要区别在于电阻求和网络的形式不同，它采用分流原理实现对相应数字位的转换。

设 $V_{REF} = -10V$，由图 6.16 中的开关状态可以看出，$b_3 \sim b_0$ 为 1101，则

$$I = \frac{V_{REF}}{R} \quad I_3 = \frac{I}{2} \quad I_2 = \frac{I}{4} \quad I_1 = \frac{I}{8} \quad I_0 = \frac{I}{16}$$

$$I_{out1} = I_3 + I_2 + I_0 = (1/2 + 1/4 + 1/16) I = \frac{13 V_{REF}}{16R}$$

若取 $R_F = R$，根据基尔霍夫电流定律得 $I_{RF} = -I_{out1}$，则

$$V_{out} = I_{RF} \times R = -\frac{13V_{REF}}{16R} \times R = 8.125V$$

6.3.2 D/A 转换器的性能参数

1. 分辨率

分辨率是 D/A 转换器模拟输出电压可能被分离的等级数，输入数字量的位数越多，输出电压可分离的等级越多。理论上以可分辨的最小输出电压与最大输出电压之比表示 D/A 转换器的分辨率，通常以输入数字量的二进制位数来表示分辨率。对于一个 N 位的 D/A 转换器，它的分辨率为 $1/(2^N-1)$。例如，8 位 D/A 转换器的分辨率为 $1/255$。

2. 转换精度

转换精度是某一数字量的理论输出值和经 D/A 转换器转换的实际输出值之差。一般用最小量化阶距来度量，如 $\pm 1/2$ LSB（Least Significant Bit）；也可用满量程的百分比来度量，如 0.05% FSR（Full Scale Range）。

要注意转换精度和分辨率是两个不同的概念。转换精度是指转换后所得的实际值相对于理论值的接近程度，取决于构成转换器各个部件的精度和稳定性。而分辨率是指能够对转换结果发生影响的最小输入量，取决于转换器的位数。

3. 建立时间

当 D/A 转换器由最小的数字量变为最大的数字量输入时，D/A 转换器的输出达到稳定所需要的时间称为建立时间。建立时间反映了 D/A 转换器的转换速度。不同型号的 D/A 转换器，其建立时间不相同，一般从几纳秒到几微秒。

4. 线性度

线性度指当数字量发生变化时，D/A 转换器的输出量按比例关系变化的程度。理想的 D/A 转换器是线性的，但实际有误差。通常使用最小数字输入量的分数来给出最大偏差的数值，如 $\pm 1/2$ LSB。

5. 温度系数

温度系数是指在输入不变的情况下，输出模拟电压随温度变化产生的变化量。一般用满刻度输出条件下温度每升高 1℃，输出电压变化的百分数作为温度系数，主要用于说明 D/A 转换器受温度变化影响的特性。

6. 输入代码

输入代码有二进制码、BCD 码和偏移二进制码等。

7. 输出电平

不同型号的 D/A 转换器，其输出电平不相同，一般为 5~10V。

6.3.3 8 位 D/A 转换器 DAC0832

D/A 转换芯片是由集成在单一芯片上的电阻网络和根据需要而附加上的一些功能电路构成的。D/A 转换器有多种类型。按其性能分，有通用、高速和高精度 D/A 转换器等。按内部结构分，有不包含数据寄存器的，这种芯片内部结构简单，价格低廉，如 AD7520 等；也有包含数据寄存器的，这种可以直接和系统总线相连，如 AD7524、

DAC0832 等。下面主要介绍 8 位 D/A 转换器 DAC0832 及其接口。

1. DAC0832 的内部结构及引脚

DAC0832 是 CMOS 工艺制成的 8 位双缓冲型 D/A 转换器，其逻辑电平与 TTL 电平相兼容。内部电阻网络形成参考电流，由输入二进制数控制 8 个电流开关。采用 CMOS 工艺的电流开关的漏电很小保证了 DAC0832 的精度。DAC0832 使用单一电源，功耗低，建立时间为 $1\mu s$。输入数据为 8 位并行输入，有两级数据缓冲器及使能信号、数据锁存信号等，与 CPU 接口方便。DAC0832 的内部结构如图 6.17 所示，其引脚排列如图 6.18 所示。

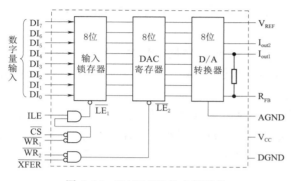

图 6.17　DAC0832 的内部结构

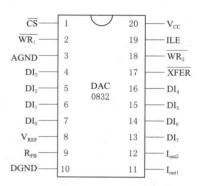

图 6.18　DAC0832 的引脚排列

DAC0832 的引脚说明如下：

$DI_0 \sim DI_7$：数据线，输入数字量。

$\overline{CS}$：第一级数据缓冲器的片选信号，低电平有效。

$\overline{XFER}$：传送控制信号，从输入寄存器向 DAC 寄存器传送 D/A 转换器数据的控制信号。

$\overline{ILE}$：允许输入锁存信号，高电平有效。

$\overline{WR_1}$：第一级数据缓冲器的写信号，低电平有效。当 ILE＝1、$\overline{CS}$＝0、$\overline{WR_1}$＝0 时，用它将输入的数字量锁存于输入寄存器中。

$\overline{WR_2}$：第二级数据缓冲器的写信号，低电平有效。当 $\overline{WR_2}$＝0 且 $\overline{XFER}$＝0 时，输入寄存器的数字被锁存进 DAC 寄存器，同时进入 D/A 转换器开始转换。

I_{out1} 和 I_{out2}：输出模拟电流，若需要电压输出，则要通过运算放大器进行电流—电压转换。$I_{out1}＋I_{out2}$＝常数，I_{out1} 和 I_{out2} 随 DAC 寄存器的内容线性变化。

R_{FB}：供电流-电压转换电路使用的反馈电阻，该电阻被制作在芯片内。由于它是与 D/A 转换器中的权电阻网络一起制造的，因此具有同样的温度系数，使用该反馈电阻可使电流—电压转换电路的电压输出稳定，受温度变化的影响小。

V_{REF}：基准电压输入端，为模拟电压输入，允许范围 $-10 \sim +10V$。

V_{CC}：电源，允许范围是 $+5 \sim +15V$。

AGND：模拟地，芯片模拟电路接地点。

DGND：数字地，芯片数字电路接地点。

2. DAC0832 的模拟输出

（1）单极性电压输出。当输入数字为单极性数字时，典型的单极性电压输出电路如图 6.19 所示，由运算放大器进行电流—电压转换，使用芯片内部的反馈电阻。输出电压 V_{out} 与输入数字 D 的关系为

$$V_{out} = -V_{REF} \times D/256$$

输入 $D=0\sim255$，$V_{out}=0\sim-V_{REF}\times255/256$。

假设 $V_{REF}=-5V$，当 D=FFH=255 时，最大输出电压为

$$V_{max} = (255/256) \times 5 = 4.98(V)$$

当 $D=00H$ 时，最小输出电压为

$$V_{min} = (0/255) \times 5 = 0(V)$$

当 $D=01H$ 时，一个最低有效位（LSB）的电压为

$$V_{LSB} = (1/256) \times 5 = 0.0195(V)$$

（2）双极性电压输出。有时输入待转换的数字量有正有负，因而希望 D/A 转换输出 也是双极性的，如输出电压范围是 $-5\sim+5V$ 或 $-10\sim+10V$。

在有些控制系统中，要求控制电压有极性变化，如电机的正转和反转对应正电压和负 电压。要实现双极性输出，只要在单极性电压输出的基础上再增加一级运放。如图 6.20 所示，其中取 $R_2=R_3=2R_1$。

$$V_{out} = 2 \times V_{REF} \times D/256 - V_{REF} = (2D/256-1)V_{REF}$$

输入 $D=0\sim255$，输出电压在 $-V_{REF}\sim+V_{REF}$ 之间变化。

假设 $V_{REF}=-5V$，当 $D=0$，$V_{out}=-V_{REF}=5V$；当 $D=128$，$V_{out}=0$；当 $D=255$，$V_{out}=(2\times255/256-1)\times V_{REF}\approx V_{REF}=-5V$。

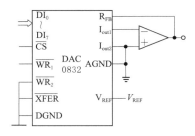 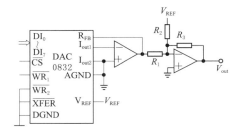

图 6.19　单极性电压输出电路　　　图 6.20　双极性电压输出电路

3. DAC0832 的工作方式

（1）直通方式。把 $\overline{CS}$、$\overline{XFER}$、$\overline{WR_1}$、$\overline{WR_2}$ 接地，即第一级、第二级数据缓冲器处 于开通状态。数据一旦加在数据线（$DI_7\sim DI_0$）上，DAC0832 的输出就立即响应。这种 方式可用于一些不采用微机的控制系统中。

（2）单缓冲方式。两级数据缓冲器之一处于直通状态，输入数据只经过一级数据缓冲 器送入 D/A 转换器。这种方式下，只需执行一次写操作，即可完成 D/A 转换。有两种方 法使 DAC0832 工作于单缓冲方式。

1）把 $\overline{WR_2}$、$\overline{XFER}$ 接地，即第二级缓冲器直通。数据由 $\overline{CS}$、$\overline{WR_1}$ 和 ILE 控制写入第

一级数据缓冲器。图 6.19 和图 6.20 所示的 DAC0832 与 CPU 接口就是采用的这种方法。

2）把 $\overline{CS}$、$\overline{WR_1}$ 接地，ILE 接高电平，即第一级数据缓冲器直通，数据由 $\overline{WR_2}$ 和 $\overline{XFER}$ 控制写入第二级数据缓冲器。

（3）双缓冲方式。双缓冲方式适用于系统中有多片 DAC0832，特别是要求同时输出多个模拟量的场合。使用时，多片 DAC0832 的 $\overline{WR_2}$ 和 $\overline{XFER}$ 并联在一起。首先分别将每路的数据写入各个 DAC0832 的第一级数据缓冲器，然后同时将数据锁存到各个 DAC0832 的第二级数据缓冲器。

6.4　模数转换及其应用

6.4.1　模数转换器原理

实现 A/D 转换的基本方法有十几种，常用的有计数法、逐次逼近法、双斜积分法和并行转换法。由于逐次逼近式 A/D 转换具有速度快、分辨率高等优点，而且采用这种方法的 ADC 芯片成本较低，因此在计算机数据采集系统中获得了广泛的应用。因此，仅介绍逐次逼近式 A/D 转换器的原理及其应用。

逐次逼近法 A/D 转换器的转换原理是建立在逐次逼近的基础上的，即把输入电压 V_i 和一组从参考电压分层得到的量化电压进行比较，比较从最大的量化电压开始，由粗到细逐次进行，由每次比较的结果来确定相应的位是 1 还是 0。不断比较，不断逼近，直到两者的差别小于某一误差范围时即完成了一次转换。

这种逐次比较的过程与天平称量物体的过程很相似。若要用天平称量一个实际重量为 27.4g 的重物，天平具有 32g、16g、8g、4g、2g 和 1g 等 6 种砝码。称量时，先从最重的砝码试起，称量过程可用表 6.5 来说明。经过 6 步操作后，天平基本平衡，由于最小的砝码是 1g，没有更小的砝码可用了，所以称量已告结束。结果为

$$M_x = 0 \times 32 + 1 \times 16 + 1 \times 8 + 0 \times 4 + 1 \times 2 + 1 \times 1 = 27(g)$$

表 6.5　　　　　　　　　　　　一个 27.4g 重物的称量过程

次序	加砝码/g	天平指示	操作	记录
1	32	超重	去码	$X_1 = 0$
2	16	欠重	留码	$X_2 = 1$
3	8	欠重	留码	$X_3 = 1$
4	4	超重	去码	$X_4 = 0$
5	2	欠重	留码	$X_5 = 1$
6	1	平衡	留码	$X_6 = 1$

它与实际重量之间的误差为 0.4g。由于砝码是以二进制加权分布的，因此也可以用二进制码 $d_1d_2d_3d_4d_5d_6 = 011011$ 来表示该物体的重量。

如果再增加 0.5g、0.25g 两种砝码，将使称量结果更精确。这时，相当于 $n = 8$，即用 8 位二进制 01101101 来表示称量结果，也就是 27.25g。

逐次逼近式 A/D 转接器就像一架电子自动平衡天平。以一个量程为 +5V 的 4 位逐次逼近式 ADC 为例,用它来转换一个 $V_i=3V$ 的电压量,由于 $n=4$,它有 4 个以二进制码表示的电子砝码,它们与电压量的对应关系见表 6.6。

表 6.6　　　　　　　　　　　　　　4 个电子砝码与电压的对应关系

电子砝码	相应的电压	电子砝码	相应的电压
1000	$5V \times 2^{-1} = 2.5V$	0010	$5V \times 2^{-3} = 0.625V$
0100	$5V \times 2^{-2} = 1.25V$	0001	$5V \times 2^{-4} = 0.3125V$

逐次逼近式 A/D 转换器的原理如图 6.21 所示,由逐次逼近寄存器 SAR、D/A 转换器、比较器 A、缓冲器等组成。SAR 中包含一个移位寄存器、一个数据寄存器及决定去/留码的逻辑电路等几部分,它们在时钟脉冲 CLK 的作用下有次序地进行操作。D/A 转换器用来形成电子砝码,送到比较器 A 的 "—" 输入端。比较器相当于天平的杠杆和指针,它对从 "+" 端输入的模拟电压 V_i 和从 "—" 端输入的电子砝码进行比较,如 V_i 大于所加的砝码,输出为 1,SAR 中的去/留码逻辑决定保留这个砝码,否则就去除这个砝码。

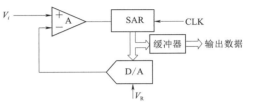

图 6.21　逐次逼近式 A/D 转换器的原理

对于 $V_i=3V$,$n=4$ 的情况,转换过程如下:

在时钟驱动下,SAR 中的移位寄存器的 MSB 位加码,其编码为 1000。D/A 转换器将它转换成 2.5V 电压,送到比较器 A 的 "—" 输入端,与 V_i 进行比较,由于 2.5V < 3V,所以去/留码逻辑保留最高位的 1,即这次比较结果为 1。

移位寄存器对第二位加码,由于上次比较后最高位保留了 1,因此送到 DAC 的代码为 1100,DAC 的输出电压就是 2.5V+1.25V=3.75V,它与 3V 进行比较。由于 3.75V > 3V,所以要去掉这位,本次结果为 0。

同理,可对第三位、第四位进行加码,整个比较过程见表 6.7。

表 6.7　　　　　　　　　　　　　　4 位逐次逼近式 A/D 转换过程

($V_R = +5V$, $V_i = 3.0V$)

次序	试探码	D/A 输出	去留码	本次结果
1	1000	$2.5V < V_i$	留	1000
2	1100	$3.75V > V_i$	去	1000
3	1010	$3.125V > V_i$	去	1000
4	1001	$2.8125V < V_i$	留	1001

经过 4 次比较后,比较过程结束,最后在 SAR 的数据寄存器中的结果是 1001,它就是 $V_i=3V$ 所对应的数字量。它通过缓冲器输出,表示的实际电压为 2.8125V。这个数字量与输入电压之间的误差为 2.8125V−3V=−0.1875V,由于该 A/D 转换器的量化单位

（1LSB）为 0.3125V，这时的量化误差已小于 1LSB。

若要提高精度，可再增加几位，相当于再用更小的电子砝码进行比较。如将上述的 A/D 转换器增加到 8 位，相当于再增加 4 个电子砝码：0.15625V、0.078125V、0.0390625V 和 0.01953125V。仿照上述步骤，3V 输入电压可转换成二进制码 1001 1001，它表示的实际电压为 2.98828125V，它和 3V 之间的误差为 0.01171875V，小于量化单位 0.0195321V。可见，增加位数后转换精度明显提高了。

逐次逼近式 A/D 转换器每进行一次比较，即决定数字码中的一位码的去/留操作，需要 8 个时钟脉冲。这样，一个 8 位转换器完成一次转换需要 $8 \times 8 = 64$ 个时钟脉冲，再加上准备与结束阶段需要几个时钟脉冲，这就是转换器的转换时间 t_C。大致认为经 64 个时钟脉冲后，8 次比较完成，通过缓冲器可输出数字量结果。

大部分 A/D 转换器的时钟是由外部提供的，也有一些片子可用外接的 RC 网络来设定时钟频率。很容易根据时钟频率来估计出转换器的转换时间。例如，ADC0809 是 8 位逐次逼近式 A/D 转换器，典型的工作时钟频率为 640kHz，每个时钟脉冲的周期为 $1/(640 \times 10^3)$s。于是，完成一次转换的时间大约为

$$t_C = 64 \times \frac{1}{640 \times 10^3} \text{s} = 0.0001 \text{s} = 100 \mu\text{s}$$

如工作频率 $f = 500$kHz，则 $t_C = 128 \mu\text{s}$。

6.4.2 A/D 转换器的主要性能指标

与 DAC 相似，ADC 也有若干性能指标，在实际应用中，应从系统数据总的位数、精度要求、转换速度要求、输入模拟信号的范围以及输入信号极性等方面综合考虑 A/D 转换器的选用。

1. 分辨率

分辨率又称精度，指数字量变化一个最小量时模拟信号的变化量，定义为满刻度与 2^n 的比值。A/D 转换器的分辨率以输出二进制（或十进制）数的位数来表示，它说明 A/D 转换器对输入信号的分辨能力。从理论上讲，n 位输出的 A/D 转换器能区分 2^n 个不同等级的输入模拟电压，能区分输入电压的最小值为满量程输入的 $1/2^n$。例如 12 位 ADC 的分辨率就是 12 位，或者说分辨率为满刻度的 $1/(2^{12})$。一个 10V 满刻度的 12 位 ADC 能分辨输入电压变化最小值是 $10\text{V} \times 1/(2^{12}) \approx 2.4\text{mV}$。

2. 量化误差

A/D 转换器将连续的模拟量转换为离散的数字量，对一定范围内连续变化的模拟量只能量化成同一个数字量，这种误差是由于量化引起的，所以称为量化误差。由于 A/D 转换器的有限分辨率而引起的误差，即有限分辨率 A/D 的阶梯状转移特性曲线与无限分辨率 A/D（理想 A/D）的转移特性曲线（直线）之间的最大偏差，如图 6.22 所示。通常是 1 个或半个最小数字量的模拟变化量，表示为 1LSB、$\pm 1/2$LSB。它是量化器固有的，是不可克服的。

例如 A/D 转换器的分辨率为 8 位，满量程输入电压 $V_{FS} = 5$V，则量化阶距是 $5\text{V}/(2^8 - 1)$，即 0.0196V，量化误差是 ± 0.5LSB。

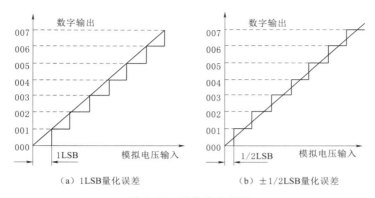

图 6.22 量化误差原理

3. 转换误差

转换误差是指 A/D 转换器实际的输出数字量与理论上的输出数字量之间的差别，通常以整个输入范围内的最大输出误差表示。一般用最低有效位（LSB）的倍数来表示转换误差，例如转换误差不大于±1LSB，说明在整个输入范围内输出数字量与理论上的输出数字量之间的误差小于最低位的一个数字量。它是系统最终的转换误差。

4. 转换时间、转换速率

转换时间是指 A/D 转换器从开始转换到完成转换得到稳定的数字信号所经过的时间。A/D 转换器的转换时间与转换电路的类型有关，不同类型的转换器转换速度相差甚远。其中并行比较 A/D 转换器的转换速度最高，8 位二进制输出的单片集成 A/D 转换器转换时间可达到 50ns 以内；逐次比较型 A/D 转换器次之，它们多数转换时间在 $10\sim50\mu s$ 以内；间接 A/D 转换器的速度最慢，如双积分 A/D 转换器的转换时间大都在几十毫秒至几百毫秒之间。转换速率是指完成一次从模拟量转换到数字量的 AD 转换所需的时间的倒数。采样时间则是另外一个概念，是指两次转换的间隔。为了保证转换的正确完成，采样速率（Sample Rate）必须小于或等于转换速率。因此有人习惯上将转换速率在数值上等同于采样速率也是可以接受的。常用单位是 ksps 和 msps，表示每秒采样千次和每秒采样百万次（Kilo/Million Samples Per Second）。

5. 转换精度

转换精度反映了一个实际 A/D 转换器与一个理想 A/D 转换器在量化值上的差值，用绝对误差或相对误差来表示，即理论转换结果与实际转换结果之差。由于理想 A/D 转换器也存在着量化误差，因此，实际 A/D 转换器转换精度所对应的误差指标不包括量化误差在内。通常用数字最低有效位（LSB）对应模拟量的几分之几来表示，如±0.5LSB。

6. 量程

量程是指 AD 转换器能够实现转换的输入电压或电流范围。

在实际应用中，应从系统数据总的位数、精度要求、转换速度要求、输入模拟信号的范围以及输入信号极性等方面综合考虑 A/D 转换器的选用。

【例】 某信号采集系统要求用一片 A/D 转换集成芯片在 1s 内对 16 个热电偶的输出电压分时进行 A/D 转换。已知热电偶输出电压范围为 $0\sim0.025V$（对应于 $0\sim450℃$ 温度范围），需要分辨的温度为 0.1℃，试问应选择多少位的 A/D 转换器，其转换时间是多少？

　　分析：对于 0～450℃ 温度范围，信号电压为 0～0.025V，分辨温度为 0.1℃，这相当于 0.1/450＝1/4500 的分辨率。12 位 A/D 转换器的分辨率为 $1/2^{12}＝1/4096$，所以必须选用 13 位的 A/D 转换器。

　　系统的采样速率为每秒 16 次，采样时间为 62.5ms。对于这样慢速的采样，任何一个 A/D 转换器都可达到。可选用带有采样-保持 S/H 的逐次逼近式 A/D 转换器或不带 S/H 的双积分式 A/D 转换器。

6.4.3　模数转换器 ADC0809

　　为便于用户构成多通道数据采集系统，一些厂家将多路模拟开关和 8 位 A/D 转换器集成在一个芯片内，构成多通道 ADC，其中，以 NSC 公司的 8 通道 8 位 A/D 转换器 ADC0809 应用最为广泛。下面介绍它的基本原理和使用方法。

1. 结构与引脚

　　ADC0809 的内部结构如图 6.23 所示。ADC0809 是 CMOS 工艺制作的 8 位逐次逼近式 A/D 转换器，包含一个 8 通道模拟开关，可以接入 8 个模拟输入电压并对其进行分时转换；分辨率为 8 位；具有三态锁存和缓冲能力，可直接与微处理器的总线相连；转换时间为 $200\mu s$，工作温度范围为 $-40～+85℃$，功耗为 15mW，输入模拟电压范围为 0～5V，采用 +5V 电源供电。

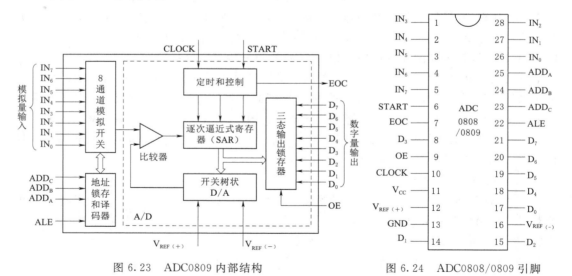

图 6.23　ADC0809 内部结构　　　　图 6.24　ADC0808/0809 引脚

　　ADC0809 引脚排列如图 6.24 所示，各引脚的功能如下：

　　$IN_7～IN_0$：8 通道模拟量输入端。

　　$D_7～D_0$：8 位数字量输出端。

　　START：启动转换命令输入端。在该引脚上加宽度大于 200ns 的正脉冲，上升沿复位逐次逼近型寄存器（SAR），下降沿启动 A/D 转换。

EOC：转换结束信号，输出，上升沿有效。平时为高电平，在转换开始后及转换过程中为低电平，转换一结束，又变回高电平。

OE：输出使能端。此脚上加高电平，即打开输出缓冲器三态门，把转换结果送到数据总线上，供 CPU 从 A/D 读出数据。

ADD_C、ADD_B 和 ADD_A：通道号选择输入端。其中 A 是 LSB 位，这三个引脚上所加电平的编码为 $000\sim111$ 时，分别对应于选通通道 $IN_0\sim IN_7$。例如，当 ADD_C、ADD_B 和 ADD_A 为 100 时，选中通道 IN_4，011 时选中通道 IN_3。

ALE：地址锁存允许信号，用来控制通道选择开关的打开与闭合。ALE＝1 时，将 ADD_C、ADD_B 和 ADD_A 引脚上的通道号选择码锁存，也就是使相应通道的模拟开关处于闭合状态，接通某一路的模拟信号；ALE＝0 时，通道选择码被封锁，该路的模拟信号开关处于断开状态，该路模拟通道信号不能输入。实际使用时，常把 ALE 和 START 连在一起，在 START 端加高电平启动信号的同时，将通道号锁存起来。

CLK：ADC0809 需要外接时钟，可从此脚接入。当 $V_{cc}＝+5V$ 时，允许的最高时钟频率是 1280kHz，这时可达到 $t_c＝50\mu s$ 的最快的转换速率。ADC0809 典型的时钟频率为 640kHz，转换时间是 $100\mu s$。

$V_{REF(+)}$ 和 $V_{REF(-)}$：两个参考电压输入脚。通常将 $V_{REF(-)}$ 接模拟地，参考电压从 $V_{REF(+)}$ 引入。当 $V_{REF(+)}＝+5V$ 时，输入范围为 $0\sim+5V$。

2. ADC0809 时序与工作过程

图 6.25 是 ADC0809 的时序图。对指定的某个通道采集一个数据的过程如下：

（1）选择当前转换的通道，即将通道号编码送到 ADD_C、ADD_B 和 ADD_A 引脚上。

（2）在 START 和 ALE 引脚上加一个正脉冲，将通道选择码锁存并启动 A/D 转换。可以通过执行 OUT 指令产生负脉冲，经反相后形成正脉冲，也可由定时电路或可编程定时器提供启动正脉冲。

（3）转换开始后，EOC 变低，经过 64 个时钟周期后，转换结束，EOC 变高。

（4）转换结束后，可通过执行 IN 指令，设法在 OE 脚上形成一个高电平脉冲，打开输出缓冲器的三态门，让转换后的数字量出现在数据总线上，并被读入累加器中。

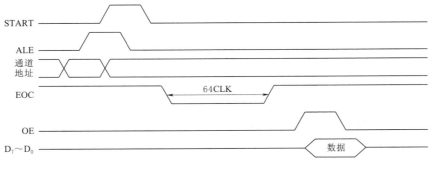

图 6.25 ADC0809 的时序图

用 ADC0809 来设计实用的数据采集系统时，除了要考虑采样率的控制和转换结束的检测方法外，还要设计合适的通道选择方案。例如，可用软件延时、定时中断或周期脉冲控制采样率，以及用延时程序、查询 EOC 电平或用 EOC 的正跳变请求中断来判断某个通道转换的结束。而向 ADC0809 提供通道号的方法也有好几种。例如，可先从数据总线送出通道号，用一个锁存器将它们锁存在 ADD$_C$、ADD$_B$ 和 ADD$_A$ 接脚上后，再启动转换。也可以在进行 I/O 地址译码时，不让 A$_2$～A$_0$ 参加译码，而将它们连到 ADD$_C$、ADD$_B$ 和 ADD$_A$ 端，当执行 OUT 指令启动各通道的转换时，同时将包含在端口地址中的通道号送给 ADC0809。

　　假设 8 个通道均接有模拟输入信号，可以编写一个循环程序，从通道 0 开始，依次启动各通道转换并读取数据，通常将这样的操作称为进行一遍扫描。多通道 ADC 工作时，必须等一个通道转换结束后，才能启动另一个通道转换。因此扫描一遍，也就是每个通道都采集一个数据，至少需要 8 倍的转换时间，这就限制了多通道 ADC 的最高采样率。在同样的时钟频率下，8 通道均使用时，ADC0809 的最高采样率便是单通道时的 1/8。

　　8086 CPU 可以采用多种方式获取 ADC0809 转换结束信号 EOC，然后读取转换数据。ADC0809 与 CPU 之间数据传送方式有：

　　（1）软件延时等待方式。这种方式下，不使用转换结束信号 EOC，但要预先计算好 A/D 转换的时间。当 CPU 启动 A/D 转换后，执行一段略大于 A/D 转换时间的延时等待程序后，即可读取数据。采用软件延时等待方式，无须硬件连线，但要占用 CPU 大量的时间，而且无法精确计算 A/D 转换时间，故多用于 CPU 处理任务较少的系统中。

　　（2）查询方式。这种方式下，通常把转换结束信号 EOC 作为状态信号经三态输出锁存器到系统总线的某一位上。CPU 在启动 A/D 转换后，开始查询转换结束信号 EOC 有效（先低后高），便读取 A/D 转换器中的数据。这种方式程序设计比较简单，实时性也较强，是比较常用的一种方法。

　　（3）中断方式。这种方式下，通常把转换结束信号 EOC 作为中断请求信号接到系统的中断控制器（如 8259A）。当转换结束时，向 CPU 申请中断，CPU 响应中断后，在中断服务程序中读取数据。采用这种方式，A/D 转换器与 CPU 同时工作，效率较高，接口简单，适用于实时性较强或参数较多的数据采集系统。

　　（4）DMA 方式。这种方式下，把转换结束信号 EOC 作为 DMA 请求信号接到系统中的 DMAC（如 8237A）。转换结束时，向 CPU 申请 DMA 传输，CPU 响应后，通过 DMAC 直接将转结果送入内存缓冲区。这种方式不需要 CPU 参与，特别适合要求高速采集大量数据的场合。

3. 多通道数据采集方案

　　（1）CPU 通过查询方式与 ADC0809 直接接口实现多路数据采集与显示。CPU 通过查询方式利用 ADC0809 实现多通道数据采样电路如图 6.26 所示。在每次查询方式进行 A/D 转换之前，在数据采集程序中用 OUT 指令启动 ADC0809 转换，然后查询 EOC 引脚的状态，当 EOC 为高时，表示转换结束，这时可用 IN 指令读入结果。轮流启动各通道的转换并读取数据，存入数据缓冲区，就完成一次扫描。每次 A/D 转换结束，分别取转换结果 8 位二进制的低 4 位和高 4 位，通过端口 $\overline{Y_5}$ 和 $\overline{Y_4}$ 以十六进制字符形式在两个 8 段 LED 上显示。

　　查询方式数据采集原理分析如下：

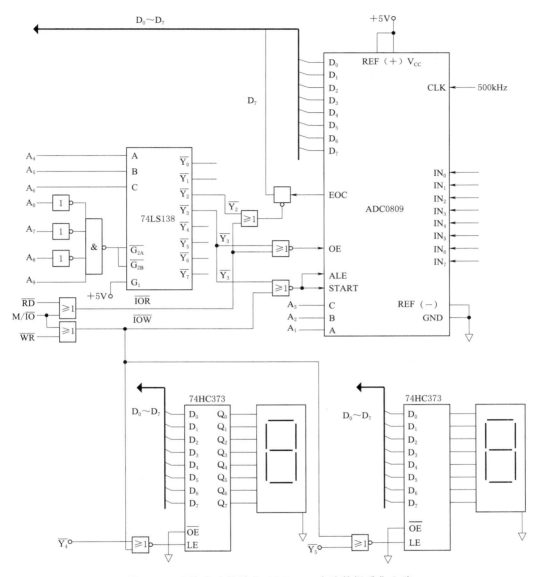

图 6.26　查询方式设计的 ADC0809 多路数据采集电路

由图 6.26 可见，由于所用端口的数据线 $D_7 \sim D_0$ 均与 CPU 的低 8 位数据线 $D_7 \sim D_0$ 相连，译码时必须保证 A_0 为 0，这样所有的端口地址保证为偶地址。地址总线的高 6 位 $A_9 \sim A_4$ 和低位 A_0 经 138 译码器来产生 AD 启动和转换结果读取端口地址 $\overline{Y_2}$ 和 $\overline{Y_3}$，显示端口地址 $\overline{Y_4}$ 和 $\overline{Y_5}$；地址总线的低 3 位 $A_3 \sim A_1$ 用来作为模拟通道选择信号。不考虑通道选择信号 $A_3 \sim A_1$，$\overline{Y_3}$ 对应 I/O 端口地址为 230H～23EH 之间的 8 个偶地址，可作为 A/D 启动和转换结果读取信号；$\overline{Y_2}$ 对应 8 个 I/O 端口地址为 220H～22EH 之间的偶地址，可作状态口地址使用。地址线 $A_3 \sim A_1$ 接到 ADC 的 ADD_C、ADD_B 和 ADD_A 引脚，利用 $A_3 \sim A_1$ 信号选择对应的 $IN_0 \sim IN_7$ 模拟量输入通道。接到 ADC 的时钟信号 CLK 是从系统时钟分频而来的，频率为

500kHz。ADC 的数据输出线与 CPU 的数据总线相连。当 CPU 执行 OUT 指令时，只要端口地址是 230H～23EH 之间的偶地址之一，$\overline{Y_3}$ 和 $\overline{IOW}$ 便有效，或非门输出高电平脉冲，加在 START 和 ALE 脚上，启动 A/D 转换，同时还将 $A_3\sim A_1$ 的编码，也就是通道选择信号锁存，选择 OUT 指令指定的输入通道上的模拟信号进行转换；当 CPU 执行 IN 指令时，$\overline{Y_3}$ 和 $\overline{IOR}$ 便有效，与其连接的或非门输出高电平脉冲，加在 OE 引脚上，A/D 转换结果的数据读出到数据总线 $D_7\sim D_0$ 上。EOC 引脚通过一个三态门接到数据总线中的 D_7，构成一个状态口，它的地址为 220H～22EH 之间的偶地址之一。在启动脉冲结束后，先查 EOC 的状态是否为低电平，若为低电平表示已开始转换；再查 EOC 是否变成高电平，若高电平说明转换已结束，就可用 IN 指令读取转换结果。将转换结果的 8 位二进制数按两位十六进制字符形式显示，高 4 位通过端口 $\overline{Y_4}$（240H～24EH 之间的偶地址）写入来显示，低 4 位通过端口 $\overline{Y_5}$（250H～25EH 之间的偶地址）写入来显示。如果只是采集 IN_0 通道，则通道选择地址信号 $A_3\sim A_1$ 的编码为 000，这时 $\overline{Y_2}$、$\overline{Y_3}$、$\overline{Y_4}$ 和 $\overline{Y_5}$ 地址分别为 220H、230H、240H 和 250H。

　　根据以上分析，完成从通道 IN_0 循环采集数据并通过两个 7 段数码管显示的主要程序如下：

```
        PORTEOC     EQU         220H
        PORTSTAR    EQU         230H
        PORTFLED    EQU         240H
        PORTLLED    EQU         250H
        LENGTH      EQU         800
        DATA        SEGMENT
        TABLE       DB          3FH,06H,5BH,4FH,66H,6DH,7DH,07H
                    DB          7FH,67H,77H,7CH,39H,5EH,79H,71H
                                            ;0～F 数码管段码
        DATA        ENDS

        CODE        SEGMENT
                    ASSUME      CS:CODE;DS:DATA
        START:      MOV         AX,DATA         ;给数据段段寄存器赋值
                    MOV         DS,AX
                    LEA         BX,TABLE        ;取字型段码表的首地址
                    MOV         AH,00H          ;保证 AX 的高 8 位为 00H
                    MOV         CX,LENGTH       ;采集 A/D 转换字节长度给 CX
                    MOV         DX,PORTSTAR     ;启动 A/D 转换，选择 IN0 通道
        NEXT:       OUT         DX,AL
                    MOV         DX,PORTEOC      ;状态标志位地址
        AGAIN0:     IN          AL,DX           ;读状态信息
                    TEST        AL,80H          ;D7=0,开始转换否?
                    JNZ         AGAIN0          ;D7=1,A/D 转换未开始
        AGAIN1:     IN          AL,DX           ;D7=0,正在转换,读状态信息
                    TEST        AL,80H          ;D7=1,转换结束否?
```

JZ	GAIN1	;没有结束,继续查询
MOV	DX,PORTSTAR	;通道 IN₀ 转换结果读取地址
IN	AL,DX	;读取通道 IN₀ 的转换结果
MOV	DL,AL	;将 AL 的值暂时保存在 DL 中
AND	AL,0FH	;保留 AL 低 4 位
MOV	SI,AX	;作为 8 段码表的表内位移量
MOV	AL,[BX+SI]	;取 8 段码
MOV	DX,PORTLLED	;8 段数码管接口的地址为 240H
OUT	DX,AL	;低 4 位通过 $\overline{Y_5}$ 端口来显示
PUSH	CX	;CX 计数值入栈保护
MOV	AL,DL	;恢复保留在 DL 的转换结果
MOV	CL,4	;右移位数送 CL
SHR	AL,CL	;高 4 位移到低 4 位
MOV	SI,AX	;作为 8 段码表的表内位移量
MOV	AL,[BX+SI]	;取 8 段码
MOV	DX,PORTFLED	;8 段数码管接口的地址为 250H
OUT	DX,AL	;低 4 位通过 $\overline{Y_4}$ 端口来显示
POP	CX	;CX 出栈,恢复计数值
LOOP	NEXT	;计数值不为 0,继续读和显示
MOV	AH,4CH	;返回 DOS
INT	21H	
CODE	ENDS	
	END	START

如果将上述电路中的 EOC 引脚悬空,也可以在启动每个通道的转换后,调用一个延时程序来等待转换结束,然后读取数据。如前所述,延时量应大于所用时钟频率下 ADC 的转换时间,在本例中,ADC 的工作频率为 500kHz,转换时间为 $120\mu s$,所以有 $150\mu s$ 的延时已足够了。

从原理上讲,也可以用表示转换结束的 EOC 输出去请求 CPU 中断,由中断服务程序读取数据,这样能更充分地利用 CPU 的时间。但实际工作中很少有人这样做,因为每次转换结束都会申请中断,每次中断只能读取一次转换数据,效率不高,速度也不一定能满足要求,但是中断方式可以外设和 CPU 并行工作,可提高 CPU 的效率,中断方式的设计需要综合考虑。而转换结束状态的检测就比较灵活,软件延时方法能节省一个状态口,因此也经常使用。

（2）用 8255A 控制 ADC0809 实

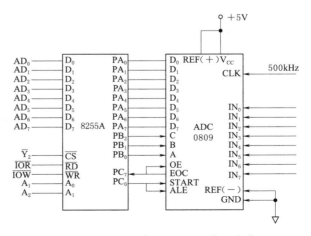

图 6.27　8255A 与 ADC0809 接口电路

现查询方式多路数据采集。图 6.27 是 ADC0809 通过 8255A 与 CPU 接口的例子。
ADC0809 的 $D_7 \sim D_0$ 接 8255A 的 PA 口，PA 口工作于方式 0 输入。ADC0809 的 ADD_C、
ADD_B、ADD_A 接 8255A 的 $PB_2 \sim PB_0$，PB 口工作于方式 0 输出。8255A 的 PC 口高 4 位
工作于方式 0 输入，PC_7 接 ADC0809 的 EOC。8255A 的 PC 口低 4 位工作于方式 0 输出，
PC_0 接 ADC0809 的 START 和 ALE。8255A 的端口地址为 210H～213H，由图 6.26 的
138 译码器输出 $\overline{Y_2}$ 提供。程序中先判 EOC 为低，再判 EOC 为高，即识别了 EOC 的上升
边沿。当 EOC 的上升沿到来后，读取 A/D 转换的数据。

　　利用图 6.27 的查询方式数据采集接口可以实现对多路模拟信号循环采样。下面的一
段程序利用二重循环结构来实现多路循环数据采集。内循环对 $IN_0 \sim IN_7$ 端进行轮流采
样，一组数据存入 DATA 开始的 8 个内存单元中。在外循环控制下作 100 次内循环，即
采集 100 组数据。完整的数据采集子程序 AD_SUB 如下：

```
PORTA      EQU       220H
PORTB      EQU       222H
PORTC      EQU       224H
PCTRL      EQU       226H
DATA       SEGMENT
DA_BUF     DB        800 DUP(?)
DATA       ENDS

CODE       SEGMENT
           ASSUME    CS:CODE;DS:DATA
START:     MOV       AX,DATA
           MOV       DS,AX
           MOV       AL,10011000B       ;8255A 初始化控制字
           MOV       DX,PCTRL           ;DX 指向控制口
           OUT       DX,AL              ;初始化 8255A
           MOV       CX,100             ;循环采样字数
           LEA       SI,DA_BUF          ;设定 SI 数据缓冲区的指针
AGAIN0:    MOV       BL,00H             ;模拟采样通道存在 BL 中
NEXT_IN:   MOV       DX,PORTB           ;8225A 端口 B 地址
           MOV       AL,BL
           OUT       DX,AL              ;输出通道号
           MOV       DX,PCTRL           ;指向控制口
           MOV       AL,00000001B       ;PC0 置 1 控制字
           OUT       DX,AL              ;PC0 置 1 启动 AD
           NOP
           NOP
           NOP
           MOV       AL,00000000B       ;PC0 置 0 控制字
           OUT       DX,AL              ;AD 启动结束
WAIT0:     MOV       DX,PORTC           ;DX 指向 8255C 口
           IN        AL,DX              ;读入 8255C 口的状态信息
```

```
        TEST      AL,80H              ;查 PC7,即 EOC 信号
        JNZ       WAIT0               ;查 PC7=1,转换未结束
WAIT1:  IN        AL,DX               ;PC7=0,转换结束
        TEST      AL,80H              ;查 PC7,即 EOC 信号
        JZ        WAIT1               ;查 PC7=0,转换未结束
        MOV       DX,PORTA            ;查 PC7=1,转换结束
        IN        AL,DX               ;从 A 口读入数据
        MOV       [SI],AL             ;数据送入缓冲器中
        INC       SI                  ;缓冲器地址指针加 1
        INC       BL                  ;通道数加 1
        CMP       BL,8                ;通道数小于 8
        JNZ       NEXT_IN             ;转采集下一通道
        LOOP      AGAIN0              ;开始下一轮 8 通道采集
        MOV       AH,4CH              ;采集完返回 DOS
        INT       21H
CODE    ENDS
        END       START
```

本例中没有指定采样率,用于实际系统上时,可以根据要求的采样速率,用定时中断来控制采样率。这时,子程序 AD_SUB 的内容必须放入中断服务程序。采用中断方式的例子参看第 7 章相关内容。

6.5 Proteus 仿真实例

6.5.1 4 位开关状态读入和十六进制字符显示系统仿真实例

1. 整体结构及系统的功能

利用 Proteus 构建的 4 位开关状态的读入和 8 段数码管字符显示的仿真系统结构如图 6.28 所示。系统结构包括 8086 CPU 地址锁存和译码、开关信息采集和显示两个组成部分。仿真系统通过 74LS138 地址译码电路给出端口地址,用 8255A 并行接口芯片提供的端口来实现 4 位开关量信息采集和开关信息对应的十六进制字符显示。

2. 地址锁存与译码电路

构建的仿真系统的地址锁存和译码的电路与第 5 章 5.4.1 仿真实例相同,如图 5.18 所示。端口地址分配关系见表 5.1。

第 6 章 数字资源 1 ▶

3. 开关量采集和 8 段数码管显示电路

仿真系统的 4 位开关量采集和 8 段数码管显示电路如图 6.29 所示。这部分由一片 8255A 完成开关信息的采集和显示所需的接口功能。8255A 的片选信号$\overline{CS}$连接部分译码电路提供的 IO_3 端口,地址范围为 1B0H～1BFH。系统低 4 位地址 A_3～A_0 中 A_3 不参加片选和译码,可以 0 或 1,这里设为 0;8255A 的 D_0～D_7 与系统的数据线的低 8 位 AD_0～AD_7 连接,所以 A_0 必须为 0;A_2A_1 接 8255A 的 A_1A_0,A_2A_1 可以在 00～11 范围内取值,可以给 8255A 提供 4 个端口。所以 8255A 的 A 口地址为 1B0H,B 口地址为 1B2H,C 口地址为 1B4H,D 口(控制口)地址为 1B6H。通过对 D 口输出初始化控制

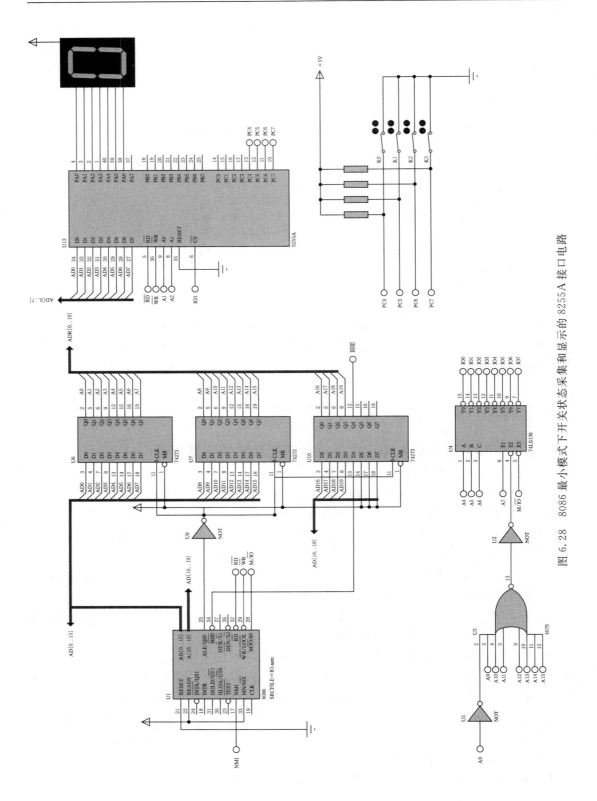

图 6.28　8086 最小模式下开关状态采集和显示的 8255A 接口电路

字，对 8255A 进行初始化设置，A 口为方式 0 输出，B 口为方式 0 输入，C 口的高 4 位为输入，C 口的低 4 位为输出。控制系统信号$\overline{\text{RD}}$、$\overline{\text{WR}}$分别与 8255A 的$\overline{\text{RD}}$、$\overline{\text{WR}}$连接，如图 6.29 所示。C 口的高 4 位用来输入 4 位开关量的信息，某位开关闭合时，该位的值为 0，否则为 1；A 口用来输出 8 段数码管的段码以显示开关信息对应的十六进制字符。

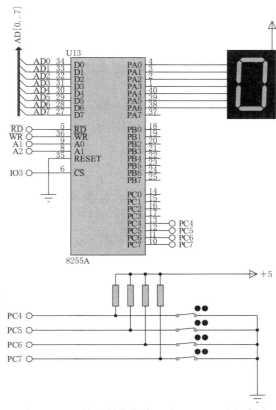

图 6.29　开关通断状态读入和 LED 显示电路图

4. 代码设计

代码设计的主要思想为：

（1）8255A 初始化。根据接口电路功能分析，设定 8255A 控制字为 88H，通过 8255A 的 D 口（控制口）输出初始化控制字，确定 8255A 的工作方式为：A 口为方式 0 输出，B 口为方式 0 输入，C 口的高 4 位为输入，C 口的低 4 位为输出。

（2）输入端口读入开关量信息。某个开关量闭合时，该开关量的状态值为 0，否则为 1，所以 4 位开关 $K_3 \sim K_0$ 的状态量组合值的范围为 0000～1111，表示开关全闭至全开的所有 16 种组合，利用 IN 指令从输入 8255A 的端口 C 读入开关信息。

（3）利用读入的 4 位开关量组合对应的二进制值（0000～1111）查 8 段数码管的段码值表，获得 4 位开关量组合对应的十六进制字符显示的段码值。

（4）通过 8255A 的端口 A 向 8 段数码管控制端输出段码，按十六进制字符显示 4 位开关状态量组合情形。

参考代码及注释如下：

```
PCTRL      EQU          01B6H
PORTA      EQU          01B0H
PORTB      EQU          01B2H
PORTC      EQU          01B4H
DATA       SEGMENT
TABLE      DB           0C0H,0F9H,0A4H,0B0H
           DB           99H,92H,82H,0F8H,80H
           DB           90H,88H,83H,0C6H,
                        0A1H,86H,8EH          ;0～8 的共阳极数码管段码
NUM        DB ?
DATA       ENDS
CODE       SEGMENT      'CODE'
           ASSUME       CS:CODE,DS:DATA
START:     MOV          AX,DATA
           MOV          DS,AX
           MOV          AL,88H                ;8255 初始化控制字
           MOV          DX,PCTRL              ;8255A 控制端口地址送 DX
           OUT          DX,AL                 ;通过控制端口输出控制字进行初始化

GO:        MOV          DX,PORTC              ;8255A 端口 C 地址送 DX
           IN           AL,DX                 ;从端口 C 读入 4 开关状态

           MOV          CL,04H                ;移位次数送 CL 计数器
           SHR          AL,CL                 ;开关状态从高 4 位移到低 4 位
           XOR          AH,AH                 ;令 AX 的高 8 位为 00H
           MOV          SI,AX                 ;SI 为 8 段数码管段码表的变址指针
           MOV          BX,OFFSET TABLE       ;BX 位 8 段数码管表的基址指针
           MOV          AL,[BX+SI]            ;基址加变址查 8 段码查表

           MOV          DX,PORTA              ;8255A 端口 A 地址送 DX
           OUT          DX,AL                 ;段码通过 A 口数码管显示
           JMP          GO
CODE       ENDS
           END          START
```

5. 仿真实例

仿真系统搭建完后，就可以通过改变各种条件进行仿真分析，观察仿真演示及结果。仿真开始前将开关 K_2 和 K_0 设置成闭合状态，其他设置成断开状态，这时开关 $K_3 \sim K_0$ 组合状态为 1010，即十六进制的 0AH。然后开始运行仿真系统，仿真开始后可以看到 8 段数码管显示 "A" 字符，如图 6.30 所示。可以通过设置不同的开关状态组合观察仿真结果 8 段数码管显示的字符是否正确。

6.5.2　ADC0809 数据采集和显示系统仿真实例

1. 整体结构及系统的功能

利用 Proteus 构建的 ADC0809 数据采集和两位 8 段数码管字符显示的仿

第 6 章 数字
资源 2 ▶

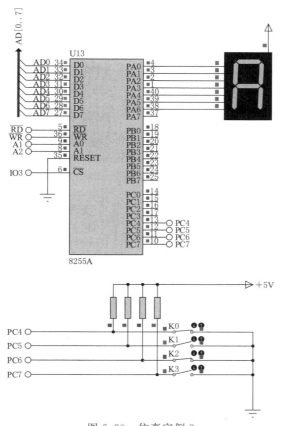

图 6.30　仿真实例 3

真系统结构如图 6.31 所示。系统结构包括 8086 CPU 地址锁存和译码、模拟量数据采集和显示两个组成部分。仿真系统通过 74LS138 地址译码电路给出端口地址，通过 ADC0809 对电压进行 A/D 转化，AD 转化的结果通过 74LS373 和 8 段数码管进行输出显示。

2. 地址锁存与译码电路

构建的仿真系统的地址锁存和译码的电路与第 5 章 5.4.1 仿真实例相同，如图 5.18 所示。端口地址分配关系见表 5.1。

3. A/D 转换及其 8 段数码管显示电路

仿真系统的 A/D 转换及其 8 段数码管显示电路如图 6.32 所示。这部分由一片 ADC0809 来完成 8 路模拟通道中 IN_0 通道电压量至 8 位二进制数的转化。参与第一阶段部分译码的地址信号为 $A_4 \sim A_{15}$，译码电路主要使用一片 74LS138 译码器产生 8 个端口地址，即 $IO_0 \sim IO_7$，其地址分配见表 5.1，此时地址 $A_3 \sim A_0$ 没有参加译码。其中 IO_2 和 IO_3 用来产生 ADC0809 启动、通道选择、读取转化状态和转换结果的所需要的端口读写控制信号，IO_0 和写指令用来产生两位 8 段数码管的数据允许信号。本接口电路中系统低 4 位地址 $A_3 \sim A_0$ 中的 $A_2 \sim A_0$ 用来作为 ADC0809 的多路通道选择译码信号，由于接口电路固定采集通道 IN_0，这里 $A_2A_1A_0$ 取值为 000。数据采集过程中接口电路 IO_3 的地址取

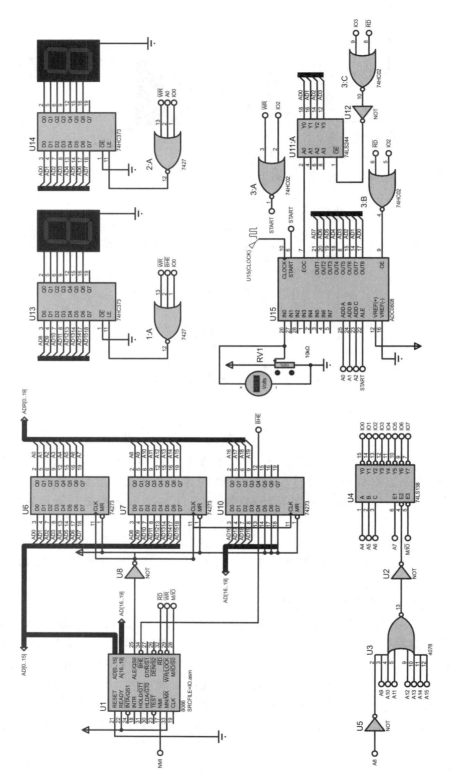

图 6.31　ADC0809 数据采集和显示接口电路的整体结构

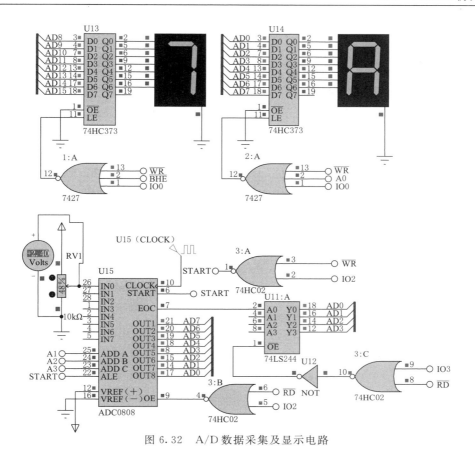

图 6.32 A/D 数据采集及显示电路

1B0H，接口电路 IO_2 的地址取 1A0H，A_0 与 IO_0 通道配合产生两位 8 段数码管所需要的高位地址（$A_0=0$）和低地址（$A_0=1$，$\overline{BHE}=0$），因此 8 段数码管地址取 180H 或 181H。通过 IO_3 和写指令给 ADC0809 的 START 或 ALE 端一个正脉冲信号，使 ADC0809 的选通信号 ADD_C、ADD_B、ADD_A 有效，选中通道 IN_0 的同时启动 ADC0809 对滑动电阻输出的电压进行 A/D 转换。ADC0809 的转换状态通过 EOC 引脚输出，EOC 通过 74LS244 与 CPU 的 AD_0 连接，通过 IO_2 和读指令给 74LS244 的 $\overline{OE}$ 端一个低电平脉冲，将 EOC 状态读入到 CPU 中。读入到 CPU 中的 8 位二进制数，取出低 4 位，通过对 180H 端口的写指令，将低 4 位以十六进制字符显示；同样取出高 4 位，通过对 181H 端口的写指令，将高 4 位以十六进制字符显示。

4. 代码设计

代码设计的主要思想为：

（1）通道选择和启动 A/D 转换。通过端口地址 1A0H 的写指令给 ADC0809 的 START 或 ALE 端一个正脉冲信号，使 ADC0809 的选通信号 ADD_C、ADD_B、ADD_A 有效，选中通道 IN_0 的同时启动 ADC0809 对滑动电阻输出的电压进行 A/D 转换。

（2）读入 A/D 转换状态 EOC，并判断。通过 1B0H 或 1B1 端口读指令给 74LS244 的 $\overline{OE}$ 端一个低电平脉冲，将 EOC 状态读入到 CPU 的 AL 中，并判断 AL 中 D_0 位是否为 1，如果是则 A/D 转换结束，进入 A/D 转换结果读入阶段，否则转换为结束，继续循环读入 EOC 状态并判断。

（3）读入 AD 转换结果。通过端口地址 1A0H 的读指令，将 A/D 转换结果读入到 AL 中，并将 AL 存入 AH 进行保护。

（4）将 AD 转换结果的以低 4 位和高 4 位的以十六进制字符显示。取出 AL 中的低 4 位，并将其转换成查 8 段数码管段码表的 16 位变址，利用基址加变址方式从段码表中查到对应的十六进制字符显示段码，将段码值通过对 180H 端口的写指令，完成低 4 位的十六进制字符显示。取出 AL 中的高 4 位，并将其转换成查 8 段数码管段码表的 16 位变址，利用基址加变址方式从段码表中查到对应的十六进制字符显示段码，将段码值通过对 181H 端口的写指令，完成高 4 位的十六进制字符显示。

参考代码及注释如下：

```
LED_L      EQU        0180H                    ;低位 373 端口地址
LED_H      EQU        0181H                    ;高位 373 端口地址
EOC_ST     EQU        01B0H                    ;74LS 获取 ADC0809 状态端口地址
ADC0809    EQU        01A0H                    ;AD0809 启动端口地址
DATA       SEGMENT
ORG        1000H
TABLE      DB         3FH,06H,5BH,4FH,66H,6DH,7DH,07H
           DB         7FH,6FH,77H,7CH,39H,5EH,79H,71
                                               ;共阴极 8 段数码管段码
DATA       ENDS
CODE       SEGMENT    PUBLIC'CODE'
           ASSUME     CS:CODE,DS:DATA
START:     MOV        AX,DATA
           MOV        DS,AX
AGAIN:     MOV        DX,ADC0809               ;A/D 转换启动端口送 DX
           OUT        DX,AL                    ;写 IO₂ 指令启动 A/D 转换
           MOV        DX,EOC_ST                ;A/D 转换状态查询端口 IO₃ 地址送 DX
WAIT0:     IN         AL,DX                    ;读入 A/D 转换状态 EOC 到 AL 的 D₀ 位
           TEST       AL,01H                   ;检测 EOC 的状态 D₀ 位是否有效
           JZ         WAIT0                    ;转换未结束继续读状态
           MOV        DX,ADC0809               ;读取 A/D 转换结果的端口地址送 DX
           IN         AL,DX                    ;读取 A/D 转换结果到 AL
           MOV        AH,AL                    ;AD 转换结果 AL 的保护到 AH
           MOV        BX,OFFSET TABLE          ;8 段数码管段码表的基址给 BX 指针
           MOV        SI,AX
           AND        SI,000FH                 ;A/D 转换结果的低 4 位作为变址指针
           MOV        AL,[BX+SI]               ;利用基址加变址查 8 段数码管段码表
           MOV        DX,LED_L                 ;8 段数码管显示低 4 位端口地址给 DX
           OUT        DX,AL                    ;查表得到的段码输出给 8 段数码管显示
           MOV        SI,AX                    ;将含有 A/D 转换结果的 AX 送 SI
           MOV        CL,12
```

SHR	SI,CL	;A/D 转换结果的高 4 位右移至 SI 低 4 位
MOV	AL,[BX][SI]	;基址加变址查 8 段数码管段码表
MOV	DX,LED_H	;8 段数码管显示高 4 位端口地址给 DX
OUT	DX,AL	;查表得到的段码输出给 8 段数码管显示
JMP	AGAIN	;重复采样和显示
ENDLESS：		
JMP	ENDLESS	
CODE	ENDS	
END	START	

5. 仿真实例

仿真系统搭建完后，就可以通过改变各种条件进行仿真分析，观察仿真演示及结果。仿真开始前将滑动电阻的指针移至中间某位置，然后开始运行仿真系统，可以看到低位 8 段数码管显示 "A" 字符，高位 8 段数码管显示 "7"，如图 6.32 所示。当滑动电阻指针移至最低位置时，可以看到两位 LED 显示的值为 "0" 和 "0"，如图 6.33 所示。也可以

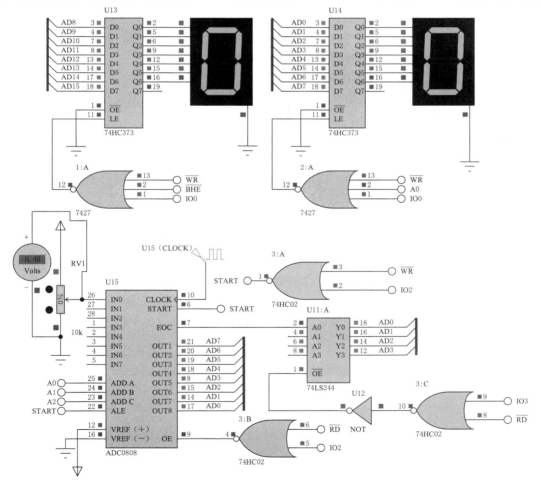

图 6.33　仿真实例 4

通过将滑动电阻指针移动至不同位置观察仿真结果的两位 8 段数码管显示的字符变化规律，并判断是否正确。并进一步考虑如果采集的输入端是其他通道时，数据采集程序如何改变？如果要循环采样多路 A/D 转换结果，应该如何修改接口电路和采集程序？

<h1 style="text-align:center">习　　题</h1>

1. 8255A 的 3 个端口功能各有何不同？8255A 的 A 组和 B 组控制部件分别管理哪些端口？

2. 8255A 有哪几种工作方式？端口 A、端口 B 和端口 C 可以在哪几种工作方式下工作？

3. 8255A 的方式控制字和置位/复位字都写入什么端口？用什么方式区分它们？

4. 设 8255A 的 A 口、B 口、C 口和控制字寄存器的端口地址分别为 80H、82H、84H 和 86H。要求 A 口工作在方式 0 输出，B 口工作在方式 0 输入，C 口高 4 位输入，低 4 位输出，试编写 8255A 的初始化程序。

5. 8255A 的端口地址同第 4 题，要求 PC$_4$ 输出低电平，PC$_5$ 输出高电平，PC$_6$ 输出负脉冲，试写出完成这些功能的指令序列。

6. 请修改 5.1.4 中两个例题的译码电路的连接方式，分析并给出修改后的端口地址。

7. 包含 A/D 和 D/A 的实时控制系统主要由哪几部分组成？

8. D/A 转换器的性能参数有哪些？DAC0832 的工作方式有哪些？

9. 什么是采样？采样率是什么？在 A/D 转换中为什么要进行采样保持，采样保持电路实际上是什么电路？

10. A/D 转换器的有哪些性能指标？A/D 转换器与系统的连接的接口形式有哪些？各有什么特点？

11. 一个 8 位的 A/D 转换器，当最大模拟输入量程为 +5V 时，其分辨率为多少？若是 12 位 A/D 转换器，其分辨率又是多少？

12. 为了测试某材料的性质，要求以每秒 5000 个点的速度采样，若采样 1 分钟，试问：至少选用转换时间为多少的 8 位 ADC 芯片？要多少字节的 RAM 存储采集的数据？

13. 把本章 6.5.2 仿真实例中的 ADC0809 与系统之间的接口改成利用 8255A 实现，并实现相同的系统功能。说明接口系统的工作原理，并搭建相应的仿真模型，进行功能验证。

第 7 章
可编程中断控制器 8259A 及其应用

Intel 8259A 是采用 NMOS 技术的可编程中断控制器，可以为 CPU 处理 8 位优先级中断，无须额外电路即可级联扩展至 64 位优先级中断控制。本章介绍 8259A 功能、内部结构和工作方式，通过举例介绍了 8259A 的编程方法和应用设计。

7.1　8259A 的功能和引脚分类

7.1.1　8259A 的功能

8259A 的主要功能包括：

（1）具有 8 级优先级控制，通过级联可以扩展到 64 级优先级控制。

（2）每一级中断可由程序单独屏蔽或允许。

（3）可向 CPU 提供相应的中断类型号。

（4）可以通过编程选择多种不同工作方式。

8259A 为 28 个引脚的双列直插式芯片，其芯片引脚如图 7.1 所示。

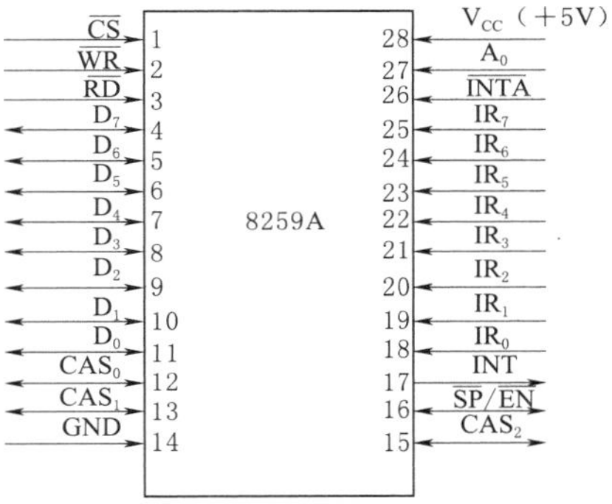

图 7.1　8259A 芯片引脚

7.1.2　8259A 的引脚分类

1. 与 8086 CPU 的数据总线和控制总线相连接的引脚

$D_7 \sim D_0$：双向数据线，三态（输入、输出、高阻三种状态），它直接或通过总线驱动器与系统的数据总线相连。

$\overline{RD}$：读命令信号，输入，低电平有效，与系统控制总线相连，用来控制数据由 8259A 读到 CPU。

$\overline{WR}$：写命令信号，输入，低电平有效，与系统控制总线相连，用来控制数据由 CPU 写到 8259A。

INT：中断请求信号，与 CPU 的 INTR 端相连。

$\overline{INTA}$：中断响应信号，与 CPU 的 $\overline{INTA}$ 引脚连接。8259A 要求两个负脉冲的中断响应信号，第一个是 CPU 响应中断的信号，8259A 需要将相应的中断向量号（中断类型号）放在数据总线上；第二个是 $\overline{INTA}$ 结束后，CPU 读取 8259A 送去的中断类型号，确定中断源，查中断向量表进行相应处理。

2. 片选与端口地址选择引脚

$\overline{CS}$：片选信号，输入，通过译码电路与高位地址总线相连，$\overline{CS}=0$ 时选中 8259A 芯片。

A_0：选择 8259A 的两个端口，连低位地址线，在使用中 8259A 占用 CPU 的两个相邻地址端口，$A_0 = 1$ 选中奇地址端口，$A_0 = 0$ 选中偶地址端口。

3. 外设中断信号输入引脚

$IR_7 \sim IR_0$：外设的中断请求信号输入端，中断请求信号可以是电平触发或边沿触发。中断级联时，连接 8259A 从片 INT 端。

4. 与 8259A 级联相关的引脚

$CAS_2 \sim CAS_0$：双向级联信号线。对主片 8259A 为输出线，对从片 8259A 为输入线。主、从片 8259A 的 $CAS_2 \sim CAS_0$ 对应相连，主片 8259A 在第一个响应周期内通过 $CAS_2 \sim CAS_0$ 送出识别码，而和此识别码相符的从片 8259A 在接收到第二个信号后，将中断类型码发送到数据总线上。$CAS_2 \sim CAS_0$ 与 $\overline{SP}/\overline{EN}$ 配合实现 8259A 级联。

$\overline{SP}/\overline{EN}$：从片编程/允许缓冲信号，双向。$\overline{SP}/\overline{EN}$ 作为输入还是输出，取决于 8259A 是否采用缓冲方式。在非缓冲方式下，作为输入使用，用来决定本片 8259A 是主片还是从片；若 $\overline{SP}/\overline{EN} = 1$，则为主片；若 $\overline{SP}/\overline{EN} = 0$，则为从片。在缓冲方式下，作为输出使用，控制 8259A 到 CPU 之间的数据总线驱动器。

7.2 8259A 的内部结构

8259A 内部结构如图 7.2 所示，主要由 9 个部分组成。

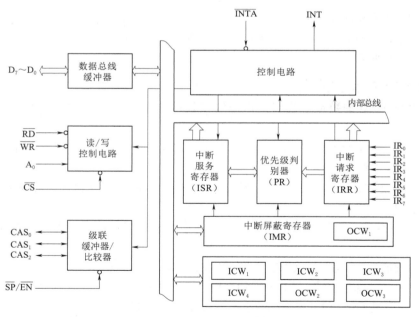

图 7.2 8259A 内部结构

7.2.1 数据总线缓冲器

8259A 的数据总线缓冲器是一个 8 位的双向三态缓冲器，是 8259A 与系统数据总线接口，通常连接 CPU 的低 8 位数据总线 $D_7 \sim D_0$。CPU 编程控制字的写入、8259A 状态信息的读出及中断响应时 8259A 送出的中断类型号，都经过它传送。

7.2.2 读/写控制电路

8259A 的读/写控制电路负责接收 CPU 送来的读/写命令 $\overline{RD}$、$\overline{WR}$，端口选择信号 A_0 及片选信号 $\overline{CS}$。

A_0 连地址总线 A_0 或 A_1，用来选择 8259A 的两个 I/O 端口，一个为奇地址，另一个为偶地址。高位地址译码后送 $\overline{CS}$ 片选信号。读写操作由 $\overline{RD}$、$\overline{WR}$、$\overline{CS}$ 以及 A_0 这 4 个信号控制来实现的，使 8259A 接收 CPU 送来的初始化命令字（ICW）和操作命令字（OCW），或将内部状态信息送给 CPU。$\overline{RD}$、$\overline{WR}$、$\overline{CS}$、A_0 的控制作用见表 7.1。表 7.1 中 D_4、D_3 代表控制字的第 4 位和第 3 位。

表 7.1   **8259A 的读写功能**

$\overline{CS}$	$\overline{RD}$	$\overline{WR}$	A_0	D_4	D_3	读 写 操 作	指令
0	1	0	0	1	×	CPU→ICW_1	
0	1	0	1	×	×	CPU→ICW_2，ICW_3，ICW_4，OCW_1	
0	1	0	0	0	0	CPU→OCW_2	OUT
0	1	0	0	0	1	CPU→OCW_3	
0	0	1	0			IRR/ISR→CPU	
0	0	1	1			IMR→CPU	IN
1	×	×	×			高阻	
×	1	1	×			高阻	

实际上在 IBM PC/XT 机中用 $A_9 \sim A_1$ 译码来产生 $\overline{CS}$ 信号，组合为 00001 X X X X，产生的 I/O 端口地址为 20H～3FH，共 32 个。而 8259A 只需要两个 I/O 端口地址，因此 IBM PC/XT 取 20H（$A_0 = 0$）、21H（$A_0 = 1$）两个地址在编程时使用。而其他的 30 个地址作为影像地址，不可再分配给其他 I/O 设备使用。

8088 系统中数据线为 8 位，8259A 数据线为 8 位，所以地址总线的 A_0 连 8259A 的 A_0，可以分配给 8259A 两个端口地址，一个奇地址，一个偶地址，从而满足 8259A 的编程要求。

而 8086 系统中数据总线为 16 位，CPU 传送数据时，低 8 位数据总线传送到偶地址端口，高 8 位数据总线传送到奇地址端口。当 8 位 I/O 接口芯片与 8086 CPU 16 位数据总线相连接时，既可以连到低 8 位数据总线，也可以连到高 8 位数据总线。实际设计时，如果 8259A 的 $D_7 \sim D_0$ 与 CPU 数据总线低 8 位相连，为了保证 CPU 与 8259A 用低 8 位传输数据，CPU 的 A_1 连 8259A 的 A_0。这样对 CPU 来说，$A_0 = 0$，A_1 可以为 1 或为 0，CPU 读写始终是用偶地址。对 8259A 来说，A_1 可以为 1 或为 0，给 8259A 的端口分配了两个地址，一个奇地址，一个偶地址，符合了 8259A 的编程要求。

由于 8259A 只有一条地址线 A_0，所以它只能有两个端口地址，而 8259A 有 7 个命令字，每个命令字要写入相应的寄存器。为此，采取以下几点措施：第一，以端口地址区分；第二，把命令字中的某些位作为特征码来区分；第三，以命令字的写入顺序来区分。

表 7.1 中 D_4、D_3 两位是初始化命令字（ICW_i）或操作命令字（OCW_i）中的标志特征位。对该表说明如下：

（1）OCW_2、OCW_3、ICW_1 和 IRR、ISR、中断 BCD 都是通过 0 口（$A_0=0$）来访问的，但因为前三个命令寄存器是只写的，而后三个是只读的，因此可通过读/写控制信号等于 10 或 01 来区分对它们的寻址。

（2）同样，对通过同一端口——1 口（$A_0=1$）来访问的 OCW_1、ICW_2、ICW_3、ICW_4 和 IMR，也可通过读/写控制信号等于 10 或 01 来区分。

（3）对既是同一端口（0 口），又都是只写寄存器的 OCW_2、OCW_3 和 ICW_1 的访问是通过在命令字中引入两位标志位 D_4、D_3 来区分的。

（4）对既是同一端口（1 口），又都是只写寄存器的 ICW_2、ICW_3、ICW_4 和 OCW_1 的访问，需要通过严格遵守规定的写入顺序来得到保证。8259A 内部设置了与规定顺序相一致的时序控制逻辑。

（5）对既是同一端口（0 口），又都是只读寄存器的 IRR、ISR 和中断级 BCD 码的访问，决定于在读出之前，CPU 写入芯片的操作命令字 OCW_3 的内容。

7.2.3　级联缓冲器/比较器

用于控制多片 8259A 的级联，使得系统的中断级可以扩展。最多可用 9 片实施级联，实现 64 级的中断扩展，如图 7.3 所示，其中 0 号为主片，其余 1～8 号为从片。

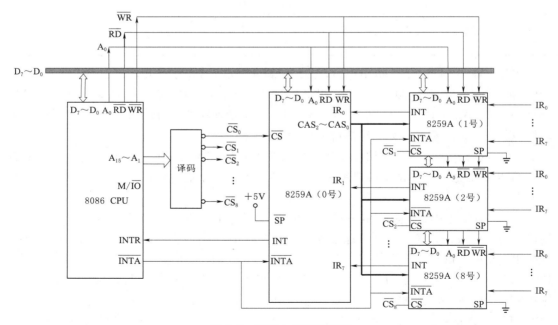

图 7.3　8259A 的级联示意

8259A 与系统总线相连有两种方式。

（1）缓冲方式：在多片 8259A 级联的系统中，为了减轻数据总线的负载，8259A 通过总线驱动器和数据总线相连，这就是缓冲方式。在缓冲方式下，8259A 的 $\overline{SP}/\overline{EN}$ 端与总线驱动器允许端相连，控制总线驱动器启动，$\overline{SP}/\overline{EN}$ 作为输出端。当 $\overline{EN}=0$ 时，8259A 控制数据从 8259A 送到 CPU；当 $\overline{EN}=1$ 时，控制数据从 CPU 送到 8259A。

（2）非缓冲方式：单片 8259A 或者少量 8259A 级联时，可以将 8259A 直接与数据总线相连，称为非缓冲方式。在非缓冲方式下，8259A 的 $\overline{SP}/\overline{EN}$ 端作输入端，控制 8259A 是作为主片还是作为从片。$\overline{SP}=1$，表示此 8259A 为主片；$\overline{SP}=0$，表示此 8259A 为从片。单片 8259A 时，$\overline{SP}/\overline{EN}$ 接高电平。

8259A 工作于缓冲方式或非缓冲方式由初始化命令字 ICW$_4$ 来设置。

7.2.4 控制电路

控制电路是 8259A 的内部控制器。根据中断请求寄存器 IRR 的置位情况和中断屏蔽寄存器 IMR 设置的情况，通过优先级判别器 PR 判定优先级，向 8259A 内部及其他部件发出控制信号。并向 CPU 发出中断请求信号 INT 和接收 CPU 的中断响应信号 $\overline{INTA}$，使中断服务寄存器 ISR 相应位置"1"，并使中断请求寄存器 IRR 相应位置"0"。当 CPU 第二个 $\overline{INTA}$ 信号到来，控制 8259A 送出中断类型号，使 CPU 转入中断服务子程序。如果方式控制字 ICW$_4$ 的中断自动结束位为"1"，则在第二个 $\overline{INTA}$ 脉冲结束时，将 8259A 中断服务寄存器 ISR 的相应位清零。

7.2.5 中断请求寄存器（IRR）

用于寄存外部输入的中断请求信号 IR$_7$～IR$_0$。中断请求寄存器是一个具有锁存功能的 8 位寄存器，当 IR$_7$～IR$_0$ 中任何一个有中断请求（变为高电平）时，IRR 相应的位置"1"。可以允许 8 个中断请求信号同时进入，此时 IRR 寄存器被置成全"1"。当中断请求被响应时，IRR 的相应位复位。

7.2.6 中断屏蔽寄存器（IMR）

用于寄存要屏蔽的中断。中断屏蔽寄存器是一个 8 位寄存器。若 IMR 寄存器中某一位为"0"，则允许 IRR 寄存器中相应位的中断请求进入中断优先级判别器；若 IMR 寄存器中某一位为"1"，则此位对应的中断请求被屏蔽。各个中断屏蔽位是独立的，若屏蔽优先级高的中断，不影响其他较低优先级的中断允许。

7.2.7 优先级判别器（PR）

优先级判别器用于对保存在 IRR 寄存器中的中断请求进行优先级识别和管理，送出最高优先级的中断请求到中断服务寄存器 ISR 中去。不同信号的优先级可通过编程定义和修改。当出现多重中断时，PR 判定是否允许所出现的中断去打断正在处理的中断，让优先级更高的中断优先处理。

7.2.8 中断服务寄存器（ISR）

用于寄存所有正在被服务的中断请求。中断服务寄存器是一个 8 位寄存器，某个 IR 端的中断请求被 CPU 响应后，当 CPU 发出第一个 $\overline{INTA}$ 信号时，IRR 寄存器中的相应位复位，ISR 寄存器中的相应位置"1"。允许中断嵌套时，ISR 有多位同时被置成"1"。

7.2.9　控制命令寄存器

图 7.4 所示的 8259A 的编程结构，从对 8259A 的编程角度来看，控制命令寄存器可以分为初始化命令寄存器和操作命令寄存器。初始化命令寄存器 $ICW_1 \sim ICW_4$，用于对 8259A 进行初始化，配置工作方式。通过初始化程序对这些寄存器进行设置，初始化命令字一经设定，在系统工作过程中就不再改变。操作命令寄存器 $OCW_1 \sim OCW_3$，是由应用程序设定的，用来对中断处理过程进行控制，在系统运行过程中，操作命令字可以重新设置。

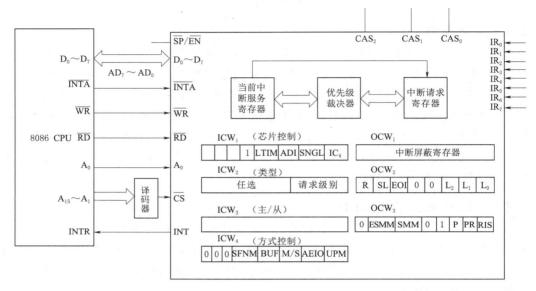

图 7.4　8259A 的编程结构

7.3　8259A 的中断管理方式

8259A 有多种工作方式，可以通过编程来设定，使用十分灵活。从图 7.4 所示的 8259A 编程结构中可以看到，中断管理方式是通过 8259A 初始化时写入初始化命令字和操作命令字来设置的。8259A 的中断优先级的管理采用多种方式，优先级既可以固定设置，又可以循环设置，给用户极大的方便。中断优先级设定后，允许中断嵌套。通常允许高级中断打断低级中断，不允许低级或同级中断打断高级中断。特殊情况下与中断结束方式有关，也可以低级中断打断高级中断，称为重复中断。

7.3.1　中断请求触发方式

中断请求触发有边沿触发方式和电平触发方式两种。

（1）边沿触发方式。在边沿触发方式下，8259A 将中断请求输入端出现的上升沿作为中断请求信号。

（2）电平触发方式。在电平触发方式下，8259A 将中断请求输入端出现的高电平作为中断请求信号。但当中断得到响应后，中断输入端必须及时撤出高电平，否则在 CPU 进入中断处理过程，并且在开中断的情况下，原输入端的高电平会引起不应有的第二次中断。

初始化命令字 ICW_1 中的 LTIM 位可用来设置这两种触发方式。LTIM＝1，设置为电平触发方式；LTIM＝0，设置为边沿触发方式。

7.3.2　中断嵌套方式

1. 全嵌套工作方式

全嵌套工作方式是 8259A 最常用的一种工作方式，若 8259A 初始化后没有设置其他优先级的方式，就自动进入全嵌套方式。在这种方式下，中断优先级别固定为 0～7 级，IR_0 具有最高优先级，IR_7 优先级最低。

在全嵌套工作方式下，当一个中断请求被响应后，中断服务寄存器 ISR 中的对应位置"1"，中断类型号被放到数据总线上，CPU 转入中断服务程序。当新的中断请求进入时，中断优先级判别器将新的中断请求和当前 ISR 寄存器中置"1"位比较，判断哪一个优先级更高。允许打断正在处理的中断、优先处理更高级的中断，实现中断嵌套，但禁止同级与低级中断请求进入。

在全嵌套方式中有两种中断结束方式：普通结束方式（EOI）和自动结束方式（AEOI）。

2. 特殊全嵌套工作方式

特殊全嵌套工作方式与全嵌套工作方式基本相同。区别在于当处理某级中断时，有同级中断请求进入，8259A 也会响应，从而实现了对同级中断请求的特殊嵌套。

特殊全嵌套工作方式一般用于 8259A 的级联方式中，主片编程为特殊全嵌套工作方式，从片为其他优先级方式（全嵌套方式或优先级循环方式）。当从片上有中断请求进入并正在处理时，同一从片上又进入更高优先级的中断请求，从片能响应更高优先级中断请求，并向主片申请中断，但对主片来说是同级中断请求。当主片处于特殊全嵌套工作方式时，主片就能允许对相同级别的中断请求开放。当然，和普通全嵌套一样，对来自主片上其他引脚的优先级较高的中断请求是开放的。所以特殊全嵌套工作方式是专门为多片8259A 系统提供的，可以用来确认从片内部优先级的工作方式。

特殊全嵌套工作方式的设置是主片初始化时 ICW_4 中的 SFNM＝1，同时应将主片ICW_4 中 AEOI 位置"0"，设成非自动结束方式，通常用特殊结束方式（EOI）。

7.3.3　中断源屏蔽方式

CPU 由 CLI 指令禁止所有可屏蔽中断进入，中断优先级管理也可以对中断请求单独屏蔽，通过对中断屏蔽寄存器的操作可以实现对某几位的屏蔽。

1. 普通屏蔽方式

将中断屏蔽寄存器 IMR 中某一位或某几位置"1"，即可将对应位的中断请求屏蔽掉。普通屏蔽方式的设置通过设置操作命令字 OCW_1 来实现。

【例】　屏蔽第 1、3、5 位进入的中断请求，假设 8259A 的端口地址为 20H、21H。
```
MOV   AL,00101010B
```

　　　　　OUT　21H,AL

　　对于 OWC_1 的设置可以在主程序中，也可放在中断服务程序中，具体设置根据中断处理要求而定。

　　2. 特殊屏蔽方式

　　在某些场合下，我们希望一个中断服务程序能动态地改变系统的优先级结构。例如，当 CPU 正在处理中断程序的某一部分时，希望禁止低级中断请求，但在执行中断处理程序的另一部分时，希望开放较低级中断请求，此时，可以采用特殊屏蔽方式。此方式能对本级中断进行屏蔽，而允许优先级比它高或低的中断进入，特殊屏蔽方式总是在中断处理程序中使用，特殊屏蔽方式的设置是通过设置操作命令字 OWC_3 中的 ESMM、SMM＝11 来实现的。例如，当前正在执行 IR_3 的中断服务程序，设置了特殊屏蔽方式后，再用 OCW_1 对中断屏蔽寄存器中第三位置 "1" 时，就会同时使当前中断服务寄存器中对应位自动清零，这样可以既屏蔽了当前正在处理的中断，又开放了较低级别的中断。待中断服务程序结束时，应将 IMR 寄存器的第三位复位，并将 SMM 位复位，标志退出特殊屏蔽方式。

7.3.4　中断结束方式

　　8259A 有自动中断结束方式和非自动中断结束方式两种不同的结束中断处理方式。非自动中断结束方式又分普通结束方式（EOI）和特殊结束方式（SEOI）。

　　中断结束处理实际上就是对中断服务寄存器 ISR 中对应位的处理。当一个中断得到响应时，8259A 使 ISR 寄存器中对应位置 "1"，表明此对应外设正在服务，中断结束时，必须使 ISR 寄存器中对应位置 "0"，否则中断优先级判别会不正常。什么时刻使 ISR 中对应位置 "0"，就产生不同的中断结束方式。

　　1. 非自动中断结束方式

　　（1）普通结束方式（EOI）。在全嵌套工作方式下，任何一级中断处理结束返回上一级程序前，CPU 向 8259A 传送 EOI 结束命令字，8259A 收到 EOI 结束命令后，自动将 ISR 寄存器中级别最高的置 "1" 位清零（此位对应当前正在处理的中断）。EOI 结束命令字必须放在返回指令 IRET 前，没有 EOI 结束命令，ISR 寄存器中对应位仍为 "1"，继续屏蔽同级或低级的中断请求。若 EOI 结束命令字放在中断服务程序中其他位置，会引起同级或低级中断在本级未处理完前进入，容易产生错误。普通 EOI 结束命令字是设置 OCW_2 中 EOI 位为 1，即 OCW_2 中 R、SL、EOI 组合为 001。对 IBM PC/XT 机，发 EOI 结束命令字指令为

　　　　　MOV　AL,20H
　　　　　OUT　20H,AL　　　　;8259A 端口为 20H,21H

　　（2）特殊结束方式（SEOI）。在非全嵌套工作方式下，中断服务寄存器是无法确定哪一级中断为最后响应和处理的，这时要采用特殊结束方式（SEOI）。CPU 向 8259A 发特殊结束命令字，命令字中将当前清除的中断级别也传给 8259A。此时，8259 将 ISR 寄存器中指定级别的对应位清零，它在任何情况下均可使用。

　　特殊结束命令字是将 OCW_2 中 R、SL、EOI 设置成 011，而 $L_2 \sim L_0$ 三位指明了中断结束的对应位。

2. 自动结束方式（AEOI）

在 AEOI 方式中，任何一级中断被响应后，ISR 寄存器对应位置"1"，但在 CPU 进入中断响应周期，在第二个 $\overline{INTA}$ 脉冲上升沿，8259A 自动将 ISR 寄存器中对应位清零。此时，尽管对某个外设正在进行中断服务，但对 8259A 来说，ISR 寄存器中没有指示，好像已结束了中断处理一样。AEOI 只能用于不允许中断嵌套的情况下。

AEOI 方式设置是在 8259A 初始化时，用初始化命令字 ICW4 中 AEOI＝1 的方法实现的。

在级联方式下，一般用非自动中断结束方式，无论用普通结束方式，还是用特殊结束方式，中断处理结束时，要发两次中断结束命令，先对从片发 EOI，然后再读一次从片的 ISR，若 ISR＝00H，则再向主片发 EOI。

7.3.5 中断优先级管理方式

1. 固定优先级方式

8259A 在初始化时默认为全嵌套、固定优先级方式，IR_0 优先级最高，IR_7 优先级最低。优先级从高到低的顺序为 IR_0，IR_1，IR_2，…，IR_6，IR_7。

2. 优先级自动循环方式

在优先级自动循环方式中，优先级别可以改变。初始优先级次序规定为 IR_0 最高，IR_7 最低，当任何一级中断被处理完后，它的优先级别变为最低，将最高优先级赋给原来比它低一级的中断请求，其他依次类推。例如，当前 IR_3 中断请求，则处理 IR_3，处理完 IR_3 后，IR_4 变成最高优先级，优先级依次为 IR_4，IR_5，IR_6，…，IR_2，IR_3。所以，优先级自动循环方式适合用在多个中断源优先级相等的场合。

用操作命令字 OCW_2 中 R、SL＝10 就可设置优先级自动循环方式。

根据结束方式不同，有两种自动循环方式：普通 EOI 循环方式和自动 EOI 循环方式。

3. 优先级特殊循环方式

优先级特殊循环方式和优先级自动循环方式相比，不同之处在于优先级特殊循环方式中，初始时最低优先级由程序规定，最高优先级也就确定了。例如，初始时指定 IR_1 为最低优先级，则 IR_2 为最高优先级，其他依次类推。

用操作命令字 OCW_2 中 R、SL＝11 就可设置优先级特殊循环方式，根据结束方式不同，通常用特殊 EOI 循环方式。

7.3.6 循环优先级的循环方法

在循环优先级方式中，与中断结束方式有关，有三种循环方式。

1. 普通 EOI 循环方式

在主程序或中断服务程序中设置操作命令字，当任何一级中断被处理完后，使 CPU 给 8259A 回送普通 EOI 循环命令，8259A 收到 EOI 循环命令后，将 ISR 寄存器中，最高优先级的 IR_i 置"1"位清零，并赋给它最低优先级，将最高优先级赋给它的下一级 IR_{i+1}，其他依次类推。普通 EOI 循环方式命令字是设置 OCW_2。在非自动结束方式中，OWC_2 中 R、SL、EOI 设置成 101，$L_2 \sim L_0$ 不起作用。

【例】 设某中断系统 IR_0 为最高优先级，IR_7 为最低优先级。有 IR_3、IR_6 两个中断请求。设置为普通 EOI 循环方式，则 IR$_3$ 及 IR$_6$ 中断处理完后中断优先级的变化情况见表 7.2。

表 7.2　　　　　　　　　　　　　　　普 通 EOI 循 环 方 式

	ISR 内容	ISR$_7$	ISR$_6$	ISR$_5$	ISR$_4$	ISR$_3$	ISR$_2$	ISR$_1$	ISR$_0$
初始状态	ISR 内容	0	1	0	0	1	0	0	0
	优先级	7	6	5	4	3	2	1	0
处理完 IR$_3$	ISR 内容	0	1	0	0	0	0	0	0
	优先级	3	2	1	0	7	6	5	4
处理完 IR$_6$	ISR 内容	0	0	0	0	0	0	0	0
	优先级	0	7	6	5	4	3	2	1

2. 特殊 EOI 循环方式

特殊 EOI 循环方式即指定最低级循环方式，最低优先级由编程确定，最高优先级也相应而定。例如，指定 IR$_4$ 为最低优先级，则 IR$_5$ 就为最高优先级，其他各级依次类推。这样在当前中断服务程序结束前，使 CPU 给 8259A 回送特殊 EOI 结束命令，8259A 收到此命令字后，指定最低优先级，并重新排列优先级级别。设定特殊 EOI 循环方式时，设置 OWC$_2$ 中 R、SL、EOI＝111，L$_2$～L$_0$ 指定了一个最低优先级。

【例】　某一时刻 8259A 中 IR$_1$、IR$_4$ 有中断嵌套服务。在 IR$_1$ 中断服务程序中安排了最低优先权赋给 IR$_2$，指令执行后，中断优先级变化情况见表 7.3。

表 7.3　　　　　　　　　　　　　　　特 殊 EOI 循 环 方 式

	ISR 内容	ISR$_7$	ISR$_6$	ISR$_5$	ISR$_4$	ISR$_3$	ISR$_2$	ISR$_1$	ISR$_0$
初始状态	ISR 内容	0	0	0	1	0	0	1	0
	优先级	7	6	5	4	3	2	1	0
执行置位优先权指令后	ISR 内容	0	0	0	1	0	0	1	0
	优先级	4	3	2	1	0	7	6	5

3. 自动 EOI 循环方式

在自动 EOI 循环方式中，任何一级中断被响应后，中断响应总线周期中第二个 $\overline{\text{INTA}}$ 信号的后沿自动将 ISR 寄存器中相应位清零，并立即改变各级中断的优先级别，改变方式与普通 EOI 循环方式相同。使用这种方式要小心，防止重复嵌套产生。

自动 EOI 循环方式设置 OCW$_2$ 中 R、SL、EOI＝100。

7.3.7　中断查询方式

当系统的中断源很多，超过了 64 个时，8259A 芯片可工作在查询方式。此时，CPU 通过设置操作命令字 OCW$_3$ 的 D$_2$ 位 P 置 1。程序中令 CPU 关中断，用软件查询来确定中断源，实现对外设的中断服务。若外设发出中断请求，8259A 的中断服务寄存器相应位置"1"，CPU 可以在查询命令之后的下一个读操作，读取中断服务寄存器中的优先级。

CPU 所执行的查询程序应包括如下过程：

（1）系统关中断。

（2）用 OUT 指令使 CPU 向 8259A 端口（偶地址端口）送 OCW_3 命令字。

（3）CPU 用 IN 指令从端口（偶地址）读取 8259A 的查询字。

OCW_3 命令字构成的查询命令格式为：

D_7	D_6	D_5	D_4	D_3	D_2	D_1	D_0
×	0	0	0	1	1	0	0

其中，D_2 位为 1，使 OCW_3 具有查询性质。8259A 得到查询命令后，立即组成查询字，等待 CPU 读取。

CPU 从 8259A 中读取的查询字格式为：

D_7	D_6	D_5	D_4	D_3	D_2	D_1	D_0
IR					W_2	W_1	W_0

其中，IR＝1，表示有设备请求中断服务；IR＝0，表示没有设备请求中断服务。W_2、W_1、W_0 组成的代码表示当前中断请求的最高优先级。

7.4 8259A 的编程方法

对 8259A 的编程有两类命令字：初始化命令字 4 个（$ICW_1 \sim ICW_4$）和操作命令字 3 个（$OCW_1 \sim OCW_3$）。系统复位后，初始化程序对 8259A 置入初始化命令字。

初始化后可通过发出操作命令字 OCW 来定义 8259A 的操作方式，实现对 8259A 的状态、中断方式和优先级管理的控制。初始化命令字只发一次，操作命令字允许重置以动态改变 8259A 的操作与控制方式。

7.4.1 8259A 的初始化命令字

初始化命令字完成的功能主要有：

（1）设定中断请求信号触发形式，高电平触发或上升沿触发。

（2）设定 8259A 工作方式，单片或级联。

（3）设定 8259A 中断类型号基值，即 IR_0 对应的中断类型号。

（4）设定优先级设置方式。

（5）设定中断处理结束时的结束操作方式。

对 8259A 编程初始化命令字，共预置 4 个命令字：ICW_1、ICW_2、ICW_3、ICW_4。初始化命令字必须顺序填写，但并不是任何情况下都要预置 4 个命令字，用户根据具体使用情况而定。8259A 有两个端口地址：一个为偶地址，另一个为奇地址。

1. ICW_1 芯片控制初始化命令字

ICW_1 的主要功能是设置 8259A 中断请求 IR_1 的触发方式，是单片 8259A 还是多片 8259A。当写入 ICW_1 后，自动清除中断屏蔽寄存器 IMR，并默认为全嵌套方式。ICW_1 写入 8259A 的偶地址端口。其格式如下：

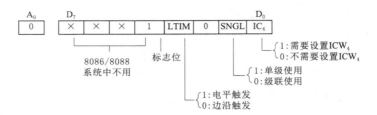

A_0：写入命令字的端口地址。$A_0 = 0$，ICW_1 必须写入 8259A 的偶地址端口中，对系统而言，地址为 20H。

标志位：ICW_1 的位 4 等于 1，是标志位，以区别 OWC_2 和 OWC_3 控制字的设置。

IC_4：ICW_1 的特征标志位，说明是否要设置 ICW_4 命令。在 8086/8088 系统中应该设为 1，表示要求设置命令字 ICW_4。

SNGL：说明级联使用情况。$SNGL = 1$，表示使用单片 8259A；$SNGL = 0$，表示使用多片 8259A 级联。

LTIM：定义中断请求信号触发方式。$LTIM = 1$，表示用高电平触发方式；$LTIM = 0$，表示用上升沿触发方式。

【例】　IBM PC/XT 系统初始化中，设 $ICW_1 = 12H$，表示系统中 8259A 为单片方式，上升沿触发，不需要设置 ICW_4。指令为：

        MOV　AL,12 H
        OUT　20H,AL

2. ICW_2 设置中断类型号初始化命令字

ICW_2 的功能是设定 8259A 的中断类型号，ICW_2 写入 8259A 的奇地址端口。其格式如下：

A_0：$A_0 = 1$，ICW_2 必须写到 8259A 的奇地址端口中。

8259A 中 IR_0 端对应的中断类型号为中断类型号基值，它是可以被 8 整除的正整数，ICW_2 用来设置这个中断类型号基值，由此提供外部中断的中断类型号。

ICW_2 低 3 位为 0，高 5 位由用户设定。当 8259A 收到 CPU 发来的第二个 $\overline{INTA}$ 信号，它向 CPU 发送中断类型号，其中高 5 位为 ICW_2 的高 5 位，低 3 位根据 $IR_0 \sim IR_7$ 中响应哪级中断（对应 000～111）来确定。

【例】　在 IBM PC/XT 系统中，$T_7 \sim T_3 = 00010$，所以对应 8 个中断的类型号为 10H～17H。$A_0 = 1$，I/O 端口地址为 21H。设置 ICW_2 的指令为：

        MOV　AL,10H
        OUT　21H,AL

3. ICW_3 标识主片/从片初始化命令字

ICW_3 命令字在级联时（即 ICW_1 中 $SNGL = 0$）才设置，其功能是用来表明主片 8259A 的 IR_i 与从片 8259A 的 INT 之间连接关系。ICW_3 写入 8259A 的奇地址端口。

8259A 作为主片的格式：

$S_i = \begin{cases} 0: \text{表示IR}_i\text{端上未接8529A从片} \\ 1: \text{表示IR}_i\text{端上接有8529A从片} \end{cases}$

对于 8259A 主片，某位为 1，表示对应 IR_i 端上接有 8259A 从片。某位为 0，表示对应 IR_i 端上未接 8259A 从片。

8259A 作为从片的格式：

从8259A的识别地址

$A_0: A_0 = 1$，ICW_3 必须写到 8259A 的奇地址端口。

对于 8259A 从片，$ID_2 \sim ID_0 = 000 \sim 111$，表示从片接在主片的哪个中断请求输入端上。例 $ID_1 \sim ID_0 = 010$，表示从片接在主片 8259A 的 IR_2 端。

在多片 8259A 级联情况下，主片与从片的 $CAS_2 \sim CAS_0$ 相连，主片的 $CAS_2 \sim CAS_0$ 为输出，从片的 $CAS_2 \sim CAS_0$ 为输入。当 CPU 发第一个中断响应信号 $\overline{INTA}$ 时，主片通过 $CAS_2 \sim CAS_0$ 发一个编码 $ID_2 \sim ID_0$，从片的 $CAS_2 \sim CAS_0$ 收到主片发来的编码与本身 ICW_3 中 $ID_2 \sim ID_0$ 相比较，如果相等，则在第二个 $\overline{INTA}$ 信号到来后，将中断类型号送到数据总线上。

【例】　在某 8259A 主片的 IR_6、IR_1 端连接两个 8259A 从片，编写初始化命令字。

```
主片：    MOV    AL,42H
          OUT    21H,AL       ;主片端口地址 20H,21H
从片 1：  MOV    AL,01H
          OUT    A1H,AL       ;从片 1 端口地址 A0H,A1H
从片 2：  MOV    AL,06H
          OUT    B1H,AL       ;从片 2 端口地址 B0H,B1H
```

4. ICW_4 方式控制初始化命令字

ICW_4 的功能是用来设定 80x86 系统中的 8259A 在级联方式下的优先权管理方式、主/从状态以及中断结束方式等。ICW_4 写入 8259A 的奇地址端口。

ICW_1 中 IC_4 为 1 时，要求预置 ICW_4 命令字，对 8086/8088 系统必须预配置 ICW_4。其格式如下：

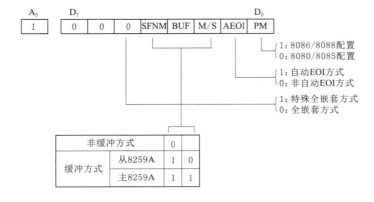

A_0：$A_0=1$，ICW_4 必须写入 8259A 的奇地址端口。

PM：定义 8259A 工作的系统。PM＝1，表示 8259A 与 8086/8088 系统配合工作；PM＝0，表示 8259A 与 8080/8085 系统配合工作。

AEOI：规定中断结束方式。AEOI＝1，为中断自动结束方式；AEOI＝0，为非自动结束方式。

BUF：表示 8259A 是否采用缓冲方式。BUF＝1，用缓冲方式；BUF＝0，采用非缓冲方式。

M/S：缓冲方式下，表示此 8259A 芯片是主片还是从片。M/S＝1，该片是主片；M/S＝0，表示该片是从片。当 BUF＝0，为非缓冲方式时，M/S 不起作用。

BUF、M/S 与 $\overline{SP}/\overline{EN}$ 之间关系可以用表 7.4 来表示。

表 7.4　　　　　　　　　　BUF、M/S、$\overline{SP}/\overline{EN}$ 之间的关系

BUF 位	M/S 位	$\overline{SP}/\overline{EN}$端		
0 非缓冲方式	无意义	$\overline{SP}$有效（输入信号）	$\overline{SP}=1$	主 8259A
			$\overline{SP}=0$	从 8259
1 缓冲方式	1 主 8259A	$\overline{EN}$有效（输出信号）	$\overline{EN}=1$	CPU→8259A
	0 从 8259A		$\overline{EN}=0$	8259A→CPU

SFNM：定义级联方式下的嵌套方式。SFNM＝1，工作在特殊全嵌套方式；SFNM＝0，工作在全嵌套方式。

【例】　设置 IBM PC/XT 机的 ICW_4 命令字：

```
MOV    AL，01H
OUT    21H，AL
```

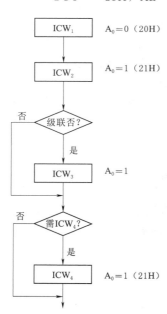

图 7.5　初始化命令字设置顺序

初始化命令字的设置有固定次序，端口地址也有明确规定，并不会因为只有两个端口输出命令而混淆，设置次序如图 7.5 所示。初始命令字必须从 ICW_1 开始设置，按顺序进行设置，并分别根据 ICW_1 中的 SNGL 位和 IC_4 位决定是否设置 ICW_3 和 ICW_4。级联时要设置 ICW_3，并且主片与从片的 ICW_3 设置不同。

在初始化命令字设置完成前，对 $A_0=1$ 的输出指令不可能是操作命令字。而初始化命令序列设置完成后，在操作命令字的设置中，不可能第二次初始化，因此不会混淆。

8259A 经初始化命令字 ICW 预置后已进入初始化状态，可接收来自 IR_i 端的中断请求，自动进入操作命令状态，接收 CPU 写入 8259A 的操作命令字 OCW。

7.4.2　8259A 的操作命令字

操作命令字决定中断屏蔽、中断优先级次序、中断结束方式等。中断管理较复杂，包括全嵌套优先方式、特殊嵌套优先方式、自动循环优先方式、特殊循环优先方式、特殊屏

蔽方式、查询方式等。

1. OCW₁ 中断屏蔽操作命令字

OCW₁ 的格式如下：

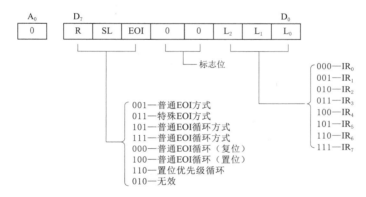

$$M_i = \begin{cases} 0 : 允许IR_i引入中断请求 \\ 1 : 屏蔽由IR_i引入的中断请求 \end{cases}$$

OCW₁ 的字必须写入 8259A 奇地址端口。

A_0：$A_0 = 1$，OCW₁ 命令字的各位直接对应中断屏蔽寄存器 IMR 的各位，当 OCW₁ 中某位 M_i 为 1，对应位的中断请求受到屏蔽；某位为 0，对应位的中断请求得到允许。

【例】　设某中断系统要求屏蔽 IR_2、IR_6，8259A 编程指令为：

```
MOV     AL,01000100B
OUT     21H,AL
```

2. OCW₂ 优先级循环方式和中断结束方式操作字

OCW₂ 写入 8259A 的偶地址端口。OCW₂ 的功能包括两个方面，一个是决定 8259A 是否采用优先级循环方式，另一个是中断结束采用普通的还是特殊的 EOI 结束方式。其格式如下：

A_0		D_7					D_0	
0		R	SL	EOI	0	0	L_2	L_1	L_0

标志位

$L_2 \sim L_0$：
- 000—IR_0
- 001—IR_1
- 010—IR_2
- 011—IR_3
- 100—IR_4
- 101—IR_5
- 110—IR_6
- 111—IR_7

R、SL、EOI：
- 001—普通 EOI 方式
- 011—特殊 EOI 方式
- 101—普通 EOI 循环方式
- 111—普通 EOI 循环方式
- 000—普通 EOI 循环（复位）
- 100—普通 EOI 循环（置位）
- 110—置位优先级循环
- 010—无效

A_0：$A_0 = 0$，OCW₂ 命令字必须写入 8259A 偶地址端口。

OCW₂ 的 D_4、D_3 位等于 00，是标志位，以区别 ICW₁ 和 OCW₃ 控制字的设置。

$L_2 \sim L_0$：SL=1，$L_2 \sim L_0$ 有效。$L_2 \sim L_0$ 有两个用途，第一个是当 OCW₂ 设置为特殊 EOI 结束命令时，$L_2 \sim L_0$ 指出清除中断服务寄存器中的哪一位；第二个是当 OCW₂ 设置为特殊优先级循环方式时，$L_2 \sim L_0$ 指出循环开始时设置的最低优先级。

R、SL、EOI：这三位组合起来才能指明优先级设置方式和中断结束控制方式，但每位也有自己的意义。

R（Rotate）：R=1，中断优先级是按循环方式设置的，即每个中断级轮流成为最高优先级。当前最高优先级服务后就变成最低级，它相邻的下一级变成最高级，其他依次类推。R=0，设置为固定优先级，0 级最高，7 级最低。

SL（Specific Level）：指明 $L_2 \sim L_0$ 是否有效。SL=1，OCW₂ 中 $L_2 \sim L_0$ 有效；SL=0，$L_2 \sim L_0$ 无意义。

EOI（End of Interrupt）：指定中断结束。

EOI＝1，用作中断结束命令，使中断服务寄存器中对应位复 0，在非自动结束方式中使用。EOI＝0，不执行结束操作命令。如果初始化时 ICW$_4$ 的 AEOI＝1，设置为自动结束方式，此时，OCW$_2$ 中的 EOI 位应为 0。

表 7.5 给出了 R、SL、EOI 三位的组合功能。

表 7.5　　　　　　　　　　　　　　**R、SL、EOI 组合功能**

R	SL	EOI	功　能
0	0	1	普通 EOI 结束方式。 一旦中断处理结束，CPU 向 8259A 发出 EOI 结束命令，将中断服务寄存器 ISR 中当前级别最高的置 1 位清零。一般用在全嵌套（包括特殊全嵌套）工作方式
0	1	1	特殊 EOI 结束方式。 一旦中断处理结束，CPU 向 8259A 发出 EOI 结束命令，8259A 将中断服务寄存器 ISR 中，由 L$_2$～L$_0$ 字段指定的中断级别的相应位清零
1	0	1	普通 EOI 循环方式。 一旦中断结束，8259A 将中断服务寄存器 ISR 中当前级别最高的置 1 位清零。此级赋予最低优先级，最高优先级赋给它的下一级，其他中断优先级依次循环赋给
1	1	1	特殊 EOI 循环方式。 一旦中断结束，将中断服务寄存器 ISR 中由 L$_2$～L$_0$ 字段给定级别的相应位清零，此级赋予最低优先级，最高优先级赋给它的下一级，其他中断优先级依次循环赋给
0	0	0	自动 EOI 循环（复位），即取消自动 EOI 循环
1	0	0	自动 EOI 循环（置位），即设置自动 EOI 循环方式。 在中断响应周期的第二个 $\overline{\text{INTA}}$ 信号结束时，将 ISR 寄存器中正在服务的相应位置 0，本级赋予最低优先级，最高优先级赋给它的下一级，其他中断优先级依次循环赋给
1	1	0	置位优先级循环。 8259A 按 L$_2$～L$_0$ 字段确定一个最低优先级，最高优先级赋给它的下一级，其他中断优先级依次循环赋给，系统工作在优先级特殊循环方式
0	1	0	无效，OCW$_2$ 没有意义

3. OCW$_3$：特殊屏蔽方式和查询方式操作字

OCW$_3$ 功能有三个：设定特殊屏蔽方式，设置中断查询工作方式，设置对 8259A 中断请求寄存器或中断服务寄存器的读出。其格式如下：

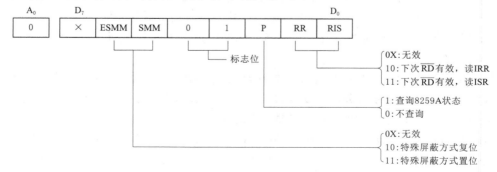

A_0：$A_0 = 0$，OCW_3 必须写入 8259A 偶地址端口。

标志位：D_4 及 D_3 组合为 01 时，表示为 OCW_3，以区别 OCW_2（OCW_2 中此 2 位组合为 00）。而 $D_4 = 1$ 时，此操作字为 ICW_1。

RR、RIS：RR 为读寄存器状态命令，RR＝1，允许读寄存器状态。RIS 为指定读取对象。RR、RIS＝10，用输入指令（IN 指令），在下一个 $\overline{RD}$ 脉冲到来后，将中断请求寄存器 IRR 的内容读到数据总线上。RR、RIS＝11，用输入指令，在下一个 $\overline{RD}$ 脉冲到来后，将中断服务寄存器 ISR 的内容读到数据总线上。顺便指出，8259A 中断屏蔽寄存器 IMR 的值，随时可通过输入指令从奇地址端口读取。读同一寄存器的命令只需要发送一次，不必每次重写 OCW_3。

P：查询方式位。P＝1，设置 8259A 为中断查询工作方式。在查询工作方式下，CPU 不是靠接收中断请求信号来进入中断处理过程，而是靠发送查询命令，读取查询字来获得外部设备的中断请求信息。CPU 先送操作命令 OCW_3（P＝1）给 8259A，再送一条输入指令将一个 $\overline{RD}$ 信号送给 8259A，8259A 收到后将中断服务寄存器的相应位置 1，并将查询字送到数据总线，查询字反映了当前外设有无中断请求及中断请求的最高优先级是哪个，查询字为：

A_0	D_7							D_0
0	IR	×	×	×	×	W_2	W_1	W_0

【例】 P＝1 时，优先级次序为 IR_3，IR_4，…，IR_2。当前在 IR_4 和 IR_1 引脚上有中断请求。CPU 再执行一条输入指令，得到查询字为 $1 \times \times \times \times 100$。说明当前级别最高的中断请求为 IR_4，CPU 转入 IR_4 中断处理程序。

中断查询方法的实际使用场合往往在多于 64 级中断的 8259A 级联系统中。

ESMM、SMM：置位和复位特殊屏蔽方式。ESMM、SMM＝11，设置 8259A 采用特殊屏蔽方式，只屏蔽本级中断请求，允许高级中断或低级中断进入。ESMM、SMM＝10，取消特殊屏蔽方式，恢复原来优先级的控制。ESMM＝0，设置无效。此时 SMM 位不起作用，ESMM 可称为 SMM 位的允许位。

操作控制字 $OCW_1 \sim OCW_3$ 的设置，安排在初始化命令字之后，用户根据需要可在程序的任何位置设置。尽管 8259A 只有两个端口地址，但是不会混淆初始化命令字及操作命令字的，因为 ICW_2、ICW_3、ICW_4 和 OCW_1 写入 8259A 奇地址端口。初始化时 ICW_1 后面紧跟 ICW_2、ICW_3、ICW_4，而 OCW_1 是单独写入的，不会紧跟在 ICW_1 后面。ICW_1、OCW_2、OCW_3 写入 8259A 偶地址端口，一方面 ICW_1 在初始化时写入，另一方面可用 D_4 位区分，$D_4 = 1$ 为 ICW_1，$D_4 = 0$ 为 OCW；再用 D_3 位区分，$D_3 = 0$ 为 OCW_2，$D_3 = 1$ 为 OCW_3。所以对 8259A 编程时写入的字是不会混淆的。

7.5 8259A 的中断级联

一片 8259A 管理 8 级中断，当申请中断的外设多于 8 级时，可以将 8259A 级联使用。第一级为 8259A 主片，第二级为 8259A 从片，主片可接 1～8 片 8259A 从片，这样最多可管理 64 级中断源，如图 7.3 所示。图 7.6 给出了两级级联的例子，从片为两片 8259A。级联使用时，主片 8259A 的 $\overline{SP}$ 端接 +5V，从片 $\overline{SP}$ 端接地。若系统中连接数据总线驱动器，则主片的 $\overline{SP/EN}$ 端与数据总线驱动器的输出允许端 $\overline{OE}$ 相连。从片的 INT 引脚接主片的 IR_i，主片的 IR_i 端若未接从片，则可直接连中断源。主片的 $CAS_2 \sim CAS_0$ 作为输出端，从片的 $CAS_2 \sim CAS_0$ 作为输入端，二者相连。在级联系统中，主片和从片都要设置初始化命令字，设置主片初始化命令字与无级联单片 8259A 初始化时不同之处有以下几点：

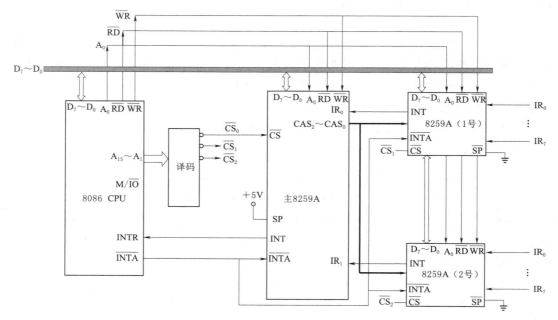

图 7.6　8259A 两级级联

（1）级联时，ICW_1 中 SNGL=0；单片时，SNGL=1。

（2）级联时，要求设置 ICW_2，若主片某个 IR_i 引脚上连有从片，则 ICW_3 的对应位设为 1，未连从片的对应位设为 0。单片不要设置 ICW_3。

（3）级联时，主片可设置为特殊全嵌套工作方式。此时，ICW_4 中 SFNM=1，通常应定义在特殊全嵌套工作方式。设置从片初始化命令字时，要注意以下两点：

1）从片的 ICW_1 中，SNGL=0。

2）从片必须设置 ICW_3，由 ICW_3 中三个最低有效位的 $ID_2 \sim ID_0$ 组合来标记此从片连到主片哪个 IR_i 引脚上。

在全嵌套工作方式下，8259A 在级联使用时，某从片 8259A 的 IR_i 端收到一个或多个中断请求信号，经从片优先级判别器判优后，确定本片当前最高优先级。从片发出一个中断请求信号 INT 到主片，再经过主片优先级判别器判优后，确定当前最高优先级。通过主片 $\overline{INTA}$ 输出端发中断请求送到 CPU，若 IF=1，则 CPU 响应中断，回送两个 $\overline{INTA}$ 互信号。

　　主片收到第一个 $\overline{\text{INTA}}$ 互信号，置主片中断服务寄存器。ISR 相应为 "1"，中断请求寄存器 IRR 相应位为 "0"。检测 ICW_3，决定中断请求是否来自从片。如果来自从片，主片根据 IR_i 位确定从片的标号，并把从片标号值送到 $\text{CAS}_2 \sim \text{CAS}_0$ 三条线上，与 $\text{CAS}_2 \sim \text{CAS}_0$ 相同标号值的从片被选中。如果中断请求来自主片，则 $\text{CAS}_2 \sim \text{CAS}_0$ 上没有信号，第二个 $\overline{\text{INTA}}$ 互信号到达时，主片将中断类型号送到数据总线上。

　　从片收到第一个 $\overline{\text{INTA}}$ 互信号后，将从片中 ISR 寄存器中相应位置 "1"，将 IRR 寄存器中相应位清零；第二个 $\overline{\text{INTA}}$ 互信号到达后，选中的从片将中断类型号送到数据总线，以后操作与单片 8259A 工作情况相同。

　　级联时中断优先级判别是由从片判别本片内最高优先级后，向 8259A 主片再申请中断，然后由主片判别当前最高优先级，向 CPU 发中断请求信号 INT。注意当 8259A 主片设置为特殊全嵌套工作方式时，允许相同级别的中断请求通过。

　　8086/8088 中使用一片 8259A 芯片支持 8 个外部中断，在 80286/80386 中使用主从两片 8259A 芯片级联，主片 8259A 的 IR_2 输入作为级联中断输入，用于传送从片 8259A 的中断请求输入 INT，这样，可以管理 15 个外部中断。图 7.7 标出了每个中断请求输入的功能及其分配的中断类型号，其中，主片 8259A 地址为 020H～021H，从片 8259A 地址为 0A0H～0A1H。

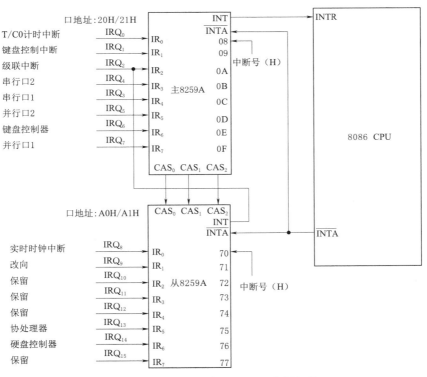

图 7.7　PC/AT 机中的 8259A 中断级联

　　【例】　设一个 8259A 主片，连接两个 8259A 从片，分别为从片（1 号）和从片（2 号），从片分别经主片的 IR_3 和 IR_6 引脚接入，则系统中优先级排列次序为：

主片　　　　　　IR_0，IR_1，IR_2

从片（1 号）　IR_0，IR_1，$\cdots$，IR_7

主片　　　　　　IR_4，IR_5

从片（2 号）　IR_0，IR_1，$\cdots$，IR_7

主片　　　　　　IR_7

中断处理结束时，若是源自从片的中断服务程序结束。CPU 先向从片发 EOI，然后再读一次从片的 ISR。若 ISR＝00H，则向主片再发一个 EOI。

【例】　某系统中两片 8259A 采用中断级联方式组成中断系统，从片的 INT 端连 8259A 主片的 IR_1 端。若当前 8259A 主片从 IR_3、IR_5 端引入两个中断请求，中断类型号为 32H、34H。中断服务程序的段基址为 1000H，偏移地址分别为 1000H 及 2000H。8259A 从片由 IR_2、IR_4 端引入两个中断请求，中断类型号为 43H 和 45H，中断服务程序段基址为 2000H，偏移地址为 1500H 及 2500H，图 7.8 给出了级联连接图，图 7.9 为此例中断入口地址表内容。

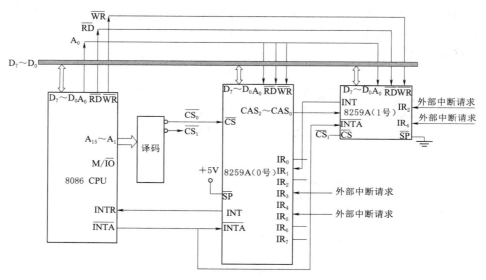

图 7.8　8259A 级联使用实例

（1）中断向量形成：将 4 个中断入口地址写入中断向量表。

```
MOV     AX,1000H        ;送入段地址
MOV     DS,AX
MOV     DX,1000H        ;送入偏移地址
MOV     AL,32H          ;中断类型号 32H
MOV     AH,25H
INT     21H
MOV     DX,2000H        ;送入偏移地址
MOV     AL,34H          ;中断类型号 34H
INT     21H
MOV     AX,2000H        ;送入段地址
```

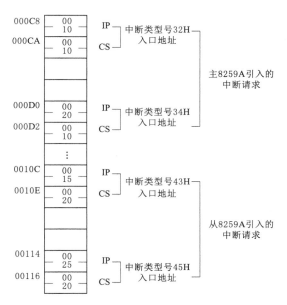

图 7.9　中断入口地址表内容

```
MOV     DS,AX
MOV     DX,1500H            ;送入偏移地址
MOV     AL,43H              ;中断类型号 43H
MOV     AH,25H
INT     21H
MOV     DX,2500H            ;送入偏移地址
MOV     AL,45H              ;中断类型号 45H
INT     21H
```

（2）主片 8259A 初始化编程：8259A 主片端口地址为 EFC8H 和 FFC9H。

```
MOV     AL,11H              ;定义 ICW₁,主片 8259A 级联使用,边沿触发
MOV     DX,0FFC8H
OUT     DX,AL
MOV     AL,30H              ;定义 ICW₂ 中断类型号 30H～37H,中断类型的高 5 位为 00110
MOV     DX,0FFC9H
OUT     DX,AL
MOV     AL,02H              ;定义 ICW₃,R₁ 端接从片 8259A 的 INT 端
OUT     DX,AL
MOV     AL,11H              ;定义 ICW₄,特殊全嵌套方式,非缓冲方式
OUT     DX,AL               ;非自动 EOI 结束方式
MOV     AL,0D5H             ;定义 OCW₁,允许 IR₁、IR₃、IR₅ 中断,其余端口中断请求屏蔽
OUT     DX,AL
```

（3）8259A 从片初始化编程：从片 8259A 的端口地址为 FFCAH 和 FFCBH。

```
MOV     AL,11H              ;定义 ICW₁,级联使用边沿触发,要设置 ICW₄
MOV     DX,0FFCAH
OUT     DX,AL
```

```
MOV     AL,40H          ;定义 ICW₂,引入中断类型号为 40H～47H
MOV     DX,0FFCBH
OUT     DX,AL
MOV     AL,01H          ;定义 ICW₃,从片接在主片的 IR₁ 端
OUT     DX,AL
MOV     AL,01H          ;定义 ICW₄,全嵌套方式,非缓冲方式
OUT     DX,AL           ;非自动 EOI 结束方式
MOV     AL,0EBH         ;定义 OCW₁,允许 IR₂、IR₄ 中断引入
OUT     DX,AL           ;其余端口中断请求屏蔽
```

无论对主片 8259A 或从片 8259A,操作命令字都可以根据需要在操作过程中设置,
OCW₂ 命令字定义中断结束方式时,通常放在中断服务于程序中。

上例主片的中断结束命令为:

```
MOV     AL,20H          ;定义 OCW₂,普通 EOI 结束方式
MOV     DX,0FFC8H
OUT     DX,AL
```

从片的中断结束命令为:

```
MOV     DX,0FFCAH
MOV     AL,20H          ;定义 OCW₂,普通 EOI 结束方式
OUT     DX,AL
```

7.6　8259A 应用仿真实例

7.6.1　整体结构及系统的功能

图 7.10 是一个由 8086 CPU、ADC0809、8259A、LED 数码管、138 译码器、按键及

逻辑门组成的数据采集系统。ADC0809 的地址为 01A0H,ADDC、ADDB、
ADDA 接地址线 A₀、A₁ 和 A₂。EOC 接 74LS244 的 A₀,74LS244 的地址为
01B0H。按键的输出接 8259 的 IR₇,EOC 上升沿引起中断。8259 的端口地
址为 01D0H 和 01D2H;高位 LED 数码管和低位 LED 数码管的地址为
0181H 和 0180H。8259 的 IR₀～IR₇ 对应的中断向量为 30H～37H。试编写
程序,当按键按下时,ADC 采样电位器的输出电压,并将采样值通过两个 LED 数码管以
十六进制数的形式显示出来。

7.6.2　地址锁存与译码电路

构建的仿真系统的地址锁存和译码的电路与第 5 章仿真实例 1 相同,如图 5.18 所示。
端口地址分配关系见表 5.1。

7.6.3　A/D 转换及其 8 段数码管显示电路

仿真系统的 A/D 转换及其 8 段数码管显示电路部分如图 7.11 所示。这部分由一片
ADC0809 来完成 8 路模拟通道中 IN₀ 通道电压量至 8 位二进制数的转化。参与第一阶段
部分译码的地址信号为 A₄～A₁₅,译码电路主要使用一片 74LS138 译码器产生 8 个端口地

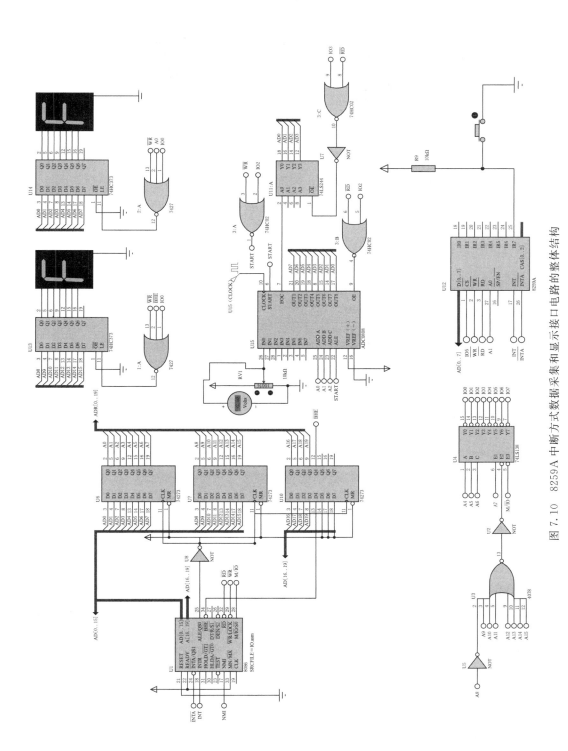

图 7.10 8259A 中断方式数据采集和显示接口电路的整体结构

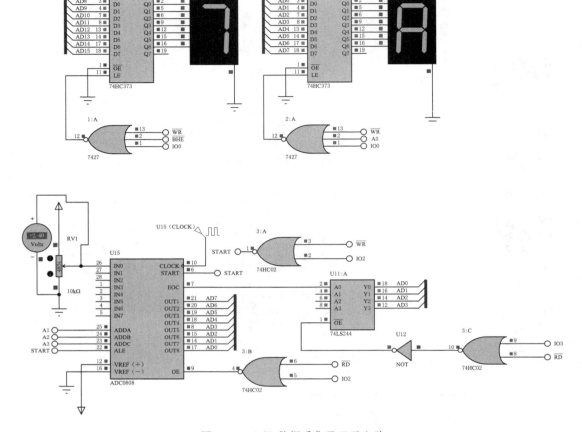

图 7.11　A/D 数据采集及显示电路

址，即 $IO_0 \sim IO_7$，其地址分配见表 5.7，此时地址 $A_3 \sim A_0$ 没有参加译码。本接口电路中系统低 4 位地址 $A_3 \sim A_0$ 中的 $A_3 \sim A_1$ 用来作为 ADC0809 的多路通道选择译码信号，由于接口电路固定采集通道 IN_0 通道，这里 $A_3 A_2 A_1$ 取值为 000。A_0 与 IO_0 通道配合产生两位 8 段数码管所需要的高位地址（$A_0 = 0$）和低位地址（$A_0 = 1$），所以接口电路 IO_3 的地址为 1B0H 或 1B1H，IO_2 接口电路的地址为 1A0H 或 1A1H，IO_0 接口电路的地址为 180H 或 181H。其中 IO_2 和 IO_3 用来产生 ADC0809 启动、通道选择、读取转化状态和转换结果所需要的端口读写控制信号。通过端口地址 1A0H 或 1A1H 的写指令给 ADC0809 的 START 或 ALE 端一个正脉冲信号，使 ADC0809 的选通信号 ADD_C、ADD_B、ADD_A 有效，选中通道 IN_0 的同时启动 ADC0809 对滑动电阻输出的电压进行 A/D 转换。ADC0809 的转换状态通过 EOC 引脚输出，EOC 通过 74LS244 与 CPU 的 AD_0 连接，通过 1B0H 或 1B1 端口读指令给 74LS244 的 $\overline{OE}$ 端一个低电平脉冲，将 EOC 状态读入到 CPU 中。读入到 CPU 中的 8 位二进制数，取出低 4 位，通过对 180H 端口的写指令，将低 4 位以十六进制字符显示；同样取出高 4 位，通过对 181H 端口的写指令，将高 4 位以十六进制字符显示。

该部分电路实现的功能为：当按键按下时，ADC 采样电位器的输出电压，并将采样值通过两个 LED 数码管以十六进制数的形式显示出来。8259A 作为按键向 8086 CPU 申请中断的接口芯片。按键产生的低电平或高电平通过 8259A 的 IR$_7$ 接入，138 译码器的输出 IO$_5$ 出与 8259A 的片选信号 $\overline{CS}$ 连接，系统地址线 A$_1$ 和 8259A 的 A$_0$ 连接，地址线 A$_3$、A$_2$、A$_0$ 连接与 8259A 没有连接，可均取值为 0，所以 8259A 的两个端口地址为 1D0H 和 1D2H。同样 8259A 的 8 位数据线 D$_7$～D$_0$ 与 8086 系统的数据线的低 8 位 AD$_7$～AD$_0$ 连接，A$_0$ 必须取值为 0，其余引脚连接关系如图 7.12 所示。当按键按下时 IR$_7$ 按下引脚上加载了一个下降沿的触发信号，当按键松开后给 IR$_7$ 引脚上加载了一个上升沿中断触发信号，8259A 检测到该信号后，通过 8259A 的 INT 引脚向 8086 CPU 的 INT 引脚给出中断申请信号，此时如果 CPU 允许中断，则通过 8086 CPU 的 $\overline{INTA}$ 给 8259A 的 $\overline{INTA}$ 一个中断允许应答信号，8259A 接到中断应答信号后，在指定的时间将中断向量号提交给 CPU 接收。

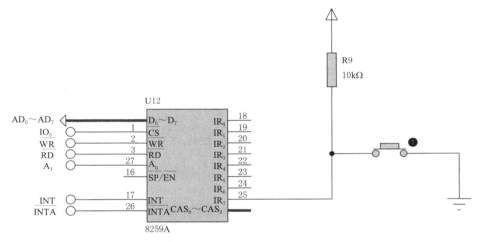

图 7.12　8259A 中断申请接口电路

7.6.4　代码设计

代码设计主要包括主程序和中断子程序两部分。

(1) 中断子程序完成的工作包括开中断、数据采集、中断返回三部分。数据采集部分的工作如下：

1) 通道选择和启动 A/D 转换。通过端口地址 1A0H 的写指令给 ADC0809 的 START 或 ALE 端一个正脉冲信号，使 ADC0809 的选通信号 ADD$_C$、ADD$_B$、ADD$_A$ 有效，选中通道 IN$_0$ 的同时启动 ADC0809 对滑动电阻输出的电压进行 A/D 转换。

2) 读入 A/D 转换状态 EOC，并判断。通过 1B0H 或 1B1 端口读指令给 74LS244 的 $\overline{OE}$ 端一个低电平脉冲，将 EOC 状态读入到 CPU 的 AL 中，并判断 AL 中 D$_0$ 位是否为 1，如果是则 A/D 转换结束，进入 A/D 转换结果读入阶段，否则转换为结束，继续循环读入 EOC 状态并判断。

3）读入 AD 转换结果。通过端口地址 1A0H 的读指令，将 A/D 转换结果读入到 AL 中，并将 AL 存入 AH 进行保护。

4）将 AD 转换结果以低 4 位和高 4 位的十六进制字符显示。取出 AL 中的低 4 位，并将其转换成查 8 段数码管段码表的 16 位变址，利用基址加变址方式从段码表中查到对应的十六进制字符显示段码，将段码值通过对 180H 端口的写指令，完成低 4 位的十六进制字符显示。取出 AL 中的高 4 位，并将其转换成查 8 段数码管段码表的 16 位变址，利用基址加变址方式从段码表中查到对应的十六进制字符显示段码，将段码值通过对 181H 端口的写指令，完成高 4 位的十六进制字符显示。

（2）主程序部分包括根据中断向量号设置中断程序入口地址（段地址：偏移地址），向 8259A 依次写入 ICW_1、ICW_2、ICW_4 和 OCW_1 设定 8259A 的工作方式。设定的工作方式为单片工作、上升沿触发、设定中断向量号的高 5 位、非自动结束方式等，并将 8259A 的 8 路中断全部开放。接下来将 A/D 转化结果显示的内容恢复为显示"0"，并开中断。

参考代码及注释如下：

```
P8259      EQU      01D0H
O8259      EQU      01D2H
LED_L      EQU      0180H              ;低位 373
LED_H      EQU      0181H              ;高位 373
EOC_ST     EQU      01B0H              ;244 地址
ADC0809    EQU      01A0H              ;0809 地址
DATA       SEGMENT
           ORG      1000H
TABLE      DB       3FH,06H,5BH,4FH,66H,6DH,7DH,07H
           DB       7FH,6FH,77H,7CH,
                    39H,5EH,79H,71H    ;0~F 的共阴极 7 段数码管段码
           TABLE_END= $
DATA       ENDS
CODE       SEGMENT
           ASSUME   CS:CODE,DS:DATA
START：     MOV      AX,DATA
           MOV      DS,AX
           CLI                        ;修改中断向量前关中断
           MOV      AX,0
           MOV      ES,AX              ;ES 段＝0
           MOV      SI,37H * 4         ;设置中断向量 37 号中断
           MOV      AX,OFFSET int3     ;中断服务程序入口地址
           MOV      ES:[SI],AX         ;在 37H×4 处存放入口地址的偏移地址
           MOV      X,CS               ;在 37H×4＋2 处存放入口地址的段地址
           MOV      ES:[SI＋2],AX
           MOV      AL,00010011B       ;初始化 8259
           MOV      DX,P8259           ;ICW₁ = 0001 0011 B;单片 8259,上升沿中断,要
                                         写 ICW₄
           OUT      DX,AL
```

```
        MOV     AL,30H              ;30H
        MOV     DX,O8259            ;ICW₂=0011 0000 B
        OUT     DX,AL
        MOV     AL,01H              ;ICW₄=0000 0001 B;工作在 8088/8086 方式,非自
                                     动结束
        OUT     DX,AL
        MOV     DX,O8259
        MOV     AL,00H              ;OCW₁,8 个中断全部开放,00H
        OUT     DX,AL

        MOV     BX,OFFSET TABLE     ;数码管初始显示 0
        MOV     AL,[BX]
        MOV     DX,LED_L
        OUT     DX,AL
        MOV     DX,LED_H
        OUT     DX,AL
        STI                         ;开中断
        JMP     $
;------------------------中断服务程序----------------------
int3：  CLI                         ;关中断
AGAIN： MOV     DX,ADC0809          ;启动 A/D 转换
        OUT     DX,AL
        MOV     DX,EOC_ST           ;244 地址
WAIT0： IN      AL,DX
        TEST    AL,01H              ;检测 EOC 是否有效
        JZ      WAIT0
        MOV     DX,ADC0809
        IN      AL,DX               ;读取 A/D 转换结果
        MOV     AH,AL
        MOV     SI,AX
        MOV     BX,OFFSET TABLE
        AND     SI,000FH
        MOV     AL,[BX+SI]          ;取低字节
        MOV     DX,LED_L            ;低位 373
        OUT     DX,AL               ;显示
        MOV     SI,AX
        MOV     CL,12
        SHR     SI,CL
        MOV     AL,[BX][SI]         ;取高字节
        MOV     DX,LED_H            ;高位 373
        OUT     DX,AL               ;显示
        MOV     DX,P8259            ;EOI
        MOV     AL,20H
        OUT     DX,AL
```

```
          JMP        AGAIN
          STI                          ;开中断
          IRET                         ;返回主程序
;------------------------------------------------------------------
CODE      ENDS
          END        START
```

7.6.5　仿真实例

　　仿真系统搭建完后，可以通过改变电位器的输出电压，按下按键后观察 ADC 的采样结果。仿真开始前将电位器的输出电压调节为 2.5V 输出，然后开始运行仿真，此时按键未按下，LED 显示为 00H，如图 7.13 所示。按下按键后，ADC 对电位器的输出电压进行采样并转换为十六进制数在 LED 上显示 7FH，如图 7.14 所示。我们可以调节不同的电位器输出电压，仿真运行后观察数码管所显示的字符是否正确。

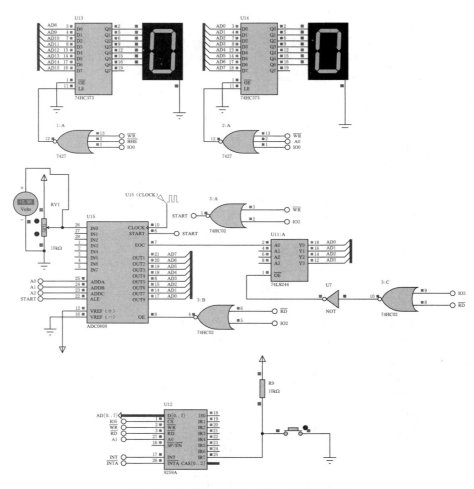

图 7.13　中断数据采集系统仿真结果实例 1

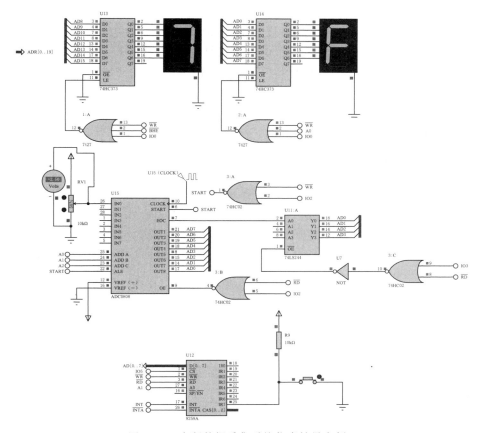

图 7.14 中断数据采集系统仿真结果实例 2

<h1 style="text-align:center">习　题</h1>

1. 8259A 优先权管理方式有哪几种？中断结束方式又有哪几种？

2. 单片 8259A 在全嵌套中断工作方式下，要写哪些初始化命令字及操作命令字？

3. 系统中新增加一个中断源，在软件上应增加哪些内容，此中断系统才能正常工作？

4. 系统中有 3 个中断源：从 8259A 的 IR_0、IR_2、IR_4 端引入中断，以脉冲触发。中断类型号分别为 50H、52H、54H，中断入口地址分别为 5020H、6100H、3250H，段地址为 1000H。使用全嵌套工作方式，普通 EOI 结束，试编写初始化程序，使 CPU 响应任何一级中断时，能正确工作。并编写一段中断服务子程序，保证中断嵌套的实现及正确返回。

5. 假如外设 A_1、A_2、A_3、A_4、A_5 按优先级排列，外设 A_1 优先级最高，按下列提问，说明中断处理的运行次序（中断服务程序中有 STI 指令）。

（1）外设 A_3、A_4 同时发中断请求。

（2）外设 A_3 中断处理中，外设 A_1 发中断请求。

（3）外设 A_1 中断处理未完成前，发出 EOI 结束命令，外设 A_5 发中断请求。

6. 某系统中有 3 片 8259A 级联使用，1 片为 8259A 主片，2 片为 8259A 从片，从片接入 8259A 主片的 IR$_2$ 和 IR$_5$ 端，并且当前 8259A 主片的 IR$_3$ 及两片 8259A 从片的 IR$_4$ 各接有一个外部中断源。中断类型基号分别为 80H、90H、AOH，中断入口段基址在 2000H，偏移地址分别为 1800H、2800H、3800H，主片 8259A 的端口地址为 F8H、FAH。一片 8259A 从片的端口地址为 FCH、FEH，另一片为 FEECH、FEEEH。中断采用电平触发，全嵌套工作方式，普通 EOI 结束。

（1）画出硬件连接图。

（2）编写初始化程序。

第8章

总线技术

总线是用于计算机中公用数据信息的传输部件。它使计算机系统内部的各部件之间以及外部的各系统之间建立相应的信号联系，方便进行数据传递和通信。

计算机系统总线遵循相应的总线标准，总线标准定义了各引线的信号、电气和机械特性。可根据总线标准来设计和生产兼容性很强的计算机模块和外设，将计算机通过模块和设备组合、配置实现各种实际的用途；采用相同的总线标准设计的计算机会具有很好的兼容性，便于系统的扩充和升级。总之，总线标准的引入使计算机的结构模块化，加快了计算机技术的发展步伐。

本章主要介绍总线的分类、性能指标和标准，并对常用系统内、外总线的标准和性能进行深入阐述。

8.1 总线的概述

总线用于组成系统的标准信息通道，总线技术应用十分广泛。从芯片内部各功能部件的连接到各芯片间的互联，再到主板和配器卡的连接，以及计算机与外设间的连接，甚至在工业控制中应用广泛的现场总线，都是通过不同的总线方式来实现的。

8.1.1 总线的分类

根据总线内部信号传输的类型，可分为数据总线、地址总线、控制总线和电源总线。

根据总线在系统结构中的层次位置，可分为片内总线、片间总线、内总线和外总线。

按总线数据传输方式，可分为串行总线、并行总线。

在工业控制应用场合，则分成片间总线、板级总线、机箱总线、设备互连总线、现场总线及网络总线等。

图 8.1 是计算机的总线结构示意，清楚地表明了片内总线、片间总线、内总线、外总

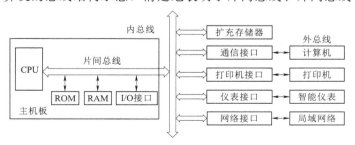

图 8.1 计算机的总线结构示意

线的层次关系。内总线将各种功能相对独立的模板与主机板有机连接，实现系统内各模板间的信息传送，构成一台功能完整的计算机；外总线将计算机与必要的外设、数据采集设备、局域网乃至另一台计算机连接，进行通信与信息交换，构成能实现工业测控或其他任务的实用系统。

1. 片内总线

片内总线（On Chip Bus）也称元件级总线，是集成电路内部连接各功能单元的信息通路。例如 CPU 的片内总线，负责连接 ALU、寄存器、控制器等部件。它由芯片生产厂家设计，计算机系统的设计者可不必关心。需要时，用户也可根据专用集成电路（Application Specific Integrated Circuit，ASIC）技术借助电子设计自动化（Electronic Design Automation，EDA）工具选择适当的片内总线，设计合乎自己要求的芯片。

2. 片间总线

片间总线（Chip Bus）又称为片总线，它限制在一块电路板内，实现板内各元器件的互联。

例如：在主板上实现 CPU 与存储器、I/O 接口、译码电路之间连接的地址、数据、控制和电源线等，是大家已很熟悉的一种总线。各种 I/O 扩展卡上也包含了通过片间总线连接的 CPU、RAM、ROM 和 I/O 接口等芯片。相对于一台完整的计算机，各板卡只是一个子系统，是一个局部，因此片间总线也被称为局部总线（Local Bus）。

3. 内总线

内总线（Internal Bus）也称系统总线或板级总线，用于微型机内部各板卡之间的连接，以扩展系统功能，即主板上 I/O 扩展槽中所用的总线。它是微型机系统中最重要的一种总线，常称为微机总线，如 PC 总线、ISA 总线、EISA 总线、MCA 总线、PCI 总线以及现代计算机上的 PCI Express 总线等。虽然前几类总线大多成了计算机的历史，但目前使用的多种系统总线都是从它们发展而来。

4. 外总线

计算机之间或计算机与外设间的信息通路称为外总线（External Bus）。由于生产外设的厂家众多，技术规范不易统一，因此外总线的种类很多，按照数据的传送方式可分为串行总线和并行总线两大类。

（1）串行总线。串行总线的优点是电缆线数少，便于远距离传送；最显著的缺点是传输速度较慢，接口程序较复杂。RS-232C 是大家最熟悉的串行接口，是计算机与外设之间或不同测试系统之间最简单、最普遍的连接方法。由于是一对一传输，在简单或低速系统情况下，还有一定的实用价值。

RS-422A 和 RS-485 是在 RS-232C 基础上发展起来的两种串行总线。RS-422A 支持一点对多点通信，用双端线以差功收发方式传送信号，能连 32 个收发器，在最高传输速率 10MB/s 时，传输距离 120m，在速率、距离和抗干扰等方面均优于 RS-232C。RS-485 也支持一点对多点通信，可用双绞线按总线拓扑式结构形成基于 RS-485 的通信网络，最多挂 32 个结点。RS-485 在测控系统中应用较普遍，但不能满足高速测试系统的应用要求。此外，还有 I^2C、SCI、SPI 等一些串行总线，它们大多在单片机和嵌入式系统领域广泛使用。USB 和 IEEE 1394 是当前流行的两种串行总线，发展趋势良好，成为主要串行通信的总线类型。

（2）并行总线。在某些计算机控制系统中，计算机与控制设备靠得较近，为提高数据传输速率，大多采用并行总线连接。其优点是信号线各自独立，传输速度快、接口简单。缺点是电缆数较多。

硬盘接口标准 IDE、SCSI 以及 IEEE 4S8 等属于标准并行总线。MXI 则是一种高性能非标准并行总线，应用前景很好。

并行总线一次能传输多位数据。但并行传输的信号间会存在干扰，频率越高，位宽越大，干扰就越严重。因此要大幅提高其带宽非常困难。串行总线则可凭借高频率优势获得高带宽。为弥补串行总线只能传送一位数据的不足，串行总线常用多条管线（或通道）传输。

8.1.2 总线的主要性能指标

总线标准种类繁多，所采用的技术也是五花八门，一般可以从下面这些方面来评价总线的性能。

总线频率：也称为总线传输速率，指总线每秒能传输数据的次数（Transfer/s，简写成 T/s），是衡量总线性能的一个重要指标，单位为 MHz。

总线宽度：又称总线位宽，是总线可同时传输的数据位数，用位（Bit）表示。如 8 位、16 位、32 位、64 位总线等，总线越宽在相同时间内能传输的数据就更多。

总线带宽：又称总线最大数据传输速率，是总线每秒能传输的最大字节数，单位为 MB/s，是最重要的总线指标。影响传输速率的因素有总线宽度、总线频率等。一般情况下：总线带宽（MB/s）=（总线宽度/8）×总线频率。

【例】 求 33.3MHz@64 位总线的带宽。

题目表示的意思是 64 位宽度的总线工作在 33.3MHz 频率。

$$总线带宽＝(64/8)×33.3MHz＝266.4MB/s$$

以上三个是总线的主要性能指标。此外总线的性能指标还有同步方式、总线复用、信号线数、总线控制方式（包括并发工作、自动配置、仲裁方式、逻辑方式、计数方式等）、寻址能力（指地址总线的位数及所能直接寻址的存储器空间大小）、总线的定时协议（同步总线定时、异步总线定时、半同步总线定时）以及负载能力（一般指总线上的扩展槽个数）等。

8.1.3 总线标准

总线标准对系统总线的插座尺寸、引线数目、信号和时序作出统一规定，使厂商能生产符合标准的计算机零部件。标准内容主要包括：

机械特性：规定模板尺寸、插头、连接器的形状及尺寸等规格，如插头与插座的尺寸、形状、引脚的个数与排列顺序，接头处的可靠接触等。

电气特性：规定信号的逻辑电平、最大额定负载能力、信号传递方向和电源电压等。

功能特性：规定每个引脚的名称、功能、时序及适用协议。

时间特性：每根信号线上的信号时序。

不同总线，标准的具体内容会有所不同。例如：内总线标准的机械特性包括模板尺寸、接插件尺寸和针数，电气特性包括信号的电平与时序，外总线标准的机械特性包括接插件型号和电缆线，电气特性包括发送与接收信号的电平与时序，功能特性则包括发送和接收双方的管理能力、控制功能和编码规则等。

8.2　系　统　总　线

计算机系统总线包括早期的 PC 总线和 ISA 总线、PCI 总线、PCI‐X 总线以及主流的 PCI Express、Hyper Transport 高速串行总线。从 PC 总线到 ISA、PCI 总线，再到 PCI Express 和 Hyper Transport 体系，计算机在这三次大转折中也完成了三次飞跃式的提升。与这个过程相对应，计算机的处理速度、实现的功能和软件平台都在进行同样的进化，显然，没有总线技术的进步作为基础，计算机的快速发展就无从谈起。业界站在一个崭新的起点，PCI Express 和 Hyper Transport 开创了一个近乎完美的总线架构。而业界对高速总线的渴求也是无休无止，PCI Express 4.0 和 Hyper Transport 4.0 都已提上日程，它们将会再次带来效能提升。在计算机系统中，各个功能部件都是通过系统总线交换数据，总线的速度对系统性能有着极大的影响。而也正因为如此，总线被誉为计算机系统的神经中枢。但相比 CPU、显卡、内存、硬盘等功能部件，总线技术的提升步伐要缓慢得多。在计算机发展的 20 余年历史中，总线只进行三次更新换代，但它的每次变革都令计算机的面貌焕然一新。

8.2.1　PC 系列总线

1. PC 总线

PC 总线是 1981 年国际商业机器公司（以下简称"IBM 公司"）推出第一台 IBM PC 机时所用的总线，也是最早的计算机总线。

PC 总线含 62 根信号线，按两列分布在主板上的 8 个 62 脚双列总线插槽中。每列 31 根，各插槽的同号引脚接到一起。然后连到相应的信号线。插槽中可插入各种 I/O 功能扩展卡，例如显示器适配卡、声卡、数据采集卡等。PC 总线只有 20 根地址线、8 根双向数据线以及 6 级中断请求信号。

2. ISA 总线

1984 年，PC/AT 总线被确定为 IEEE P996 标准，也称为工业标准体系结构（Industry Standard Architecture，ISA），即 ISA 总线标准。它用在基于 80286 的 PC/AT 机上，也可用在 386/486 机上。它在 PC 总线基础上增加了 36 根信号线，数据总线扩充到 16 位，地址总线 24 位，中断增到 15 个，并提供中断共享。ISA 插槽是在 PC 插槽基础上加了 32 线，既适用于 16 位数据总线，又能插 PC 总线扩展卡。

3. MCA 总线

由于 ISA 标准的限制，CPU 性能的提高并未根本改变 PC 机的总体性能。IBM 公司在 1987 年推出第一台 80386 时，制定了一个与 ISA 完全不同、技术上更先进的总线规范——微通道体系结构（Micro Channel Architecture，MCA），也称 PS/2 总线。它用 186 针扩展槽，数据宽度 32 位，与 16 位兼容，支持突发传送方式（Burst Mode），数据传输速率为 33MB/s，是 ISA 的 4 倍。地址总线 32 位，能寻址 4GB。它引入即插即用（Plug & Play，PnP）功能。当一个设备插入时，不需要人工设置开关等。PnP 技术能自动将不冲突的中断和 I/O 地址分配给设备，方便安装外设驱动程序。但因 MCA 与 ISA 和 EISA 总线不兼容。许多扩展卡不能用到 PS/2 机上。IBM 未将此标准公之于世，并对它加以限制，导致 MCA 结构未能成为主流，也就未形成为公认标准。

4. EISA 总线

这是 1989 年 Compaq 等 9 家 PC 兼容机制造商推出的适合 32 位 CPU 的扩展总线（extended ISA）。数据和地址总线均为 32 位，寻址 4GB 内存。兼容 ISA 的 8MHz 钟，支持 32 位突发式数据传送。I/O 总线与 CPU 总线分离，I/O 总线可低速率运行以支持 ISA 卡，CPU 总线则能高速运行，支持总线主控技术（Bus Master）、中断共享、DMA 共享、扩展卡自动配置等技术。能自动进行 32 位、16 位、8 位数据间的转换，保证了 EISA 卡、ISA 卡之间的相互通信。EISA 采用双层插槽，顶层为 ISA 的 98 个信号，底层新增的 100 个 EISA 信号，能兼容两种扩展卡。它吸取了 MCA 的精华，并与 ISA 完全兼容，性能在当时很先进，适合高速局域网、快速大容量磁盘及高分辨率图形显示，大型网络器的设计大多选用了 EISA 总线。

8.2.2 PCI 总线

1. PCI 局部总线

超大规模集成电路（Very Large Scale Integration，VLSI）的飞速发展，使 CPU 的速度超过了 ISA、EISA 总线的极限，导致硬盘、图形加速卡、高速网卡、视频系统和数据采集设备等高速外设只能通过慢速的单一路径与 CPU 交换数据。为解决速度匹配问题，英特尔公司在 1992 年发布 80486 处理器的同时，提出了 32 位的 PCI 总线，并由厂商代表组成的 PCI 特殊兴趣小组 PCI SIG 来开发管理。

外围部件互连（Peripheral Component Interconnect，PCI）是一种高性能的局部总线。从结构上看 PCI 好像是插在 ISA 总线与 CPU 之间的一种总线，在两者之间起缓冲隔绝作用。一些高速外设如图形卡、网络适配器和硬盘控制器等，可从 ISA 总线上直接通过 PCI 总线挂接到 CPU 总线上，使之与高速 CPU 总线相匹配。

PCI 1.0 规范工作在 33MHz@32 位，传输带宽 132MB/s（即 33MHz×32bit/8），支持 64 位数据传送，带宽可扩展到 264MB/s。后来为达到更高的性能，提出了 66MHz@64 位的 PCI 规范，带宽达到了 528MB/s。

此外，还支持多总线主控模块、线性突发读写和并发工作方式，具有处理器独立性、缓冲隔绝、即插即用、兼容性强和成本较低等特点。其性能与 ISA 总线相比有极大改善，基本能适应当时 CPU 的发展现状。不久，PCI 基本统一了 ISA、VESA、EISA 以及 MCA 等总线的规格，成为个人计算机中的总线插槽的主流。

2. PCI 总线的特点

数据传输速率高。PCI 能实现高速数据传输，还支持线性突发传送（Hurst Transfer）。传送内存中的连续数据块时，只在传送第一个数据时才给出地址，后续数据的地址会自动加 1。因此 CPU 能以接近自身总线的速度全速访问适配卡，适用于高清晰度电视与 3D 信号。

减少存取延迟。能减小 PCI 总线设备的存取延迟，从而缩短外设取得总线控制权所需的时间，保证数据传输的畅通。

独立于处理器。PCI 总线通过桥接器与 CPU 总线连接，是 CPU 与外设之间的缓冲器，CPU 不需要直接控制外设。这样，任何类型的 CPU 都可以接到 PCI 总线上，外设驱动程序与 CPU 的类型无关，用户可随意增添外设，等于延长了 PCI 的生命期。

具有并行总线操作能力。PCI 桥接器支持完全总线并行操作，与处理器总线、PCI 总线和扩展总线同步使用。

即插即用。安装扩展卡时，不需要调整跳线开关或 DIP 配置开关，系统嵌入自动配置软件，在加电时根据配置寄存器的内容自动配置 PCT 扩展卡，为板卡分配存储地址、端口地址、中断等信息，保证系统协调工作，不发生资源冲突。

兼容性好，易于扩展。总线信号少，32/64 插槽引脚数为 124/188，但必选信号较少。主设备只要 49 个，目标设备 47 个，有不少保留脚可用于扩充，每隔几个脚就有一根地线。抗干扰能力强，允许主板上使用多种扩展卡。

3. 基于 PCI 总线的计算机系统及其发展

（1）基于 PCI 总线的计算机系统。由于 PCI 总线的高性能和低成本，被应用于多种平台和体系结构中。图 8.2 是用 PCI 总线构建的计算机系统结构框图。

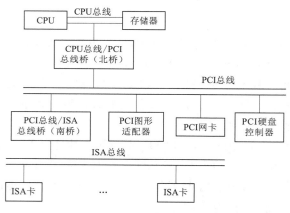

图 8.2　基于 PCI 总线的计算机系统结构框图

PCI 总线构建的计算机系统结构采用了南北桥芯片结构来实现主板芯片组架构。南北桥结构是历史悠久而且相当流行的主板芯片组架构。采用南北桥结构的主板上都有两个面积比较大的芯片，靠近 CPU 的为北桥芯片，靠近 PCI 槽的为南桥芯片。

PCI 总线通过一个 PCI 总线桥（北桥）与 CPU 连接，支持 PCI 总线的外设板卡，如硬盘控制器、网卡、图形适配器卡等高速外设则挂接在 PCI 总线上。ISA 总线与 PCI 总线之间由扩展总线桥（南桥）连接。基本 I/O 设备以及一些兼容 ISA 总线的外设，可挂接在 ISA 总线上。整个系统结构层次分明。如图 8.2 所示，PCI 是介于 CPU 总线和系统总线之间的一级总线，可以看作是来自 CPU 的延伸线路，不受制于 CPU，能与 CPU 同步操作，这就是它称为局部总线的原因。它在 CPU 和高速外设之间架起了一座桥梁，可缩短外设取得总线控制权所需的时间，提高数据吞吐量。

北桥芯片主要决定主板的规格、对硬件的支持以及系统的性能，它连接着 CPU、内存、AGP 总线。主板支持什么 CPU，支持哪种速度的 AGP 显卡，支持何种频率的内存，都是北桥芯片决定的。

南桥芯片主要决定主板的功能，主板上的各种接口（如串口、USB）、PCI 总线（接驳电视卡、声卡等）、IDE 接口（接硬盘、光驱）以及扩展卡（RAID 卡、网卡）等，都归南桥芯片控制。

这种以桥的方式，将两类不同结构的总线结合在一起的技术，特别能适应系统的升级换代。当 CPU 更新换代时，只需改变 CPU 总线和更换北桥芯片，而原有外设及其适配卡仍可保留下来继续使用。

（2）PCI 总线的发展：AGP 接口规范和 PCI－X 总线。

1）AGP 接口规范。PCI 总线优点显著，能充分发挥 CPU 的性能。但是其带宽，依然满足不了显卡的要求。解决的办法是图形数据从显卡内存移到主存，以减少显存容量。然而，图形数据在主存中处理后，仍要通过 PCI 总线送回显卡去显示，数据传输量之大，PCI 总线难以胜任。英特尔公司在 1996 年 7 月推出了加速图形接口（Accelerated Graphics Port，AGP），作为 PCI 的补充，是显卡专用的局部总线。

2）PCI－X 总线。PCI 成为主流总线后，PCI SIG 在 1999 年提出了 PCI－X 总线，它是 PCI 的扩展，在 PCI 基础上增加了不少新特点，也增加了插槽引脚数。PCI－X 1.0 规范允许总线工作在 133MHz@32/64 位，最大带宽达 1.066GB/s，是 PCI 1.0 的 8 倍，主要应用在服务器上。

其技术特点为：①支持 66MHz、100MHz、133MHz 等三种总线频率，且能随不同设备而改变；②特征段技术，让每件总线事务都附带一个 36 位的特征域，指示该事务的开始位置、插入顺序、事务长度和是否需要缓冲检测，从而能追踪穿过总线的数据，需要时将它在队列中向前移功，增强并行穿越总线的能力；③分离事务（多任务），允许一个正在向某个特定目标设备请求数据的设备，在目标设备准备好发送数据之前，处理来临的其他任何事件，增强了奇偶错误管理；④允许目标设备仅与单个 PCI－X 设备交换数据，若 PCI－X 设备没有任何数据传送，总线会自动将它移除，以减少 PCI 设备间的等待周期。

8.2.3 PCI Express 总线

随着游戏、视频点播和音频再分配等多媒体应用越来越广泛，人们普遍通过网络，利用手机、台式机和笔记本电脑等来处理视频和音频数据流，PCI 总线已无法满足电脑性能提升的要求，必须由带宽更大、适应性更广、更具发展潜力的新一代总线取而代之。

1. PCI－E 1.0

（1）PCI Express 1.0 规范。2002 年 7 月，PCI SIG 小组公布了 PCI Express 1.0 规范，简称 PCI－E、PCIe 或 PCIE。Express 是高速、特别快的意思，它属于第三代 I/O 总线，所以简称 3GIO（Third Generation Input Output）。因该总线的规范由英特尔公司支持的 AWG（Arapahoe Working Group）负责制定，也被称为 Arapahoe 总线。它是一直延续到现在而长盛不衰的新一代总线标准。

根据总线信道数量和路径宽度不同，PCI－E 有×1、×4、×8 和×16 等几种通道规格，而×2 规格被用于内部接口。它们也代表了不同的传输速度，×1 传输速度为250MB/s，而×16 的传输速度是×1 的 16 倍，即 1MB/s。四种通道的插槽长度不一样，短卡可插入长卡的插槽中。

（2）PCI - E 1.0 标准的特点。PCI - E 是一种全新的总线规范，它吸取了 PCI 总线的精华，同时增加了不少更先进的技术。

其主要特点为：

1）采用 P2P（点对点）的串行传输机制。从并行到串行是 PCI - E 最根本的变化，各设备可以并发地与 CPU 直接通信并获得最大带宽。它们互不影响，也不存在争抢带宽问题，因此能支持多种传输速率。

2）工作频率高。PCI - E 的基础总线频率为 100MHz，通过锁相环电路可以提高到 2.5GHz，极大地提高了数据传输速度。

3）支持双向传输模式，可运行于全双工模式。PCI 总线每周期只能发送一个数据，而 PCI - E 总线每个周期的上行、下行都能传输数据，仅此一点，带宽就翻了一倍。

（3）PCI - E 的应用。PCI - E 的最大特点是通用性，不仅可用于南桥和其他设备的连接，也可延伸到芯片组间的连接，甚至可以用于连接图形芯片。这样整个 I/O 系统将统一起来，一步简化计算机系统，增加计算机的可移植性和模块化。

PCI - E 提供了广阔的带宽和丰富功能的新式图形架构，可以大幅提高 CPU 和图形处理器 GPC 之间的带宽，因而能使用户更完美地享受影院级的图像效果。被广泛应用于基于互联网流媒体在线直播、会议系统、远程监控、远程教学、DVD 制作等领域。

2. PCI - E 2.0

2007 年 1 月，PCI - E 2.0 标准发布。PCI - E 2.0 的总线频率达到了 5GHz，其他性能指标也都翻了一倍：带宽翻倍（单通道 500MB/s，双向 1GB/s）、通道翻倍、插槽翻倍（芯片组主板默认应该拥有两条 PCT E×32 插槽）、功率翻倍。

3. PCI - E 3.0

2010 年 11 月，PCI - E 3.0 的最终标准发布。新规范可应用在所有计算机和外设中，例如服务器、工作站、台式机和笔记本电脑。PCI - E 3.0 的目标依然围绕着"提速"二字展开，它向下兼容 PCI - E 2.0 和 PCI - E 1.0。与同等情况下的 PCI - E 2.0 规范比较，性能指标提高了一倍，总线频率从 PCI - E 2.0 的 5GHz 提高到了 8GHz，显著提高了总线带宽，×32 端口的双向传输速率可以高达 32GB/s。

PCI - E 3.0 的其他增强之处，还包括数据复用指示、原子操作（执行时不能被中断的操作）、动态电源调整机制、延迟容许报告、宽松传输排序、基地址寄存器（BAR）大小调整、I/O 页面错误等。它保持了对 PCI - E 2.x/1.x 的向下兼容，继续支持 2.5GHz、5GHz 的信号。

8.2.4　测控机箱总线

随着计算机被广泛应用，内总线已不再限于构建计算机，还成了工业控制现场以及测控系统和仪器的总线标准，大量用于专用计算机控制系统的设计，因而也称为测控机箱总线，相应产品正在迅速发展之中。下面是在工业界很流行的几种内总线标准。

（1）STD 标准总线。因其插件板尺寸小、功耗低、坚固可靠，并有丰富的 I/O 模块配套，STD 总线工控机曾非常流行。后来，又采用周期窃取和总线复用技术对数据/地址线进行扩充，实现了 8/16 位兼容。1989 年又通过附加系统总线与局部总线的转换技术，开发出了 32 位 CPU 兼容的 STD32 总线。目前 STD 总线已逐渐被淘汰。

（2）MultiBus 多总线。它是英特尔公司针对其 SBC 单板机推出的用于板与板连接的标准线，用于单板机、存储器和扩展板之间传输 8/16 位数据，支持主、从设备和智能从设备，曾广泛用于工业控制。目前多总线已被淘汰。

（3）PC/104 总线。专门为嵌入式控制定义的工控总线，1992 年公布以来曾在国际上流行。它的 8/16 版本分别对应于 PC 和 PC/AT，用来构建小型嵌入式系统。后来又融合 PCI 和 PCI Express 总线技术，形成了 PC/104＋和 PCI/104 - Express 总线，呈现出旺盛的生命力。

（4）计算机自动测量总线（Computer Automated Measurement and Control，CAMAC）是 20 世纪 70 年代初推出的一种专门为测控系统设计的标准机箱底板总线。不少基于 CAMAC 机箱的测控仪器，在高能物理实验、工业现场测控、数据采集等得到过广泛的应用。但因其性能已落伍，基本不再使用。

（5）通用底板总线（Versa Module Eurocard，VME）是 1981 年根据面向 M68000 CPU 的 VERSA 总线和 Eurocard 印刷电路板标准所提出的板卡标准，1987 年被 IEEE 接受为万用背板总线（versatile backplane bus）。它主要面向计算机，但其高数据带宽在数字测量与数字信号处理应用中颇具优势，基于 VME 总线的仪器模块市场巨大。美国国防部曾在美军中实施了发展基于 VME 总线自动测试系统的计划。

（6）VME 总线在仪器领域的扩展（VME Bus Extension for Instrumentation）。由于 VME 不是面向仪器的总线标准，因此美国的惠普、Tektronix 等五家著名的仪器公司，于 1987 年提出了专门针对模块化仪器设计的 VXI 总线，1992 年成为 IEEE 1155 标准。该标准采用了 32 位 VME 体系结构，但又做了很多改进，使不同厂家的 VXI 总线产品相互兼容，特别是使用接触非常可靠的针孔式连接器来连接插件与底板插槽。

（7）紧凑型 PCI 总线（Compact PCI，CPCI）是 1994 年国际 PCI 制造商协会（PCI MG）提出的，它采用国际标准的高密度、屏蔽式、针孔式总线连接器，连接很可靠。其数据总线宽度为 32/64 位，最高传输速率可达 528MB/s。并专门制定了总线的热插拔规范，允许在计算机运行状态下插入或拔出 CPCI 卡，进一步提高了它在工业测控领域的适用性。它不仅在通信、网络等行业发挥作用，还大量应用于实时控制、产业自动化、实时数据采集和军事系统等需要高速运算的场合，并受到了有模块化和高可靠度需求的医疗仪器、航空航天、智能交通等领域的欢迎。

（8）PCI 在仪器领域的扩展（PCI Extensions for Instrumentation）。1997 年美国国家仪器有限公司推出了用于测控设备机箱底板总线的规范，也是 PCI 总线的增强与扩展，电气上与 CPCI 总线兼容。为适合于测控仪器、设备或系统的要求，还增加了系统参考时钟、触发器总线、星型触发器和局部总线等内容。

8.3 系统外部总线

一般来说外部总线是微机和外部设备之间的总线。微机作为一种设备，通过该总线和其他设备进行信息与数据交换，以实现系统间的互联。因此用于设备一级的互联。

对于计算机而言，其外部设备（如键盘、鼠标、显示器、打印机）的类型众多，其输入输出接口标准众多且没有统一标准，因此经常互不兼容。在机箱上经常可见各种不同规格的接口。但在 USB 总线提出后，PC 连接外设可能逐渐统一成同一标准。

8.3.1　RS 总线

1. RS-232-C 总线

RS-232-C 是美国电子工业协会（Electronic Industry Association，EIA）制定的一种串行物理接口标准。RS 是推荐标准（Recommended Standard）的缩写，232 为标识号，C 表示修改次数。RS-232-C 总线标准设有 25 条信号线，包括一个主通道和一个辅助通道，在多数情况下主要使用主通道。对于一般双工通信，仅需几条信号线就可实现，如一条发送线、一条接收线及一条地线。RS-232-C 标准规定的数据传输速率为 50B/s、75B/s、100B/s、150B/s、300B/s、600B/s、1200B/s、2400B/s、4800B/s、9600B/s、19200B/s。RS-232-C 标准规定，驱动器允许有 2500pF 的电容负载，通信距离将受此电容限制，例如，采用 150pF/m 的通信电缆时，最大通信距离为 15m；若每米电缆的电容量减小，通信距离可以增加。传输距离短的另一原因是 RS-232 属单端信号传送，存在共地噪声和不能抑制共模干扰等问题，因此一般用 20m 以内的通信。

需要注意的是 RS-232 标准电平与 TTL 和 CMOS 不一样，RS-232 逻辑 1 的电平为 $-3 \sim -15V$，逻辑 0 的电平为 $+3 \sim +15V$，电平的定义是反相的。

2. RS-485 总线

在要求通信距离为几十米到上千米时，广泛采用 RS-485 串行总线标准。RS-485 采用平衡发送和差分接收，因此具有抑制共模干扰的能力。加上总线收发器具有高灵敏度，能检测低至 200mV 的电压，故传输信号能在千米以外得到恢复。RS-485 采用半双工工作方式，任何时候只能有一点处于发送状态，因此，发送电路由使能信号加以控制。RS-485 用于多点互联时非常方便，可以省掉许多信号线。应用 RS-485 可以联网构成分布式系统，其允许最多并联 32 台驱动器和 32 台接收器。

RS-485 电平和 RS-422 的标准电平均采用差分传输（平衡传输）的方式，RS-485 逻辑 1 的电平为 $+2 \sim -6V$，逻辑 0 的电平为 $-2 \sim -6V$。

8.3.2　IEEE 1394 总线

1986 年，由苹果公司领导的联盟，提出了一种与平台无关的高速串行总线，苹果公司称其为 Fire Wire（火线）接口，索尼公司称为 iLink，德州仪器（Texas Instruments）则称为 Lynx。尽管各自厂商注册的商标名称不同，但实质都是 IEEE 1394 接口技术。

1. IEEE 1394 的发展历程

IEEE 1394 的标准化作业始于 1986 年，1987 年苹果公司发布第一个完整规范，1992 年采纳为 IEEE 1394 的标准规范。

1995 年发布的第一个 IEEE 1394 串行总线接口标准，推出第一个 IEEE 1394 版本 IEEE 1394—1995（Fire Wire S400）。其特点是传输速度快，有 4 针、6 针两类接口。6 针是 Fire Wire 标准，4 针传数据，2 针为外设提供电源。4 针是 iLink 标准，无电源线。IEEE 1394 的传输距离为 5m，实际达到了 30m，可支持 63 个设备。

2000 年，改进了 IEEE 1394 的电源管理特性，增强了产品兼容性，传输距离扩到 50m。版本为 IEEE 1394a - 2000 (Fire Wire S400)。

2002 年，IEEE 1394 的接头标准从 6 针变成 9 针，可根据传输距离与速率分别选用 5 类非屏蔽双绞线（CAT - 5）、塑料或玻璃光纤。在用 CAT - S 双绞线、速度为 100MB/s 时，传输距离可达 100m。版本为 IEEE 1394b - 2002（Fire Wire S800）高传输率与长距离版本，带宽为 800MB/s。该总线是针对视频、音频、控制及计算机设计的唯一的家庭网络标准。

2007 年，Fire Wire S800T 公布，提供了一个重大的技术改进，新的接头规格和 RJ45 相同，并使用 CAT - 5（5 类双绞线）和相同的自动协议，可以使用相同的端口来连接任何 IEEE 1394 设备或 IEEE 802.3（1000BASE - T 以太网双绞线）的设备。

2. IEEE 1394 总线的特点

（1）速度很快。IEEE 1394 是 USB3.0 之前速度最快的串行总线。尤其是 Cable 模式很适合高速硬盘、多媒体数据和数字视频流的实时传输。串行传输更能提高时钟速率。又采用了新型编码技术，把时钟信号变化转变为选通信号变化，高速率也不易引起失真。

（2）支持热插拔和即插即用。与 USB 一样，可带电插拔并支持即插即用，新设备接入时会用广播方式把标识码通知网上所有设备，从而成为网络的一员。

（3）传输距离长。电缆线长度在 4.5m 以内能保证数据的实际传输速率。采用光纤可实现 100m 范围内的设备互连。

（4）对等网络和点对点通信。所有连接设备利用端对端（Peer to Peer，PTP）技术，建立一种对等互联网络。

（5）支持同步和异步传输。IEEE 1394 同时具有同步（Isochronous，也称等时）与异步传输方式。由于总线的公平仲裁机制，同步传输有较高优先级，能保证设备持续使用所需的带宽，特别适合于影音数据的实时传输。若用异步方式传送，会因其他设备占用总线带宽而致视频数据流中断，降低画面质量。

（6）互联设备多。可像 USB 那样采用嵌套的星形拓扑结构。每个 IEEE 1394 设备都具有 I/O 接口，因此可采用节点串联方式，一次性最多连接 63 个设备，还允许最多 1023 条总线相互连接。

（7）向设备提供电源。IEEE 1394 的 4 针接口不含电源线，在数码相机和 DV 等小型设备上应用。6 针接口含 2 条电源线，可向被连设备提供（8～40）V/1.5 的电源。因此，能在无 AL 电源适配器情况下，将硬盘和 CD - RW 光驱等外设连到 PC 机。

（8）体积小、使用方便。IEEE 1394 的 6 芯电缆直径才 6mm，插座也很小，很适用于笔记本电脑等小型设备。电缆可随时拔出或插入，也不需要加接与电缆阻抗匹配的终端器，便于用户安装和使用设备。

3. IEEE 1394 标准的不足

（1）成本较高。因无 PC 机主板芯片组对 IEEE 1394 技术提供支持，要靠外接控制芯片来实现，加大了 PC 机成本，所以主要用于服务器和笔记本电脑。基于同一原因，影响了其在低、中档产品中的推广应用。

（2）占用系统资源多。IEEE 1394 总线需要占用大量系统资源。若要在 PC 机中实现对 1394 标准的支持，要使用高速 CPU。

（3）其中内部设备是家用电器和计算机外设，因此不适合组建真正的计算机网络。

8.3.3　USB 总线

通用串行总线（Universal Serial Bus，USB）是一种外部总线，用于电脑与外设的连接和通信。USB 标准一经提出，很快就被大量应用于鼠标、键盘、U 盘、移动硬盘等多种外设。并随之成功替代大部分串口和并口，成为个人机和许多智能外设的必配接口。

1. USB 的特点

（1）传输速度快。USB 1.0 提供两种传输速度。USB 低速 1.5MB/s。支持键盘、鼠标、U 盘、Modem、硬盘、光驱、网卡、扫描仪、数码相机等低速设备；USB 全速 12MB/s，比 RS - 232C 串口的速度 20KB/s 快 1000 多倍，用于更大范围的多媒体设备。在 USB 2.0 中其速度高达 480MB/s，即 60MB/s。对于 USB 3.0 来说，理论上可达 5GB/s。因此 USB 总线能良好地应用于各种高、中、低速外接设备。其应用和特性见表 8.1。

表 8.1　　　　　　　　　　　　USB 总线的应用和特性

性　能	应　用	特　性
低速交互设备 10kB/s～1.5MB/s	键盘、鼠标、游戏柄	低价格、热插拔、易用性
中速电话、音频、压缩视频 2～12MB/s	ISDN、PBX、POTS、ADSL、扫描仪、交换机等	低价格、易用性、动态插拔、限定带宽延迟
高速视频、磁盘 25～500MB/s	硬盘驱动器、视频会议	高带宽、限定延迟、易用性

（2）连接简单快捷。支持热插拔与即插即用，可在通电状态下任意插拔，而且主机能自动识别 USB 设备。

（3）通用连接器。4 针 USB 连接器可连接多种外设，用来替代硬盘的 IDE 接口、串行的鼠标接口和并行的打印机接口等。常用的 USB 连接器如图 8.3 所示。

图 8.3　常见的 USB 连接器

（4）无须外接电源。插头插入时电源先接上。能从总线向设备提供 500mA/＋5V 电源，USB 3.0 则提高到 900mA，用作键盘、鼠标、U 盘等低功耗设备的电源。但打印机等高功耗 USB 设备仍需自带电源。目前大部分手机已采用 USB 接口充电。

（5）扩充外设能力强。USB 采用星形层式结构和 Hub 技术，理论上允许一个主控机连接 127 个外设，两个外设间的距离可达 5m。现在，无线 USB 也已投入使用。

2. USB 规范的发展历程

（1）1996 年 1 月推出 USB 1.0。其速率为 1.5MB/s（192KB/s）。1998 年升级为 USB 1.1，速率提到 12MB/s（1.5MB/s），称全速（Full Speed）USB。

（2）2000 年发布 USB 2.0。也称高速（High Speed）USB，为半双工传输，速度 480MB/s，与 USB 1.1 兼容，能满足大多数外设的速率要求。

（3）2008 年发布 USB 3.0。速度是 USB 2.0 的 10 倍，称为超速（Super Speed）USB，被誉为电缆上的 PCI-E 标准（PCI Express over Cable），正被应用在高清视频、高分辨率网络摄像头、视频监视器、千万像素级数码相机、数码摄像机、蓝光光驱、TB 级外置硬盘、磁盘阵列系统、大容量于机以及便携媒体播放器等领域。与 USB2.0 兼容，能进行双向并发（即全双工）数据流传输，实际速率能达 3.2GB/s（即 400MB/s）。

（4）USB OTG 协议。随着 CSB 应用领域的扩大，人们希望 USB 设备能摆脱主机控制，两个 USB 设备能直接互联。在 USB OTG 协议中设备将完全抛开微机，既可作主机，也可当外设（两用 OTG），与另一个符合 OTG 协议的设备直接进行点对点通信。这样，不需计算机参与，既可把数码相机连到打印机上打印照片，也可将数码相机与 U 盘或移动硬盘连接进行照片传输。

（5）2005 年颁布无线 USB 规范（Wireless USB，WUSB）。它是 USB 规范的最新扩展，定义了一个易用的无线接口，具有有线 USB 技术的高速率和安全性。

3. USB 设备及其体系结构

USB 是通用串行总线，运行过程中外设可随时添加、设置、使用或拆除。一个完整的 USB 系统由安装在主机上的 USB 主控制器和根集线器（Root Hub，RHub）以及 USB 集线器（Hub）、USB 功能设备（USB Function）、电缆等硬件，再加上 USB 主控制器驱动程序、USB 总线驱动程序、USB 设备驱动程序等软件构成。

（1）USB 设备。有三类 USB 设备：

USB 主机（USB Host）。提供 USB 驱动程序模块，对 USB 设备进行配置并管理总线。主机中有一个 RHub，用来连接次级 Hub 和 USB 设备。

USB 集线器（Hub）。一个 Hub 上有 1 个上游接口和 4 个（或 7 个）下游接口，以扩展连接多个 USB 设备。Hub 由中继器和控制器构成，对所接设备进行电源管理和信号分配，并检测和恢复总线故障。

USB 功能设备是连在 USB 总线上的外设。

（2）USB 总线连接。

1）USB 总线的拓扑结构。USB 设备和 USB 主机通过 USB 总线相连。USB 的物理连接是一个星形结构，集线器（Hub）位于每个星形结构的中心，每一段都是主机和某个集线器或某一功能设备之间的一个点到点的连接，也可以是一个集线器与另一个集线器或功能模块之间点到点的连接，最多可有 7 层，连接多达 127 个外设和 Hub，如图 8.4 所示。

2）USB 总线的物理接口。USB 总线物理接口包括电气特性和机械特性两部分。

对于电气特性，USB 总线中的物理介质由一根四线的电缆组成，其中两条用于提供

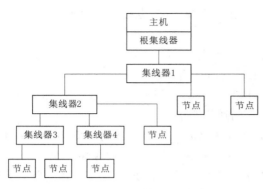

图 8.4　USB 总线的拓扑结构

设备工作所需的电源，另外两条用于传输数据。信号是利用差模方式送入信号线的。

对于机械特性，所有的 USB 设备上都有"上行"（Up‐Stream）和"下行"（Down‐Stream）连接，在机械特性方面"上行"和"下行"是不可以互换的，所以要尽量消除集线器上出现的非法环路连接。一条电缆有 4 根导线、一对具有标准规格的双绞信号线和一对在允许的规格范围内的电缆线。每个连接器都有 4 个点，并且具有屏蔽的外壳、规定的坚固性和易于插拔的特性。

3）USB 总线传送协议。USB 总线上的数据处理包括最多 3 个分组的传送。每一次数据传送操作开始时，都是由 USB 主控制器根据一个计划的步骤，发送一个用于描述数据传送类型和方向、USB 设备地址、端点号的 USB 分组，这一分组为令牌分组，被寻址的 USB 设备通过对指定的地址域进行解码后，就可以知道这是不是发给自己的分组。USB 令牌分组中规定了数据传送的方向，数据处理操作的信源可以发送数据分组或指出它自己本身有没有数据需要发送。

在 USB 总线中，主机和设备端点之间传送数据的模型被称为管道。管道模型有流管道和消息管道两种。

（3）USB 驱动程序。主机与外设通过 USB 接口的通信是通过驱动程序来实现的。

在 Windows 环境中，定义了 Windows 设备驱动程序模型，其中设立了用户模式和内核模式。应用程序只能工作在用户模式下，而驱动程序大多运行在内核模式下。驱动程序采用了分层结构。设备驱动知道如何与系统的 USB 驱动和访问设备的应用程序通信。设备驱动通过在应用层和硬件专用代码之间的转换来完成它的任务。

在 Windows 早期版本中，使用不同的设备驱动模型。Windows 95 使用 VxDS（虚拟设备启动）；Win NT 4.0 使用一种成为内核模式驱动的驱动类型。想要 Windows 95 和 Win NT 都支持，开发者就需要为每种操作系统分别写驱动程序。而 Win 32 设备驱动程序模型是设计用来运行为 Windows 98 及其以后版本的 Windows 操作系统下的所有 USB 接口设备，提供一个通用的驱动程序模型。

4. USB 的数据传输

USB 支持 4 种基本的数据传输方式，以适应各种设备的需要。

（1）控制（Control）传输方式。控制传输是双向传输，数据量通常较小，主要用来进行查询、配置和给 USB 设备发送通用的命令。

（2）同步（Synchronization）传输方式。同步传输提供了确定的带宽和间隔时间，它被用于时间严格并具有较强容错性的流数据传输，或者用于要求恒定的数据传送率的即时应用。例如进行语音业务传输时，使用同步传输方式是很好的选择。

（3）中断（Interrupt）传输方式。中断传输方式传送是单向的，对于 USB 主机而言，只有输入。中断传输方式主要用于定时查询设备是否有中断数据要传送，该传输方式应用在少量的、分散的、不可预测的数据传输场合，键盘、游戏杆和鼠标属于这一类型。

（4）批量（Bulk）传输方式。批量传输主要应用在没有带宽和间隔时间要求的大量数据的传送和接收，它进行有保证的传输。打印机和扫描仪均采用这种传输类型。

8.3.4　仪器与计算机互联总线

测量仪器机箱与计算机的互联总线属于外总线。其中，IEEE 488 总线仍在一些低速系统中使用，而在高速系统中被 SCSI 总线代替。MXI 总线将作为 VXI 机箱与计算机互联的标准总线。但由于 USB、IEEE 1394 等串行总线在传输速率上取得了重要突破，且价格便宜，有可能逐步代替现有的其他并行或串行互连总线，并成为测量和仪器网络总线之一。

1. IEEE 488 总线

IEEE 488 总线又称通用接口总线（General Purpose Interface Bus，GPIB）。它是 20 世纪 70 年代惠普公司推出的台式仪器接口总线，通过插入计算机的 GPIB 卡，用 24 线或 25 线电缆连接仪器，能适应微机总线的发展。它只有 8 根数据线，速率 1MB/s，传输距离 20m，但至今仍是仪器、仪表及测控系统与计算机互连的主流并行总线。常采用 VXI 与 GPIB 总线混合应用的方案，即 VXI 总线计算机通过 GPIB - VXI 接口和 GPIB 电缆实施工业控制。此外，以 PCI 为基础的 PXI 系统，也都具有 GPIB 接口。所以，在较长时间内，GPIB 仍将在中、低速的计算机外设总线应用中占一定比例。

2. SCSI 总线

SCSI 总线不仅是硬盘接口，也是一种广泛应用于小型机的高速数据传输技术，有应用范围广、多任务、带宽大、CPU 占用率低以及热插拔等优点。1979 年以来出现了多个版本。其数据线为 9 位，宽度为 8/16/32 位，接口带宽从 4MB/s 发展到了 320MB/s。SCSI 总线支持多种接口类型，包括传统的 DB - 25 接插头以及 50/68 针不同密度的接插头，传输距离为 3.2～7.1m。最多连 7 个同异步 SCSI 外设，包括高速硬盘以及磁带、CD - ROM、可擦写光盘、打印机、扫描仪、通信设备和高速数据采集系统等。

3. MXI 总线

MXI 总线即多系统扩展接口总线（Multi - System Extension Interface Bus）。它是 1989 年美国国家仪器有限公司推出的 32 位高速并行互连总线，速度可达 23MB/s，传输距离 20m。MXI 总线采用硬件映象通信，一根电缆上可接 8 个 MXI 器件，通过读写相应的地址空间，便可访问其他器件的资源，无须软件协议。基于 MXI 总线的测控机箱大都用这种总线与计算机互连。

习　　题

1. 什么是总线？依据总线在系统结构中的层次位置，总线可分为哪几类？
2. 什么是总线标准？制定总线标准有哪些好处？总线标准应包括哪些内容？
3. 简要说明 PC 总线、ISA 总线和 EISA 总线的区别与联系。
4. 简述 PCI 总线的特点，并说明为什么 PCI 总线也被称为局部总线？

5. 简述基于 PCI 总线的计算机系统的结构特点，并说明什么是南桥和北桥，它们在系统中起什么作用。

6. PCI - X 总线名称中的 X 代表什么意思？PCI - X 总线有哪些主要特点？简要说明它与 PCI 总线的联系与区别。

7. 简述 RS - 232 标准电平与 TTL、CMOS 的标准电平有什么不同？

8. 什么是 USB 总线？它属于哪一类总线？主要有哪些特点？为什么 USB 总线被广泛使用？

9. USB 的数据传输方式有哪些？说明其特点。

10. 举例说明 USB 高、中、低速的特点与应用。

11. 微机中有哪些常用并行总线和常用串行总线？

第9章

微机的应用

由于大规模集成电路的飞速发展，计算机的微型化很快，其性能价格比也大为提高，因而微机的应用越来越广泛。计算机广泛应用于各个领域中，其应用已取得显著的经济效益和社会效益。微机不但在工农业生产方面、科研设备中大量应用，而且大量存在于在办公自动化及家庭生活中，可以说目前各行各业都离不开微机的应用。

本章将对微机应用进行分析和分类，探讨微机在过程控制中的基本应用，并利用本书前面所学的知识来实现一个较简单的完整的过程控制实例。通过对该实例的设计过程，使读者对微机在应用中信号的流动和处理、硬件的选择和连接、软件的编写、软硬件结合的处理能有清晰的认识和直观的学习。

9.1 微机应用的主要领域

1. 科学计算（或数值计算）

科学计算是指利用计算机来完成科学研究和工程技术中提出的数学问题的计算。在现代科学技术工作中，科学计算问题是大量的和复杂的。利用计算机的高速计算、大存储容量和连续运算的能力，可以实现人工无法解决的各种科学计算问题。

例如，建筑设计中为了确定构件尺寸，通过弹性力学导出一系列复杂方程，长期以来由于计算方法跟不上而一直无法求解。而计算机不但能求解这类方程，并且引起弹性理论上的一次突破，出现了有限单元法。

2. 数据处理（或信息处理）

数据处理是指对各种数据进行收集、存储、整理、分类、统计、加工、利用、传播等一系列活动的统称。据统计，80％以上的计算机主要用于数据处理，这类工作量大面宽，决定了计算机应用的主导方向。

数据处理从简单到复杂已经历了三个发展阶段。

（1）电子数据处理（Electronic Data Processing，EDP）以文件系统为手段，实现一个部门内的单项管理。

（2）管理信息系统（Management Information System，MIS）以数据库技术为工具，实现一个部门的全面管理，以提高工作效率。

（3）决策支持系统（Decision Support System，DSS）以数据库、模型库和方法库为基础，帮助管理决策者提高决策水平，改善运营策略的正确性与有效性。

目前，数据处理已广泛地应用于办公自动化、企事业计算机辅助管理与决策、情报检索、图书管理、电影电视动画设计、会计电算化等各行各业。信息正在形成独立的产业，多媒体技术使信息展现在人们面前的不仅是数字和文字，也有声情并茂的声音和图像信息。

3．过程控制

过程控制是利用微机实时采集、分析数据，按最优值迅速对控制对象进行自动调节或控制。已在机械、冶金、石油、化工、电力等领域得到广泛应用。

4．辅助设计与制造

（1）计算机辅助设计（Computer Aided Design，CAD）是利用计算机系统辅助设计人员进行工程或产品设计，以实现最佳设计效果的一种技术。已应用于飞机设计、船舶设计、建筑设计、机械设计、大规模集成电路设计等方面。

（2）计算机辅助制造（Computer Aided Manufacturing，CAM）是利用计算机系统进行产品加工控制，输入信息是零件工艺路线和工程内容，输出信息是刀具运动轨迹。将CAD和CAM技术集成，可实现设计产品生产自动化。

（3）计算机辅助教学（Computer Aided Instruction，CAI）是利用计算机系统进行课堂教学，能动态演示实验原理或操作过程，使教学内容生动形象，提高教学质量。

5．人工智能（Artificial Intelligence，AI）

人工智能是指计算机模拟人类某些智力行为的理论、技术，诸如感知、判断、理解、学习、问题的求解、图像识别等，是计算机应用新领域，在医疗诊断、模式识别、智能检索、语言翻译、机器人等方面，已有显著成效。

6．多媒体应用

随着电子技术特别是通信和计算机技术发展，文本、音频、视频、动画、图形和图像等各种媒体综合构成了"多媒体"。多媒体应用在医疗、教育、商业、银行、保险、行政管理、军事和出版等领域发展迅速。

9.2　典型的微机控制系统的组成

以微机为核心组成的控制系统，如图9.1所示。图中间是微处理器（CPU），以及组成内存的ROM和RAM，这是微机的主要内部设备。左边为计算机的外部设备，其中包括打印机（PR）、显示器（CRT）、键盘（KB）以及外存储磁带（CS）或软盘硬盘。它们各自都得通过相应的接口才能与计算机的内部总线相连。右边为被控制的对象，总称为外围设备。它们只有4种形式。

（1）模拟量：如电流、电压，它们来自某些量测装置的传感器，模拟量就是连续的量。

（2）数字量：如数字式电压表或某些传感器所产生的数字量。

（3）开关量：如行程开关或限位接点接通时产生的突变电压。

（4）脉冲量：如脉冲发生器产生的脉冲系列（一般为电压脉冲）。

图9.1右边的8路通道中，上面4路是输入通道，下面4路是输出通道。输入通道配有4种传感器，就是模拟量传感器、数字量传感器、开关量输入和脉冲量传感器。输出通道则可以产生相应的控制量：模拟量输出、数字量输出、开关量输出和脉冲量输出。

图9.1把各种输入输出的可能性都集中在一起，因而看起来比较复杂。这种情况是会

产生的，但不会是经常遇得到的。常见的计算机控制系统经常如下：右边只有一个模拟量输入和一个开关量输出，左边则有一个键盘（作为程序及数据输入）、一个显示器（监视过程）以及一个打印机（用以收集数据和控制的结果）。以一个单板计算机为例，左边这几种外部设备都可以装到和计算机内部设备在一起的一块板上。图 9.2 就是这样一个简单系统的示意图。

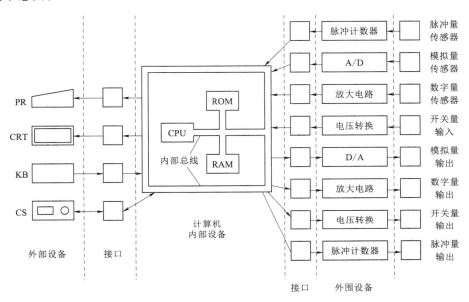

图 9.1 微机控制系统功能结构

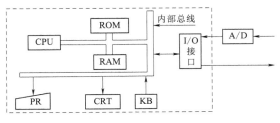

图 9.2 单板计算机控制系统

9.3 微机控制系统的设计与仿真

9.3.1 直流电机正反转控制系统

1. 设计任务

直流电机（Direct Current Machine）是指能将直流电能转换成机械能（直流电动机）或将机械能转换成直流电能（直流发电机）的旋转电机，是能实现直流电能和机械能互相转换的电机。当它作电动机运行时是直流电动机，将电能转换为机械能；作发电机运行时是直流发电机，将机械能转换为电能。直流电机是现代生活中的常用机电设备，也是计算机控制中的基本对象。

　　设计一个直流电机的简单控制系统，其功能可以实现通过按键选择电机的顺时针、逆时针旋转和停止，并通过指示灯显示其运行状态。

第 9 章 数字
资源 1 ▶

2. 设计方案

　　（1）接口部件设计。接口部分采用 8255A 芯片实现按键和指示灯的控制。PA 口接收按键的状态，作为输入口（PA$_0$ 接逆时针旋转按键，PA$_1$ 接顺时针旋转按键，PA$_2$ 接停止按键）。PB 口控制电机旋转方向（PB$_0$ 与 PB$_1$ 接执行芯片），作为输出口。PC 口低 4 位控制指示灯显示（PC$_0$ 接逆时针旋转指示灯，PC$_1$ 接顺时针旋转指示灯，PC$_2$ 接停止指示灯），作为输出口。在本案例中所有接口仅需要基本功能，PA、PB、PC 皆工作于方式 0。可得 8255A 的控制字为 10010000B。其硬件设计如图 9.3 所示。

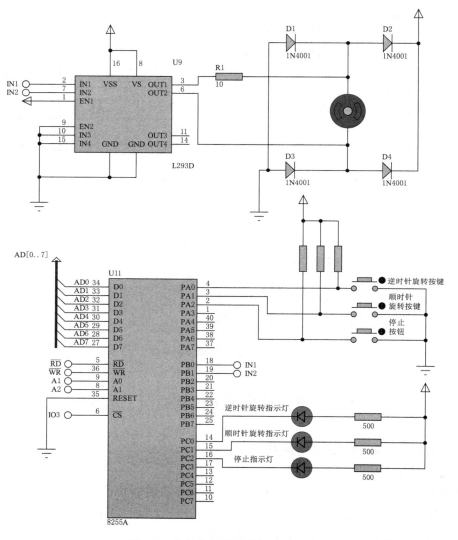

图 9.3　开关控制和指示灯显示电路

（2）执行部件设计。本案例中采用 L293D（步进电机驱动芯片）来做执行部件驱动直流电机。它具有很多优点，如电流连续；电机可四角限运行；电机停止时有微振电流，起到"动力润滑"作用，消除正反向时的静摩擦死区；低速平稳性好等。

L293D 可以同时控制 2 个电机。每 1 个电机需要 3 个控制信号 EN_1、IN_1、IN_2，其中 EN_1 是使能信号，IN_1、IN_2 为电机转动方向控制信号，IN_1、IN_2 分别为 1、0 时，电机正转，反之，电机反转。选用一路 PWM 连接 EN_2 引脚，通过调整 PWM 的占空比可以调整电机的转速。选择一路 I/O 口，经反向器 74HC14 分别接 IN_1 和 IN_2 引脚，控制电机的正反转。其真值见表 9.1。为了简化设计把 EN_1 直接接高电平，IN_1 接 PB_0，IN_2 接 PB_1。其电机驱动电路如图 9.4 所示。

表 9.1   **L293D 真 值**

EN_1	IN_2	IN_1	电机运行状态
1	1	0	逆时针旋转
1	0	1	顺时针旋转
1	1	1	停止

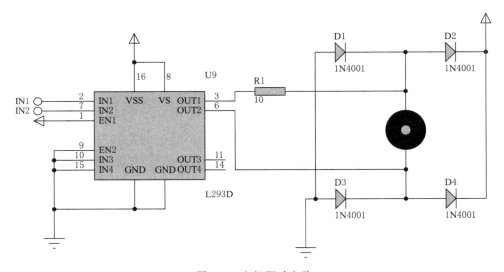

图 9.4　电机驱动电路

（3）本案例的地址锁存电路部件和地址译码部件继续采用前面内存中所采用的地址锁存电路和简单 I/O 接口中的部分译码电路来进行设计。其中 8255A 的地址选用该译码电路的输出端 $\overline{IO_3}$，其地址为 01B0H（PA 口）、01B1H（PB 口）、01B2H（PC 口）、01B3H（控制口）。其原理在此不做赘述，请读者参考相关章节。

（4）程序设计流程如图 9.5 所示。

3. 直流电机正反转控制系统仿真的实现

本案例系统总图如图 9.6 所示，包括 8086 芯片、地址锁存电路、地址译码电路、开

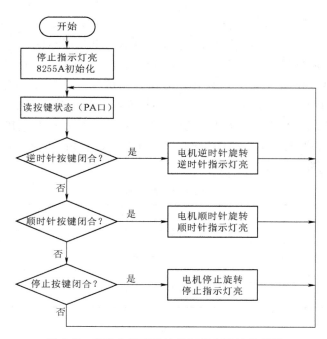

图 9.5 直流电机正反转控制程序设计流程图

关控制和指示灯显示电路、电机驱动电路。

参考源程序：

```
IOCON       EQU       01B6H
IOA         EQU       01B0H
IOB         EQU       01B2H
IOC         EQU       01B4H
CODE        SEGMENT
            ASSUME    CS:CODE
START:      MOV       AL,10010000B      ;8255 初始化
            MOV       DX,IOCON          ;PA 口方式 0 输入,PB 口方式 0 输出,PC 口低 4 位
                                         输出
            OUT       DX,AL
            MOV       AL,11111011B
            MOV       DX,IOC            ;往 PC 口输出 1111 1011B 使停止指示灯亮
            OUT       DX,AL
TEST_BUS:
            MOV       DX,IOA
            IN        AL,DX
TEST1:      TEST      AL,01H            ;逆时针旋转键按下否?
            JE        MOT1
```

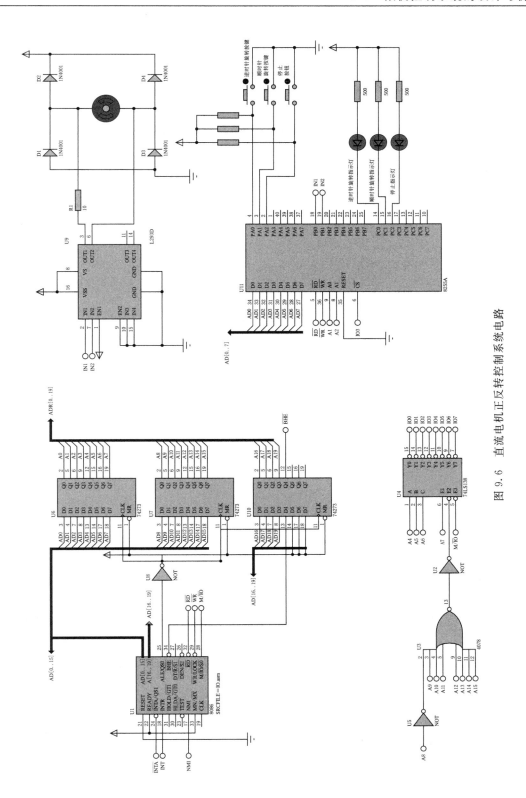

图 9.6 直流电机正反转控制系统电路

TEST2:	TEST	AL,02H	;顺时针旋转键按下否?
	JE	MOT2	
TEST3:	TEST	AL,04H	;停止键按下否?
	JE	MOT3	
	JMP	TEST_BUS	
MOT1:	MOV	AL,0FEH	
	MOV	DX,IOB	;往 PB 口输出 1111 1110B 使电机逆时针旋转
	OUT	DX,AL	
	MOV	DX,IOC	;往 PC 口输出 1111 1110B 使电机逆时针旋转指示灯亮
	OUT	DX,AL	
	JMP	TEST_BUS	
MOT2:	MOV	AL,0FDH	
	MOV	DX,IOB	;往 PB 口输出 1111 1101B 使电机顺时针旋转
	OUT	DX,AL	
	MOV	DX,IOC	;往 PC 口输出 1111 1101B 使电机顺时针旋转指示灯亮
	OUT	DX,AL	
	JMP	TEST_BUS	
MOT3:	MOV	AL,0FFH	
	MOV	DX,IOB	;往 PB 口输出 1111 1111B 使电机停止
	OUT	DX,AL	
	MOV	AL,0FBH	
	MOV	DX,IOC	;往 PC 口输出 1111 1011B 使电机停止指示灯亮
	OUT	DX,AL	
	JMP	TEST_BUS	
CODE	ENDS		
	END	START	

9.3.2　数据采集存储系统

1. 设计任务

在计算机广泛应用的今天,数据采集的重要性是十分显著的。它是计算机与外部物理世界连接的桥梁,是计算机控制系统中不可缺少的部分。

数据采集存储指计算机对外部模拟电压源的数值进行转换处理、保存和显示。本实例的数据采集存储系统将实现以下功能:

(1) 在外部中断的控制下将模拟信号转换为数字信号。

(2) 将转换后的数据存入设计的内存中。

(3) 利用数码管显示转换后的值。

2. 设计方案

(1) 硬件部分。本实例硬件部分设计将采用第 4 章的存储体设计实例、

第 9 章 数字
资源 2 ▶

第 7 章 8259A 的数据采集（中断控制）系统实例来进行组合设计。

其系统电路如图 9.7 所示。电路包括 8086 芯片、地址锁存电路、地址译码电路、内存电路、A/D 转换电路、中断电路和中断源（按键模拟）和 LED 显示电路。

由前面的实例可知其相关地址如下：

8259A 地址为 01D0H 和 01D2H，LED 显示低字节地址为 0180H，LED 显示高字节地址为 0181H，转换结束信号接口（74LS244）地址为 01B0H，ADC0809 转投芯片地址为 01A0H，内存首地址为 20000H。

（2）软件部分。程序流程如图 9.8 所示。

3. 数据采集存储仿真的实现

（1）参考程序。

P8259	EQU	01D0H	
O8259	EQU	01D2H	
LED_L	EQU	0180H	;低位 373
LED_H	EQU	0181H	;高位 373
EOC_ST	EQU	01B0H	;244 地址
ADC0809	EQU	01A0H	;0809 地址
DATA	SEGMENT		
	ORG	1000H	
TABLE	DB	3FH,06H,5BH,4FH,66H,6DH,7DH,07H	
	DB	7FH,6FH,77H,7CH,39H,5EH,79H,71H	
			;0~F 的共阴极 7 段数码管段码
TABLE_END= $			
DATA	ENDS		
CODE	SEGMENT		
	ASSUME CS:CODE,DS:DATA		
START:	MOV	AX,DATA	
	MOV	DS,AX	
CLI			;修改中断向量前关中断
	MOV	AX,0	
	MOV	ES,AX	;ES 段＝0
	MOV	SI,37H * 4	;设置中断向量 37 号中断
	MOV	AX,OFFSET int3	;中断服务程序入口地址
	MOV	ES:[SI],AX	;在 37H×4 处存放入口地址的偏移地址
	MOV	AX,CS	;在 37H×4+2 处存放入口地址的段地址
	MOV	ES:[SI+2],AX	
	MOV	AL,00010011B	;初始化 8259
	MOV	DX,P8259	;ICW1＝0001 0011 B
			;单片 8259,上升沿中断,要写 ICW₄
	OUT	DX,AL	

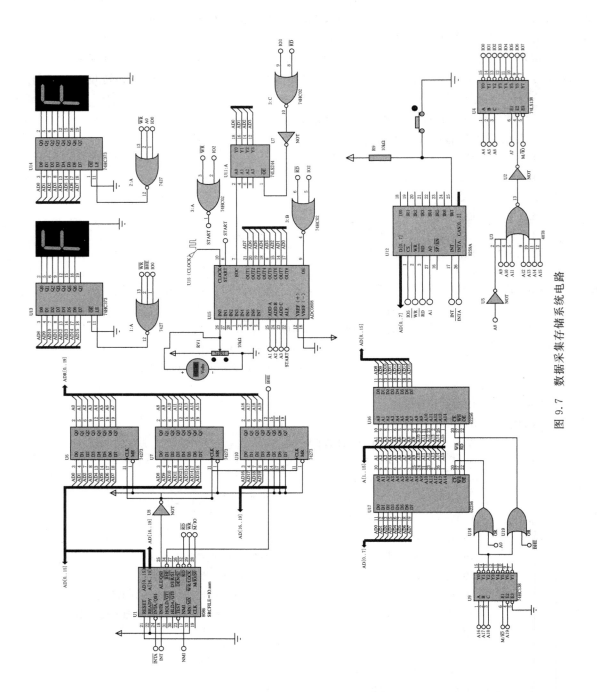

图 9.7　数据采集存储系统电路

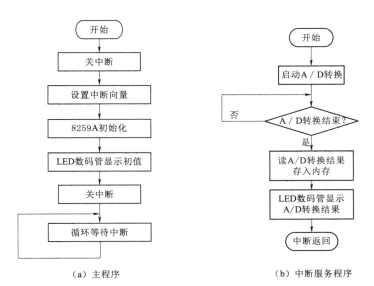

（a）主程序　　　　　　　　　（b）中断服务程序

图 9.8　数据采集存储系统程序流程

MOV	AL,30H	;30H	
MOV	DX,08259	;ICW2=0011 0000 B	
OUT	DX,AL		
MOV	AL,01H	;ICW4=0000 0001 B	
		;工作在 8088/8086 方式,非自动结束	
OUT	DX,AL		
MOV	DX,08259		
MOV	AL,00H	;OCW1,8 个中断全部开放 00H	
OUT	DX,AL		
MOV	BX,OFFSET TABLE	;数码管初始显示 0	
MOV	AL,[BX]		
MOV	DX,LED_L		
OUT	DX,AL		
MOV	DX,LED_H		
OUT	DX,AL		
MOV	DI,00H	;采样次数赋初值	
STI		;开中断	
JMP	$		

;--------------------中断服务程序--------------------

int3：

AGAIN：	MOV	DX,ADC0809	;启动 A/D 转换
	OUT	DX,AL	
	MOV	DX,EOC_ST	;244 地址

233

```
WAIT0：    MOV       AX,2000H
           MOV       ES,AX                    ;ES 段＝2000H
           IN        AL,DX
           TEST      AL,01H                   ;检测 EOC 是否有效
           JZ        WAIT0
           MOV       DX,ADC0809
           IN        AL,DX                    ;读取 A/D 转换结果
           MOV       ES:[DI],AL               ;转换结果送入内存
           INC       DI
           MOV       AH,AL
           MOV       SI,AX
           MOV       BX,OFFSET TABLE
           AND       SI,000FH
           MOV       AL,[BX+SI]               ;取低字节
           MOV       DX,LED_L                 ;低位 373
           OUT       DX,AL                    ;显示
           MOV       SI,AX
           MOV       CL,12
           SHR       SI,CL
           MOV       AL,[BX][SI]              ;取高字节
           MOV       DX,LED_H                 ;高位 373
           OUT       DX,AL                    ;显示

           MOV       DX,P8259                 ;EOI 人工发送中断号(8086 模块内部 BUG)
           MOV       AL,20H
           OUT       DX,AL
           STI                                ;开中断
           IRET                               ;返回主程序
;------------------------------------------------------------------------------
CODE       ENDS
           END       START
```

（2）仿真结果。本实例中 ADC0809 芯片接输入电压为 0～5V，将转换为数字信号 00H～FFH，因此约为模拟信号增加 0.2V，对应数字信号增量 0AH。为了验证系统仿真结果，在系统中分别输入 0.2V、0.4V、0.6V、0.8V、1.0V、5V 来验证结果。其运行转换结果如图 9.9 所示，分别为 0AH、14H、1FH、29H、33H、FFH，同时转换结果数据在内存中的存储如图 9.10 所示。

通过对系统仿真结果分析，验证了设计的数据采集存储系统软、硬件设计的正确性，系统运行的可控性，完整地设计了一个计算机控制系统——数据采集存储系统。

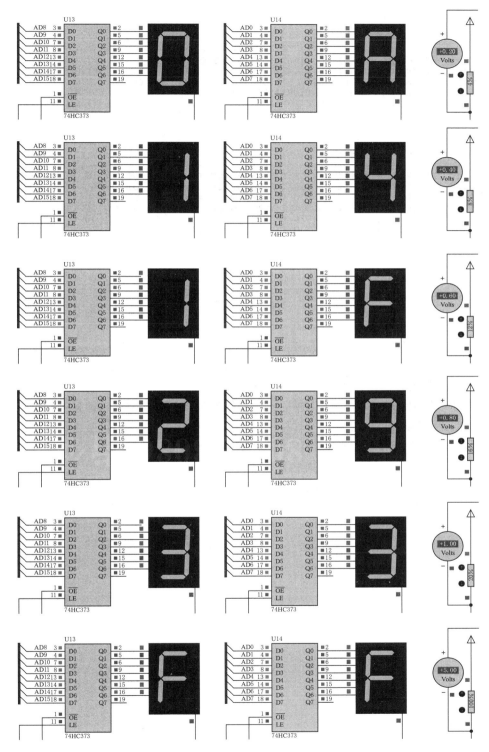

图 9.9 电压表读数和转换结果示例

Memory Contents - U17

0000	0A	1F	33	00	00	00	00	00	00	00	00	00	00	00	00	00	00	00	00	00
0034	00	00	00	00	00	00	00	00	00	00	00	00	00	00	00	00	00	00	00	00
0068	00	00	00	00	00	00	00	00	00	00	00	00	00	00	00	00	00	00	00	00
009C	00	00	00	00	00	00	00	00	00	00	00	00	00	00	00	00	00	00	00	00
00D0	00	00	00	00	00	00	00	00	00	00	00	00	00	00	00	00	00	00	00	00
0104	00	00	00	00	00	00	00	00	00	00	00	00	00	00	00	00	00	00	00	00

Memory Contents - U16

0000	14	29	FF	00	00	00	00	00	00	00	00	00	00	00	00	00	00	00	00	00
0034	00	00	00	00	00	00	00	00	00	00	00	00	00	00	00	00	00	00	00	00
0068	00	00	00	00	00	00	00	00	00	00	00	00	00	00	00	00	00	00	00	00
009C	00	00	00	00	00	00	00	00	00	00	00	00	00	00	00	00	00	00	00	00
00D0	00	00	00	00	00	00	00	00	00	00	00	00	00	00	00	00	00	00	00	00
0104	00	00	00	00	00	00	00	00	00	00	00	00	00	00	00	00	00	00	00	00

图 9.10　内存中的转换数据存储示例

习　　题

1. 实现一个 1 位 LED 数码管递增显示设计。

2. 实现一个 4 位计数器，要求 LED 数码管从 0000H 递增显示到 FFFFH。

3. 实现中断次数统计并用 LED 数码管进行显示。

4. 设计一个跑马灯，8 个 LED 按一定规律循环闪烁（可自定义规律），并利用开关实现跑马灯的启动和停止。

5. 统计 8 位开关闭合数量，并用 LED 数码管递增显示闭合个数。

6. 实现一个 1 位 LED 数码管递减显示设计。

7. 设计一个限压检测报警系统。

附录 1

ASCII 码表

D₃D₂D₁D₀ \ D₆D₅D₄	000	001	010	011	100	101	110	111
0000	NUL	DLE	SP	O	@	P	、	P
0001	SOH	DC1	!	1	A	Q	a	q
0010	STX	DC2	"	2	B	R	b	r
0011	ETX	DC3	#	3	C	S	c	s
0100	EOT	DC4	$	4	D	T	d	t
0101	ENQ	NAK	%	5	E	U	e	u
0110	ACK	SYN	&	6	F	V	f	v
0111	BEL	ETB	,	7	G	W	g	w
1000	BS	CAN	(	8	H	X	h	x
1001	HT	EM	)	9	I	Y	i	y
1010	LF	SUB	*	:	J	Z	j	z
1011	VT	ESC	+	;	K	[	k	{
1100	FF	FS	,	<	L	\	l	|
1101	CR	GS	−	=	M	]	m	}
1110	SO	RS	.	>	N	Ω	n	~
1111	SI	US	/	?	O	—	o	DEL

说明：SP 空格   DEL 作废

NUL 空   DLE 数据链换码

SOH 标题开始   DC1 设备控制 1

STX 正文结束   DC2 设备控制 2

ETX 本文结束   DC3 设备控制 3

EOT 传输结果   DC4 设备控制 4

ENQ 询问   NAK 否定

ACK 承认   SYN 空转同步

BEL 报警符（可听见的信号）   ETB 信息组传送结束

BS 退一格   CAN 作废

HT 横向列表（穿孔卡片指令）   EM 纸尽

LF 换行   SUB 减

VT 垂直制表   ESC 换码

FF 走纸控制   FS 文字分隔符

CR 回车   GS 组分隔符

SO 移位输出   RS 记录分隔符

附录 2

8088/8086 指令系统

指 令 符 号 说 明

符 号	说 明
r8	任意一个 8 位通用寄存器 AH、AL、BH、BL、CH、CL、DH、DL
r16	任意一个 16 位通用寄存器 AX、BX、CX、DX、SI、DI、BP、SP
reg	代表 r8、r16
seg	段寄存器 CS、DS、ES、SS
m8	一个 8 位存储器单元
m16	一个 16 位存储器单元
mem	代表 m8、m16
i8	一个 8 位立即数
i16	一个 16 位立即数
imm	代表 i8、i16
dest	目的操作数
src	源操作数
lable	标号

附表 2.2 **指 令 汇 编 格 式**

指令类型	指令汇编格式	指令功能简介	备注
传送指令	MOV reg/mem，imm	dest←src	
	MOV reg/mem/seg，reg		CS 除外
	MOV reg/seg，mem		CS 除外
	MOV reg/mem，reg		
交换指令	XCHG reg，reg/mem	reg→reg/mem	
	XCHG reg/mem，reg		
转换指令	XLAT lable	AL←[BX+AL]	
	XLAT		
传送指令	PUSH r16/m16/seg	入栈	
	POP r16/m16/reg	出栈	CS 除外
标志传送	CLC	CF←0	
	STC	CF←1	
	CMC	CF←$\overline{CF}$	

指令类型	指令汇编格式	指令功能简介	备注
标志传送	CLD	DF←0	
	STD	DF←1	
	CLI	IF←0	
	STI	IF←1	
	LAHF	AH←标志寄存器低字节	
	SAHF	标志寄存器低字节←AH	
	PUSHF	标志寄存器入栈	
	POPF	出栈到标志寄存器	
地址传送	LEA r16，mem	r16←16 位有效地址	
	LDS r16，mem	DS：r16←32 位远指针	
	LES r16，mem	ES：r16←32 位远指针	
输入	IN AL/AX，B/DX	AL/AX←I/O 端口 i8/DX	
输出	OUT i8/DX，AL/AX	I/O 端口 i8/DX←AL/AX	
加法运算	ADD reg，imm/reg/mem	dest←dest＋src	
	ADD reg，imm/reg/mem		
	ADC reg，imm/reg	dest←dest＋src＋CF	
	ADC mem，imm/reg		
	INC reg/mem	reg/mem←reg/mem＋1	
减法运算	SUB reg，imm/reg/mem	dest←dest－src	
	SUB mem，imm/reg		
	SBB reg，imm/reg/mem	dest←dest－src－CF	
	SBB mem，imm/reg		
	DEC reg/mem	reg/mem←reg/mem－1	
	NEG reg/mem	reg/mem←reg/mem＋1	
	CMP reg，imm/reg/mem	dest－src	
	CMP mem，imm/reg		
乘法运算	MUL reg/mem	无符号数乘法	
	MUL reg/mem	有符号数乘法	
除法运算	DIV reg/mem	无符号数除法	
	IDIV reg/mem	有符号数除法	
符号扩展	CBW	将 AL 符号扩展为 AX	
	CWD	将 AX 符号扩展为 DX，AX	
十进制调整	DAA	将 AL 中的加和调整为压缩 BCD 码	
	DAS	将 AL 中的减差调整为压缩 BCD 码	
	AAA	将 AL 中的加和调整为非压缩 BCD 码	

续表

指令类型	指令汇编格式	指令功能简介	备注
十进制调整	AAS	将 AL 中的减差调整为非压缩 BCD 码	
	AAM	将 AX 中的乘积调整为非压缩 BCD 码	
	AAD	将 AX 中的非压缩 BCD 码转成二进制	
逻辑运算	AND reg，imm/reg/mem	dest←dest AND src	
	AND reg，imm/reg/mem		
	OR reg，imm/reg/mem	dest←dest OR src	
	OR mem，imm/reg		
	XOR reg，imm/reg/mem	dest←dest XOR src	
	XOR mem，imm/reg		
	TEST reg，imm/reg/mem	dest AND src	
	TEST mem，imm/reg		
	NOT reg/mem	Reg/mem←$\overline{\text{reg/mem}}$	
移位	SAL，reg/mem，1/CL	算术左移 1 位/CL 指定的位数	
	SAR，reg/mem，1/CL	算术右移 1 位/CL 指定的位数	
	SHL，reg/mem，1/CL	逻辑左移 1 位/CL 指定的位数	
	SHR，reg/mem，1/CL	逻辑右移 1 位/CL 指定的位数	
	ROL，reg/mem，1/CL	循环左移 1 位/CL 指定的位数	
	ROR，reg/mem，1/CL	循环右移 1 位/CL 指定的位数	
	RCL，reg/mem，1/CL	带进位循环左移 1 位/CL 指定的位数	
	RCR，reg/mem，1/CL	带进位循环右移 1 位/CL 指定的位数	
串操作	MOVS [B/W]	串传送	
	LODS [B/W]	串读取	
	STOS [B/W]	串存储	
	CMPS [B/W]	串比较	
	SCAS [B/W]	串扫描	
	REP	重复前缀	
	REPZ/REPE	相等重复前缀	
	REPNZ/REPNE	不等重复前缀	
控制转移	JMP label	无条件直接转移	
	JMP r16/m16	无条件间接转移	
	Jcc label	条件转移	cc 可为 C/NC/Z/NZ/S/NS/ O/NO/B/NB/BE/ NBE/L/NL/LE/ NLE

续表

指令类型	指令汇编格式	指令功能简介	备注
循环	LOOP label	CX←CX−1；若 CX≠0，则循环	
	LOOPZ/LOOPE label	CX←CX−1；若 CX≠0 且 ZF=1，则循环	
	LOOPNZ/LOOPNE label	CX←CX−1；若 CX≠0 且 ZF=0，则循环	
	JCXZ label	若 CX=0，则循环	
子程序	CALL label	直接调用	
	CALL r16/m16	间接调用	
	RET	无参数返回	
	RET i16	有参数返回	
中断	INT i8	中断调用	
	INTO	溢出中断调用	
	IRET	中断返回	
处理器控制	NOP	空操作指令	
	seg	段跨越前缀	除 CS
	HLT	停机指令	
	LOCK	封锁前缀	
	WAIT	等待指令	
	ESC mem	换码指令	

附表 2.3　状 态 符 号 说 明

符　号	说　明
—	标志位不受影响
0	标志位清零
1	标志位置 1
x	标志位按定义功能设置
♯	标志位按指令的特定说明设置
u	标志位不确定

附表 2.4　指令对状态标志的影响（未列出的指令不影响标志）

指　令	OF	SF	ZF	AF	PF	CF
SAHF	—	♯	♯	♯	♯	♯
POPF/IRET	♯	♯	♯	♯	♯	♯
ADD/ADC/SUB/CMP/NEG/CMPS/SCAS	x	x	x	x	x	x
INC/DEC	x	x	x	x	x	—
MUL/IMUL	♯	u	u	u	u	♯
DIV/IDIV	u	u	u	u	u	u

指　　令	OF	SF	ZF	AF	PF	CF
DAA/DAS	u	x	x	x	x	x
AAA/AAS	u	u	u	x	u	x
AAM/AAD	u	x	x	u	x	u
AND/OR/XOR/TEST	0	x	x	u	x	0
SAL/SAR/SHL/SHR	#	x	x	u	x	#
ROL/ROR/RCL/RCR	#	—	—	—	—	#
RLC/STC/CMC	—	—	—	—	—	#

附录 3
常用 DOS 功能调用 (INT 21H)

附表 3.1　　　　　　　　　　常用 DOS 功能调用 (INT 21H)

AH	功　能	入　口　参　数	出　口　参　数
00H	程序终止	CS＝程序段前缀的段地址	
01H	键盘输入并回显		AL＝输入字符
02H	显示输出	DL＝输出字符	
03H	串行通信输入		
04H	串行通信输出	DL＝发送字符	
05H	打印机输出	DL＝打印字符	
06H	直接控制台 I/O	DL＝FFH (输入), DL＝字符 (输出)	AL＝输入字符
07H	键盘输入无回显		AL＝输入字符
08H	键盘输入无回显检测 Ctrl - Beak 或 Ctrl - C		AL＝输入字符
09H	显示字符串	DS:DX 二字符串地址, 字符串以 '＄' 结尾	
0AH	键盘输入到缓冲区	DS:DX＝缓冲区首址	(DS:DX)＝缓冲区最大字符数 (DS:DX+1)＝实际输入的字符数
0BH	检验键盘状态		AL＝00H 有输入, AL＝FFH 无输入
0CH	清输入缓冲区, 并执行指定的输入功能	AL＝输入功能号 (1、6、7、8、0AH)	
0DH	磁盘复位		消除文件缓冲区
0EH	选择磁盘驱动器	DL＝驱动器号 (0＝A, 1＝B, …)	AL＝系统中驱动数
0FH	打开文件	DS:DC＝FBC 首地址	AL＝00H 文件找到, AL＝FFH 文件未找到
10H	关闭文件	DS:DX＝FCB 首地址	AL＝00H 目录修改成功, AL＝FFH 未找到
11H	查找第一个目录项	DS:DX＝FCB 首地址	AL＝00H 找到, AL＝FFH 未找到
12H	查找下一个目录项	DS:DX＝FCB 首地址, 文件名中可带 * 或?	AL＝00H 文件找到, AL＝FFH 未找到
13H	删除文件	DS:DX＝FCB 首地址	AL＝00H 删除成功, AL＝FFH 未找到

AH	功　能	入　口　参　数	出　口　参　数
14H	顺序读文件	DS:DX=FCB 首地址	AL=00H 读成功 AL=01H 文件结束，记录无数据 AL=02H DTA 空间不够 AL=03H 文件结束，记录不完整
15H	顺序写文件	DS:DX=FCB 首地址	AL=00H 写成功 AL=01H 磁盘满或只读文件 AL=02H DTA 空间不够
16H	创建文件	DS:DX=FCB 首地址	AL=00H 创建成功，AL=FFH 无磁盘空间
17H	文件改名	DS:DX=FCB 首地址（DS:DX+1)=旧文件名 (DS:DX+17)=新文件名	AL=00H 改名成功。AL=FFH 不成功
19H	取当前磁盘驱动器		AL=当前驱动器号（0=A, 1=B, …)
1AH	设置 DTA 地址	DS:DX=DTA 地址	
1BH	取默认驱动器 FAT 信息		AL=每簇的扇区数 DS:BX=FAT 标识字符 CX=物理扇区的大小 DX=驱动器的簇数
21H	随机读文件	DS:DX=FCB 首地址	AL=00H 读成功 AL=01H 文件结束 AL=02H 缓冲区溢出 AL=03H 缓冲区不满
22H	随机写文件	DS:DX=FCB 首地址	AL=00H 写成功 AL=01H 满盘 AL=02H 缓冲区溢出
23H	测定文件长度	DS:DX=FCB 首地址	AL=0 成功，文件长度填入 FCB AL=FFH 未找到
24H	设置随机记录号	DS:DX=FCB 首地址	
25H	设置中断向量	DS:DX=中断向量，AL=中断类型号	
26H	建立程序前缀 PSP	DX=新的 PSP	
27H	随机分块读	DS:DX=FCB 首地址 CX=记录数	AL=00H 读成功 AL=01H 文件结束 AL=02H 缓冲区溢出 AL=03H 缓冲区不满 CX=读取的记录数
28H	随机分块写	DS:DX=FCB 首地址 CX=记录数	AL=00H 写成功 AL=01H 满盘 AL=02H 缓冲区溢出

续表

AH	功　能	入　口　参　数	出　口　参　数
29H	分析文件名	ES:DI＝FCB 首地址 DS:SI＝ASCII AL＝控制分析标志	AL＝00H 标准文件 AL＝01H 多义文件 AL＝FF 非法盘符
2AH	取日期		CX:DH:DL＝年:月:日
2BH	设置日期	CX:DH:DL＝年:月:日	AL＝00H 成功，AL＝FFH 无效
2CH	取时间		CH:CL＝时:分，DH:DL＝秒:1/100 秒
2DH	设置时间	CH:CL＝时:分，DH:DL＝秒:百分秒	AL＝00H 成功，AL＝FFH 无效
2EH	设置磁盘检验标志	AL＝00 关闭检验，AL＝01 打开校验	
2FH	取 DTA 地址		ES:BX＝DTA 首地址
30H	取 DOS 版本号		AL＝版本号，AH＝发行号
31H	程序终止并驻留	AL＝返回码，DX＝驻留区大小	
33H	Ctrl – Break 检测	AL＝00 取状态 AL＝01 设置状态（DL＝00H 关闭，DL ＝01H 打开）	DL＝00H 关闭检测，DL＝01H 打开检测
35H	获取中断向量	AL＝中断类型号	ES:BX＝中断向量
36H	取可用磁盘空间	DL＝驱动器号 0＝默认，1＝A，2＝B，…	成功：AX＝每簇扇区数，DX＝有效簇数，CX＝每扇区字节数，DX＝总簇数 失败：AX＝FFFFH
38H	置/取国家信息	AL＝OO 取国别信息 AL＝FFH 国别代码放在 BX 中 DS:DX＝信息区首地址 DX＝FFFH 设置国别代码	BX＝国别代码 DS:DX＝返回的信息区首地址 AX＝错误代码
39H	建立子目录	DS:DX＝ASCII 串地址	AX＝错误码
3AH	删除子目录	DS:DX＝ASCII 串地址	AX＝错误码
3BH	改变当前目录	DS:DX＝ASCII 串地址	AX＝错误码
3CH	建立文件	DS:DX＝ASCII 串地址，CX＝文件属性	成功：AX＝文件代号；失败：AX＝错误码
3DH	打开文件	DS:DX＝ASCII 串地址 AL＝0/1/12 读/写/读写	成功：AX＝文件代号；失败：AX＝错误码
3EH	关闭文件	BX＝文件号	
3FH	读文件或设备	DS:DX＝数据缓冲区地址 BX＝文件号 CX＝读取的字节数	成功：AX＝实际读出的字节数 AX＝0 已到文件尾 失败：AX＝错误码

续表

AH	功　能	入　口　参　数	出　口　参　数
40H	写文件或设备	DS:DX=数据缓冲区地址 BX=文件号，CX=写入的字节数	成功：AX=实际写入的字节数 失败：AX=错误码
41H	删除文件	DX:DX=ASCII 串地址	成功：AX=00，失败：AX=错误码
42H	移动文件指针	BX=文件号，CX:DX=位移量 AL=移动方式	成功：DX:AX=新指针位置 失败：AX=错误码
43H	读取/设置文件属性	DS:DX=ASCII 串地址 AL=0/1 取置文件属性，CX=文件属性	成功：CX=文件属性 失败：AX=错误码
44H	设备 I/O 控制	BX=文件号；AL=0 取状态，AL=1 置状态 AL=2，4 读数据，AL=3，5 写数据 AL=6 取输入状态，AL=7 取输出状态	成功：DX=设备信息 失败：AX=错误码
45H	复制文件号	BX=文件号 1	成功：AX=文件号 2；失败：AX=错误码
46H	强制复制文件号	BX=文件号 1，CX=文件号 2	成功：AX=文件号 1；失败：AX=错误码
47H	取当前目录路径名	DL=驱动器号，DS:SI=ASCII 串地址	DS:SI=ASCII 串地址；失败：AX=错误码
48H	分配内存空间	BX=申请内存容量	成功：AX=分配内存首址 失败：BX=最大可用空间
49H	释放内存空间	ES=内存起始段地址	失败：AX=错误码
4AH	调整已分配的内存空间	ES=内存起始段地址 BX=再申请的内存容量	失败：BX=最大可用空间 AX=错误码
4BH	装入执行程序	DS:DX=ASCII 串地址 ES:BX=参数区首地址 AL=0/3 装入执行/装入不执行	失败：AX=错误码
4CH	带返回码终止	AL=返回码	
4DH	取返回码		AL=返回码
4EH	查找第一个匹配文件	DS:DX=ASCII 串地址，CX=属性	AX=错误码
4FH	查找下一个匹配文件	DS:DX=ASCII 串地址，文件名中可带 * 或?	AX=错误码
54H	读取磁盘写标志		AL=当前标志值
56H	文件改名	DS:DX=旧 ASCII 串地址 DS:DX=新 ASCII 串地址	AX=错误码
57H	设置/读取文件日期和时间	BX=文件号，AL=0 读取 AL=1 设置（DX:CX）=日期：时间	DX：CX=日期：时间 失败：AX=错误码

参 考 文 献

［1］ 周荷琴，冯焕清. 微型计算机原理与接口技术［M］. 5 版. 合肥：中国科学技术大学出版社，2013.

［2］ 顾晖，陈越. 微型计算机原理与接口技术［M］. 3 版. 北京：电子工业出版社，2019.

［3］ 周明德. 微型计算机原理及应用［M］. 4 版. 北京：清华大学出版社，2002.

［4］ 吴宁，乔亚男. 微型计算机原理与接口技术［M］. 5 版. 北京：清华大学出版社，2016.

［5］ 郑学坚，朱定华. 微型计算机原理及应用［M］. 4 版. 北京：清华大学出版社，2013.

［6］ 徐晨，陈继红. 微机原理及应用［M］. 北京：高等教育出版社，2006.

［7］ 陈逸菲，孙宁. 微型计算机原理与接口技术实验及实践教程［M］. 北京：电子工业出版社，2016.

［8］ Barry B. Brey. Intel 微处理器全系列：结构、编程与接口［M］. 5 版. 金惠华，等，译. 北京：电子
工业出版社，2016.

［9］ 彭虎，周佩玲，傅忠谦. 微机原理与接口技术学习指导［M］. 3 版. 北京：电子工业出版社，2013.